趣味黏土制作视频课堂

超萌动物

灌木文化 编著

人民邮电出版社
北京

图书在版编目（CIP）数据

趣味黏土制作视频课堂. 超萌动物 / 灌木文化编著
. -- 北京 : 人民邮电出版社, 2020.1
ISBN 978-7-115-52392-1

Ⅰ. ①趣… Ⅱ. ①灌… Ⅲ. ①粘土－手工艺品－制作
－儿童读物 Ⅳ. ①TS973.5-49

中国版本图书馆CIP数据核字(2019)第258650号

内容提要

本书是一本有趣的黏土制作教程，适合家长、幼教老师及手工爱好者阅读。

黏土是每个孩子的必备玩具之一，也是童心未泯的手工爱好者的心头爱。本书作者教大家利用球体、水滴形、菱形、立方体、圆柱体、条形 6 种基本形状，通过双手的捏、压、揉等动作，制作出 39 种超萌动物，有日常生活中常见的小黑猫、狗狗、雪兔等，也有在不太常见的天鹅、企鹅、火烈鸟等。本书案例中的小动物活灵活现，步骤讲解清晰明了，同时案例配有制作过程的详细视频，方便读者观看。

让我们一起动手，跟随本书走进黏土的奇幻世界吧。

◆ 编　　著　灌木文化
　责任编辑　王雅倩
　责任印制　陈　犇
◆ 人民邮电出版社出版发行　　北京市丰台区成寿寺路 11 号
　邮编　100164　　电子邮件　315@ptpress.com.cn
　网址　http://www.ptpress.com.cn
　北京捷迅佳彩印刷有限公司印刷
◆ 开本：700×1000　1/16
　印张：8.75　　　　　　2020 年 1 月第 1 版
　字数：197 千字　　　　2020 年 1 月北京第 1 次印刷

定价：49.80 元

读者服务热线：(010)81055296　印装质量热线：(010)81055316

反盗版热线：(010)81055315

广告经营许可证：京东工商广登字 20170147 号

第一章
走进黏土世界

认识黏土

常见黏土的种类和特性

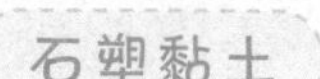

石塑黏土

石塑黏土的特性

石塑黏土有着密集细腻的纹理，因为它的延展性能超过其他类型的黏土，所以更加适用于塑形。石塑黏土干燥后硬度高，适用于雕刻等美化加工艺术。

纸黏土

纸黏土的特性

纸黏土颜色多，不粘手，柔软性与可塑性较好，不用烘烤，可自然风干，风干后不会出现裂痕。纸黏土有很高的包容性，干燥定型后可以用水彩、油彩、亚克力、指甲油等染色材料上色， 等颜色干后再涂上光油，可以长时间保存。

树脂黏土

树脂黏土的特性

树脂黏土质感细滑，可以黏附在各种材料上，不会干裂产生裂痕，质地柔软，不会粘连工具。树脂黏土光泽度良好，可任意使用水彩或油性颜料来调和颜色，干燥后不容易受到损毁。

奶油黏土

奶油黏土的特性

奶油黏土质地轻盈柔滑，可塑性强，拉伸到很细很长也不会断，碾压到很薄也不会开裂，特别适合用来包住物体的表面，做出千变万化的造型。奶油黏土风干后质感较轻，能轻易固定在任何物品上做装饰。

本书采用的黏土介绍

超轻黏土

超轻黏土，也可称为超轻土，是一种环保型手工造型材料，兴起并流行于日本。这种黏土无毒，无味，无刺激性，并且手感舒适，造型方便，手工制作者可任意揉捏，随意创作。

超轻黏土的特性

1. 质地轻柔，容易造型，揉搓时不粘手，不留残渣。

2. 色彩丰富多样，混色也非常容易，手工制作者可以按照配色原理调制自己需要的各种颜色。

3. 作品可以自然风干，无需烘烤，干燥后也不易出现龟裂现象。

4. 超轻黏土与其他材料的结合度很高，可以很方便地和纸张、玻璃、金属、蕾丝、珠片等材料结合在一起。其制作的作品在干燥定型后，还可以用水彩、油彩、亚克力、指甲油等染色材料上色。

5. 作品干燥速度快。一般情况下，作品表面干燥的时间为 3 小时左右。干燥的时间与作品的大小也有关系，作品越大干燥速度相对越慢，作品越小干燥速度相对越快。

6. 作品可以长时间保存，不变质，不发霉。

7. 其作为原材料易于保存，在变得干燥时，添加一些水就可以重新使用了。

超轻黏土的成分

超轻黏土的主要成分为发泡粉、水、纸浆和糊剂等。它的膨胀体积很大，但密度很小，一般为 0.25 ~ 0.28g/cm^3。干燥后成品的重量只有干燥前的 1/4，极轻且不易碎。

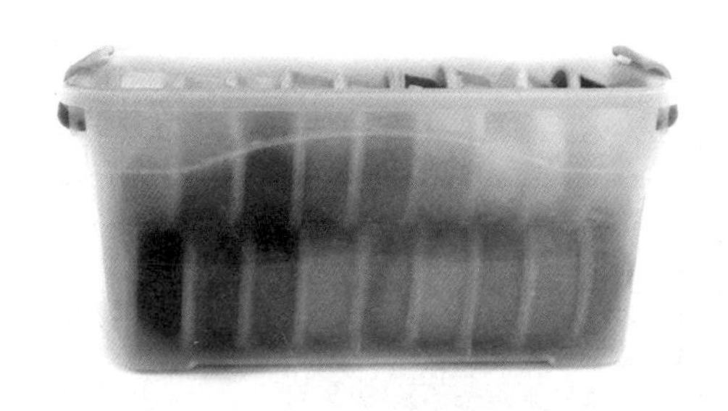

超轻黏土的用途

1. 手工工艺品素材。超轻黏土可用于制作玩偶、公仔、发饰、胸针、仿真花卉等。

2. 宝宝手足印素材。超轻黏土无毒，不刺激，对宝宝的皮肤没有伤害。

3. 美劳教育素材。超轻黏土可以在中小学美术教学、个人DIY、亲子DIY等活动中放心使用。

认识常见的黏土制作工具

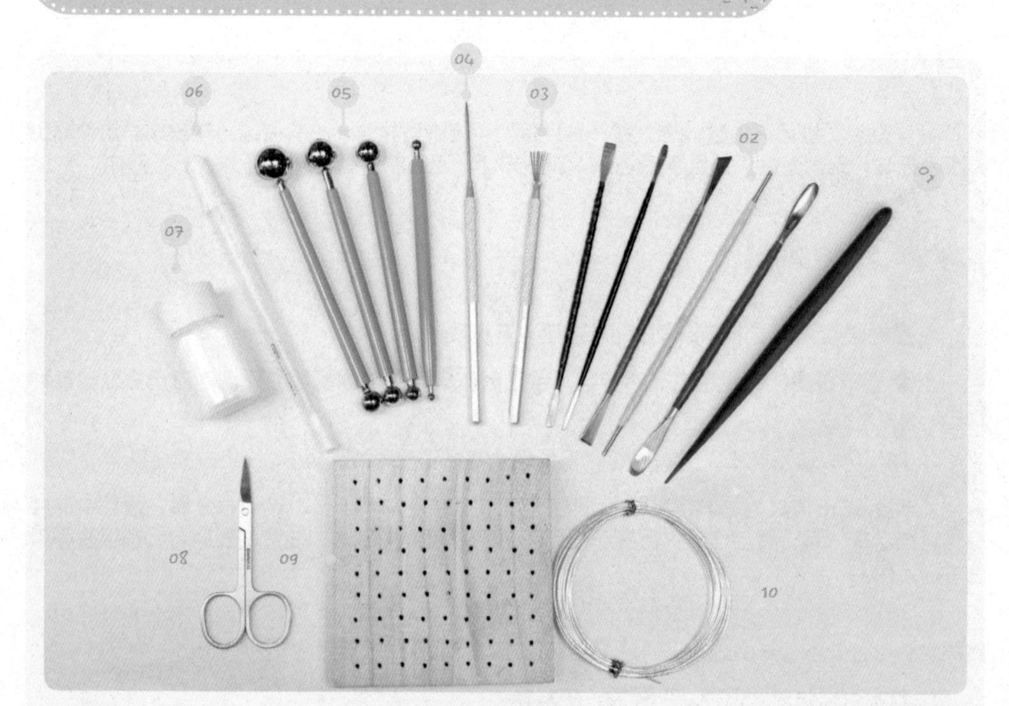

黏土制作所需工具

01 锥形木棒

可以利用锥形木棒粗细不同的两端在黏土上戳出自己想要的凹槽或洞，还可以用锥形木棒来擀平黏土。

02 抹刀套装

抹刀套装在抹平接缝处和指纹时使用，也可以用来切割一些较小的零件或勾画纹理，使用起来很有质感。

03 七本针

七本针由 7 根钢针扎起来组成，比单根造型针画出的纹理更多、更细腻，可以快速制造出草地、毛发等效果。

04 造型针

造型针也叫细节针，是造型神器。用于加工黏土表面，塑造材料的质感。

05 不锈钢丸棒

利用不锈钢丸棒两端的圆头可以轻松处理人物或者动物面部的细节，包括戳眼窝或者嘴巴等，还可以用来处理其他部位的细节。

06 高光笔

高光笔的作用在于给制作出来的人物或者动物的眼睛点上高光，使眼睛更加有神。

07 白乳胶

白乳胶在一些备用部件的外表因发干无法与其他部分黏合的时候使用。

08 剪刀

一般根据手工制作者自己的需求来选择剪刀的大小。剪刀有多种样式，大的用来剪整体，小的用来做细节。

09 插板底座

有些黏土需要悬空晾干，这时把牙签的一端戳进黏土中，再把另一端插进插板底座的小孔中就可以了。

10 铝丝

铝丝可以用作黏土的内部支架，有时配合牙签使用效果更佳。铝丝比铁丝更加柔和，不会有异味，易弯曲且不易伤手。

掌握制作基本形的小技巧

球体

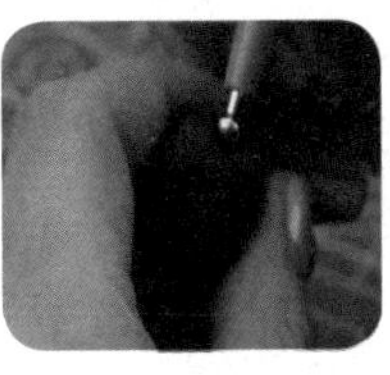

球体是最基础的形状，几乎所有的黏土作品都会用到球体。在本书中，球体黏土多用于制作动物的头部，较小的球体黏土可以用来制作眼睛、鼻子等细节。

水滴形

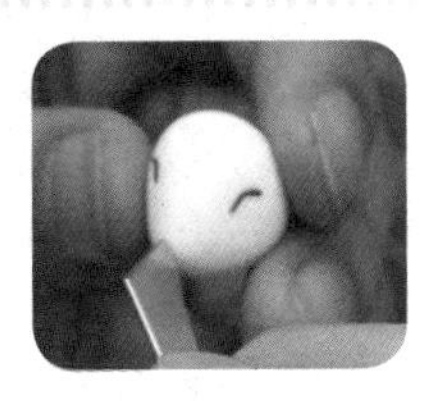

捏住球体黏土的一端并用两指将其搓长就是水滴形黏土了。水滴形黏土多用于制作尖脸型小动物的脸和部分动物的躯体。

菱形

菱形黏土是在水滴形黏土的基础上，将水滴形黏土的另一端用同样的方法搓尖。菱形黏土主要用于制作部分小动物的耳朵和眼睛。

立方体

用食指和大拇指反复捏球体黏土，直到捏出6个平面，这样立方体黏土就做好了。本书虽然没有完全用到立方体黏土的案例，但有些动物的躯体还是近似立方体的形状。

圆柱体

制作圆柱体黏土时，用两手夹住球体黏土反复揉搓，最后用食指和大拇指按平黏土两端即可。在本书中圆柱体黏土多用于制作部分动物的四肢。

条形

制作条形黏土时，将揉成椭圆形的黏土放在平整的桌面上，用手掌反复揉搓，使其慢慢变成条状。在本书中条形黏土多用于制作动物身上的条纹和配饰。

创造丰富的色彩

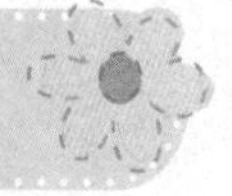

黏土的色彩常识

在黏土的颜色不够用或需要特殊颜色的情况下，我们可以将两种或两种以上颜色不同的黏土混合在一起，调制出新的颜色。在大部分黏土的使用说明上都会列出一些基本的颜色搭配，但一般情况下超轻黏土的颜色混合都和我们平时所认知的颜色混合存在着或多或少的差异，两种超轻黏土混合的颜色多是变浅且发灰的。所以我们要按自己的需要灵活调配不同颜色的黏土。

三原色的无限延展

三原色指色彩中不能再分解的 3 种基本颜色，我们通常说的三原色，即红色、黄色、蓝色。用三原色可以混合出所有的颜色。

1:1 比例的三原色黏土互相混合示例

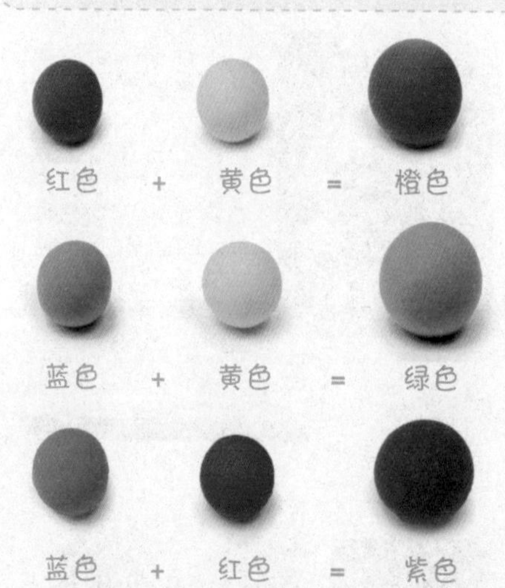

如图所示，把两种不同颜色的黏土按 1:1 的量来混合会得到色相适中的三间色。把黏土按不同比例混合时会得到不同色系的颜色。所以一方颜色黏土用量的多少决定了混合出的颜色更偏向于哪个色系。

需要注意的一点是，虽然按常理来讲三原色混合在一起会成为黑色，但超轻黏土的三原色由于色差原因混出的不一定是黑色，大多是发灰的紫红色或者灰色。

2:1 比例的红色、蓝色黏土与 2:1 比例的蓝色、红色黏土混合示例

其他颜色的混合

白色、黑色黏土与其他黏土混合示例

在其他颜色的黏土中加入白色黏土可以起到将黏土颜色减淡且提亮的效果，调配颜色时比较方便控制。

在其他颜色的黏土中加入黑色黏土可以使黏土颜色加深或降低颜色的饱和度。需要特别注意的一点是，不同牌子的黑色黏土的颜色浓度是不同的。在调色时很容易将颜色混得过深，所以在用黑色黏土混色时一定要由浅到深、谨慎尝试，这样才能得到想要的颜色。

两种或两种以上纯色黏土混合示例

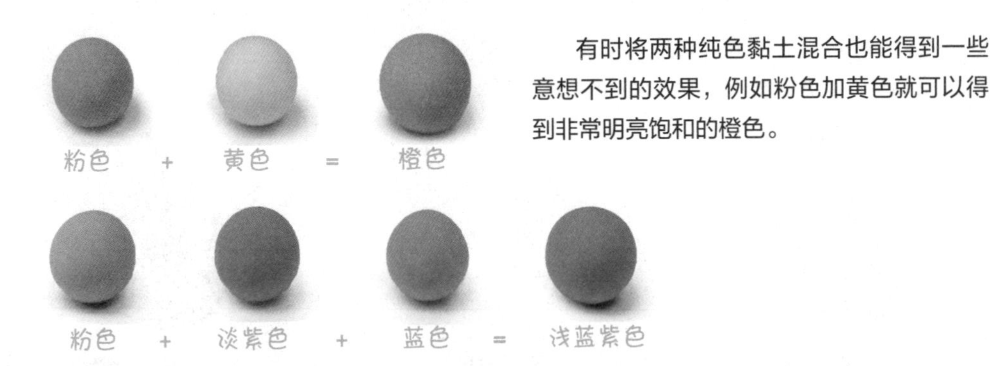

有时将两种纯色黏土混合也能得到一些意想不到的效果，例如粉色加黄色就可以得到非常明亮饱和的橙色。

当两种以上的纯色黏土相混合时，调节颜色偏向的意义会大于混合出新颜色的意义。当我们把两个颜色的黏土混合后发现没有得到自己想要的颜色效果时，加入所需要的偏向色调的黏土就可以了。

怎么搭配出清新可爱的小动物

清新的颜色大多是浅色系，搭配时用到的都是浅并且相近的颜色。在使颜色搭配得当的同时也要注意把小动物的形象塑造得可爱一些，并且不用太过写实，这样才会让小动物的形象和颜色看起来更加协调，以达到养眼的效果。

这只小熊的主调是温暖的米黄色，其中嘴部和耳朵用到少许白色。然后可以用少许相近色系的深色来装饰，如棕色的脚垫和粉红色的桃心。

乌龟同样用到了米黄色，而龟壳部分用到了冷色系的浅青色，因为是相近色系，所以依然看起来很舒服。这时加入少许紫粉色进行点缀是个不错的选择。

这是一只萌化了的小海豹，所以在配色上和我们平时所认知的有些出入。在这里我们选择蓝色作为嘴部的颜色，而脸部两侧则用粉色小红晕来装饰。

怎么搭配出偏写实风格的小动物

想搭配出偏写实风格的小动物，就要先抓住这个小动物最显著的几点特征，其中小动物原本的色彩就很重要。在制作的时候，我们要将其最显著的特征塑造得很明显，然后对其他不是很显著的特征加以简化。我们可以把小动物的身体做得稍微可爱一些，但也不要夸张到脱离其实际形象。

制作天鹅所需要的颜色是白色以及少许橘色和黑色。在塑形时要注意天鹅温柔的体型线条，其面部也要区别于大白鹅。

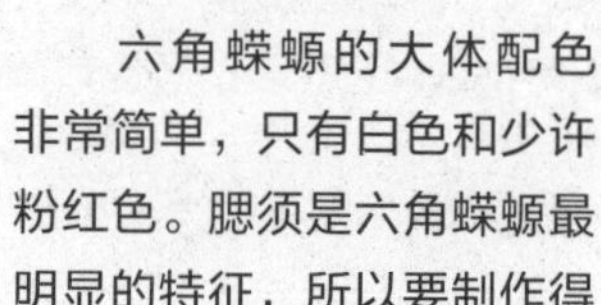

六角蝾螈的大体配色非常简单，只有白色和少许粉红色。腮须是六角蝾螈最明显的特征，所以要制作得细致一些。

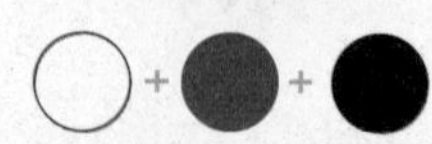

瓢虫的主要颜色就是白、红、黑 3 色，在偏写实风格的动物中制作起来算是比较简单的，排布好瓢虫身上斑点的位置即可。

超轻黏土的颜色参照表

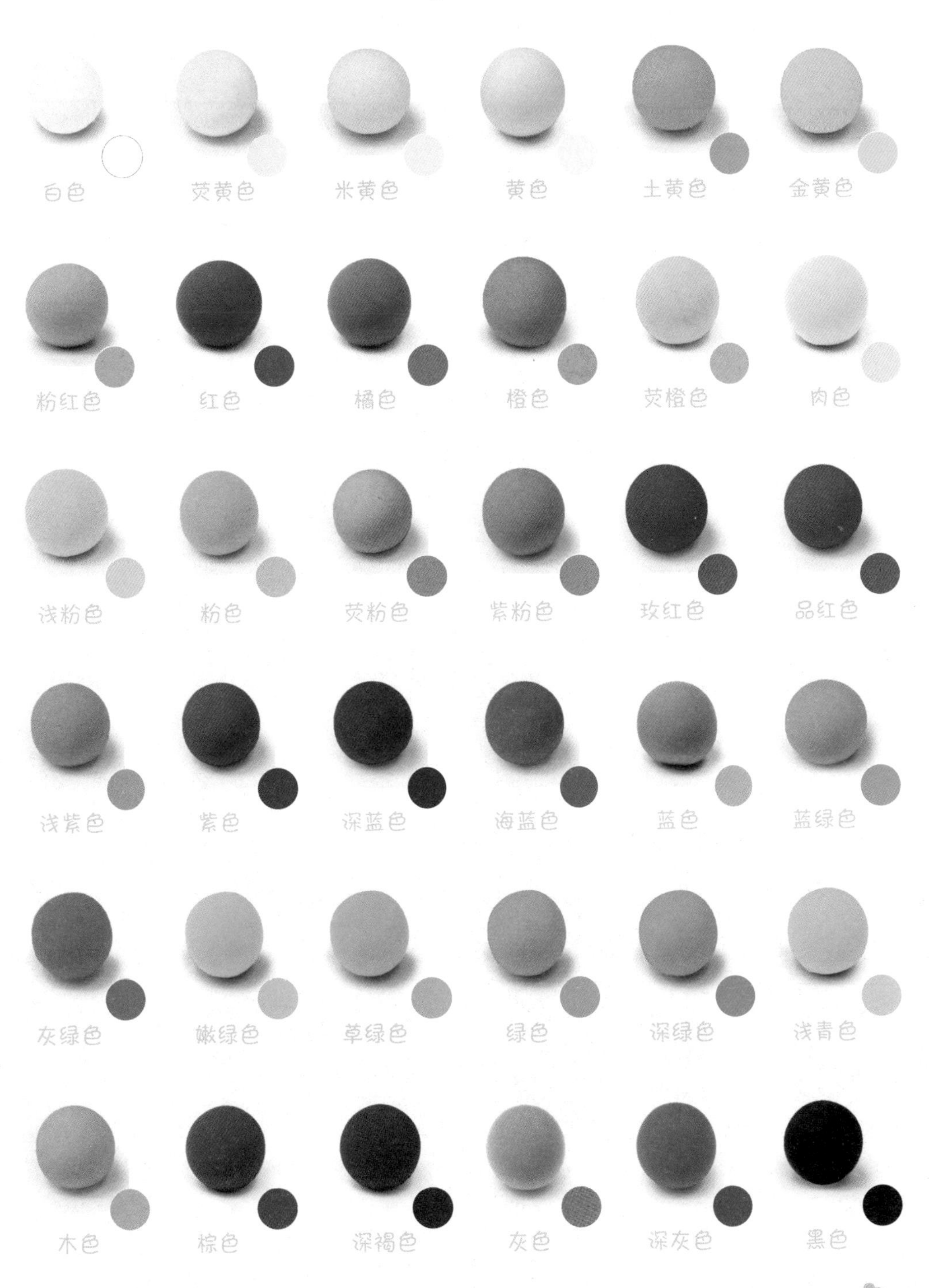

白色
荧黄色
米黄色
黄色
土黄色
金黄色
粉红色
红色
橘色
橙色
荧橙色
肉色
浅粉色
粉色
荧粉色
紫粉色
玫红色
品红色
浅紫色
紫色
深蓝色
海蓝色
蓝色
蓝绿色
灰绿色
嫩绿色
草绿色
绿色
深绿色
浅青色
木色
棕色
深褐色
灰色
深灰色
黑色

第二章

哺乳类动物制作

准备好工具和黏土了吗？

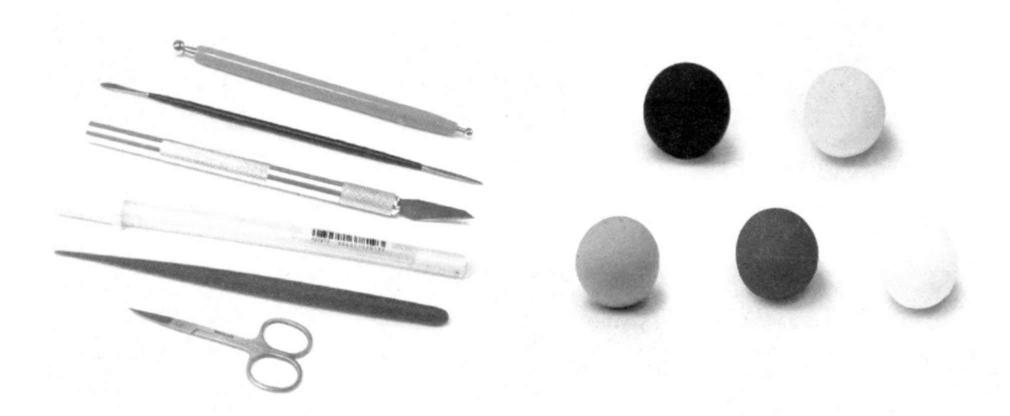

所需工具和黏土

现在就大显身手吧！

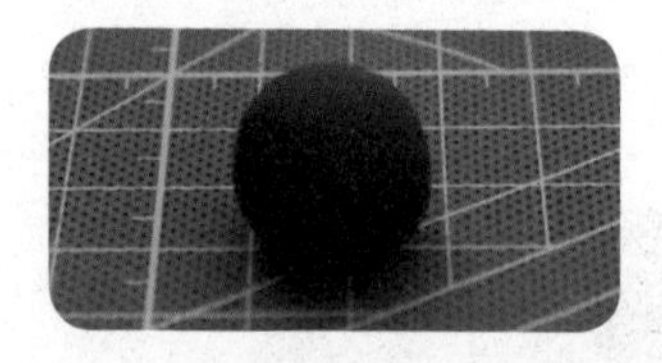

01 取一部分黑色黏土揉成球体，作为小黑猫的头部。

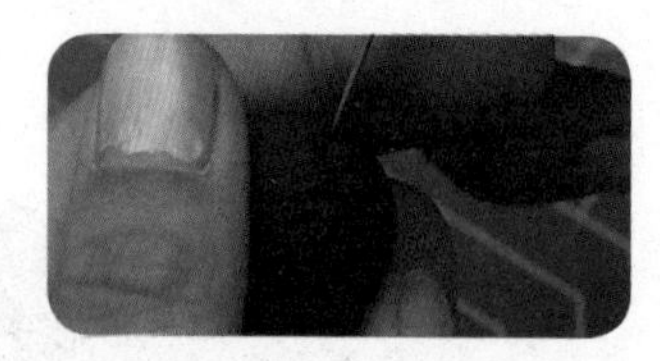

02 使用小勺型抹刀勾出小黑猫眼睛的大致轮廓。

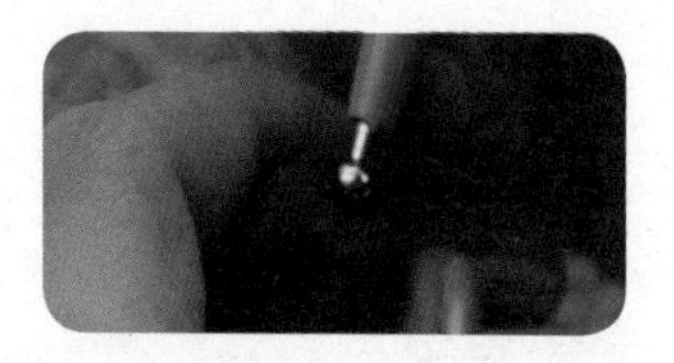

03 用最小号不锈钢丸棒在眼睛处向里按压，做出眼窝。

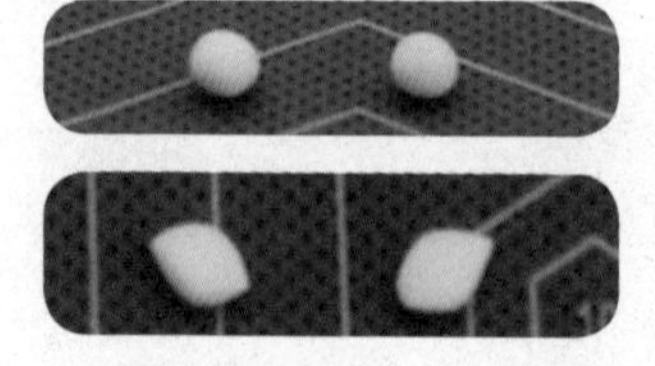

04 用荧黄色黏土揉两个球体，再将其做成菱形，作为小黑猫的眼白。

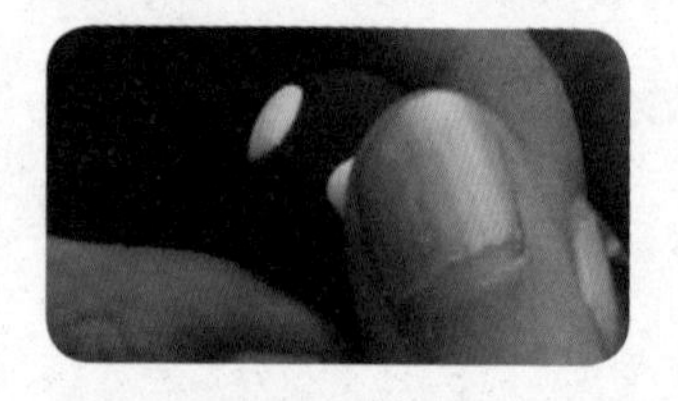

05 把眼白稍微捏扁后贴在小黑猫的眼窝处。

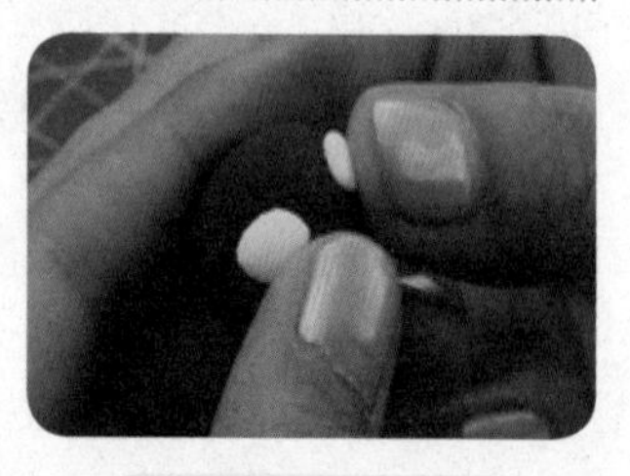

展示一下

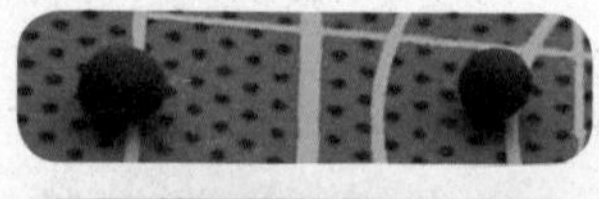

06 用黑色黏土揉两个小球体作为小黑猫的瞳仁，然后将小瞳仁球放在眼白上按压平整，最终使瞳仁呈椭圆形。

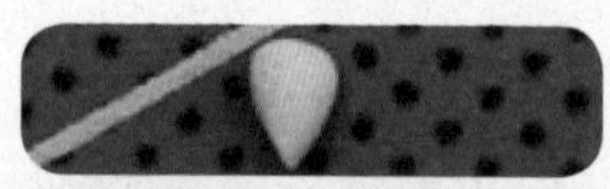

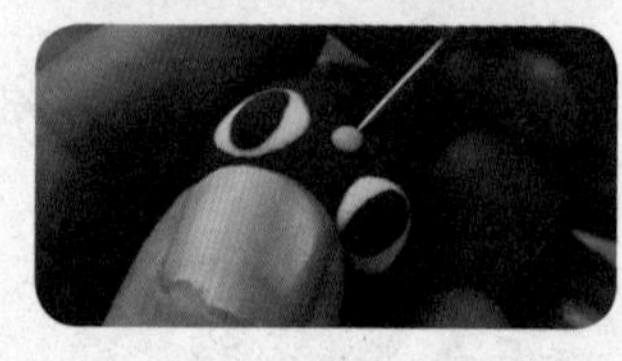

07 用粉红色黏土做出小鼻子，贴在两眼中间靠下方的位置，用小勺型抹刀刻出小黑猫的嘴。

展示一下

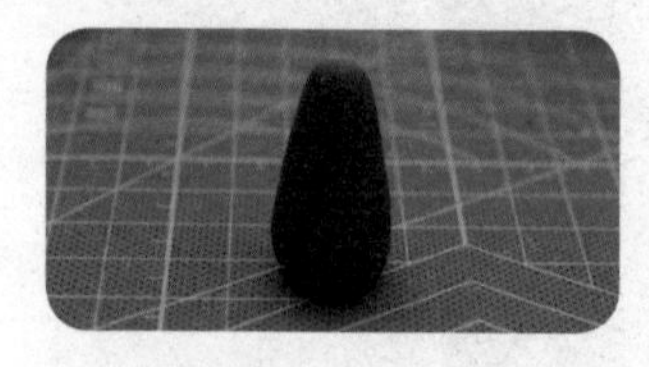

08 用黑色黏土捏一个上窄下宽的保龄球状圆柱体，作为小黑猫的身子。

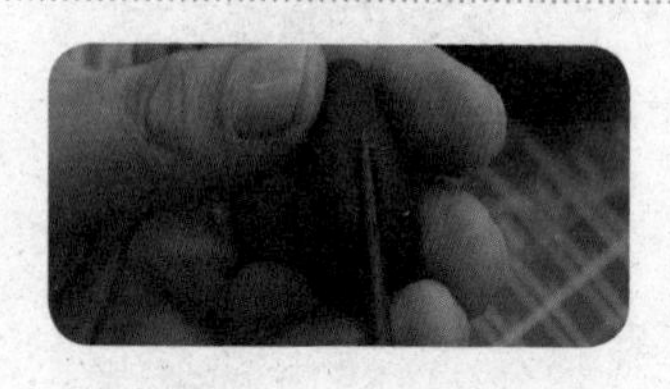

09 用锥形木棒细端在身子上压出两只前腿的轮廓。

展示一下

10 给小黑猫的身子添加上做好的头部。

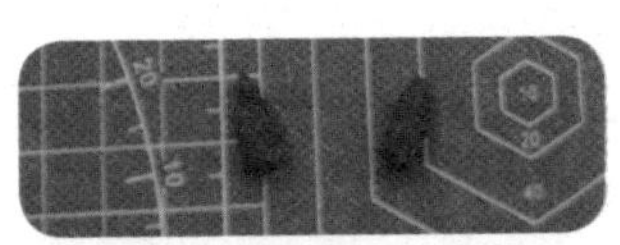

11 揉两块黑色水滴形黏土，压扁后裁剪成三角形黏土，作为小黑猫的耳朵。

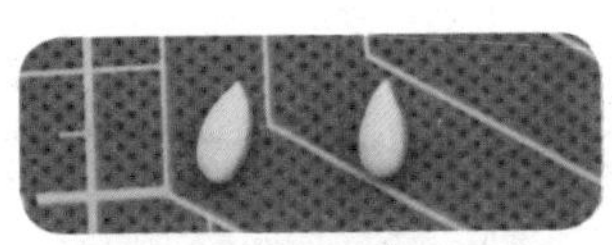
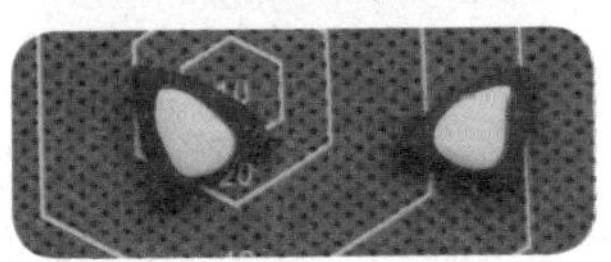

12 揉两块粉红色水滴形黏土，捏扁后调整好形状，粘在黑色三角形耳朵上。然后把耳朵粘到头上。

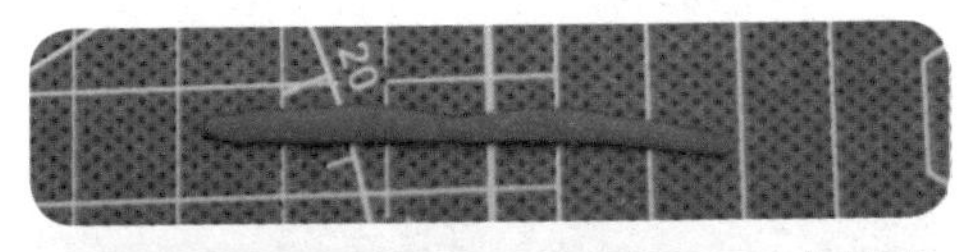
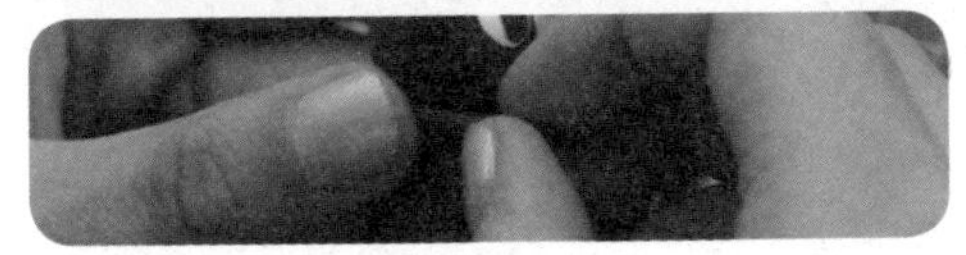

13 搓出一块玫红色长条黏土，捏扁后绕着小黑猫脖子粘一圈。

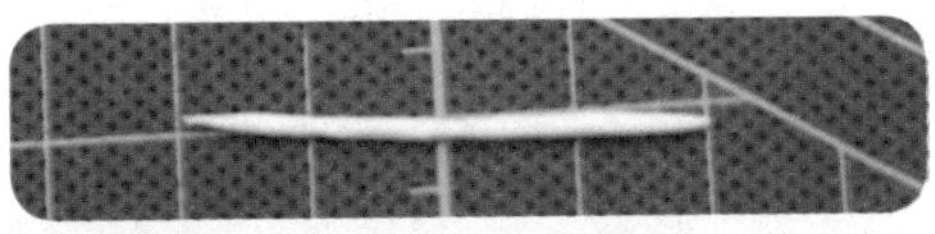
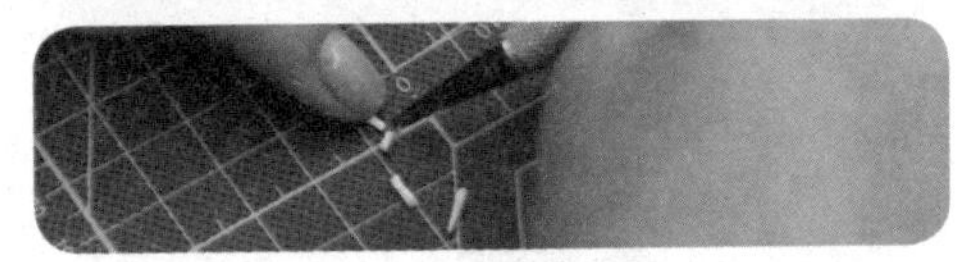

14 搓一块较细的白色长条黏土，并用刻刀裁成多段，作为项圈的点缀。

展示一下

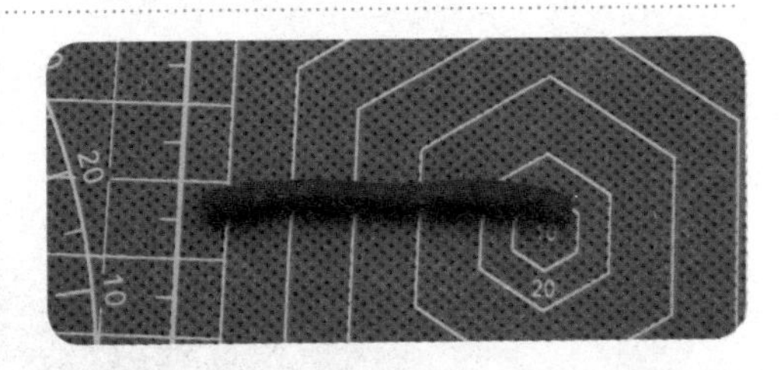

15 用黑色黏土搓一条较粗的长条，作为小黑猫的尾巴，最后把尾巴粘到小黑猫的身子上。

展示一下

16 使用高光笔给小黑猫的眼睛点上高光。

完成

准备好工具和黏土了吗？ 

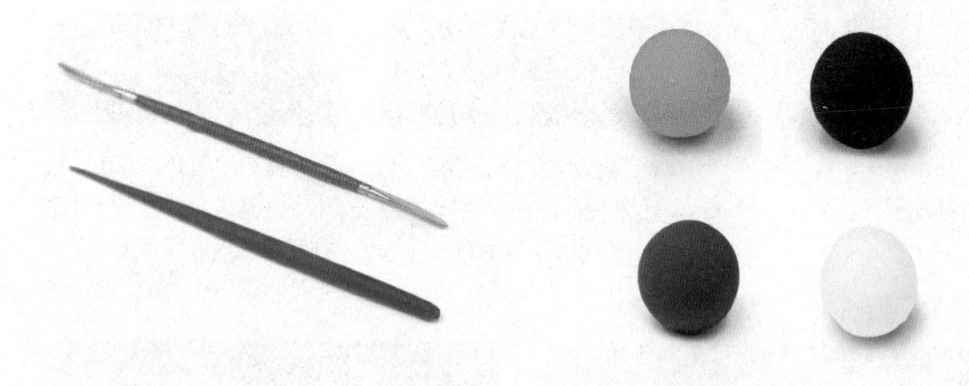

所需工具和黏土

狗狗 

现在就大显身手吧！

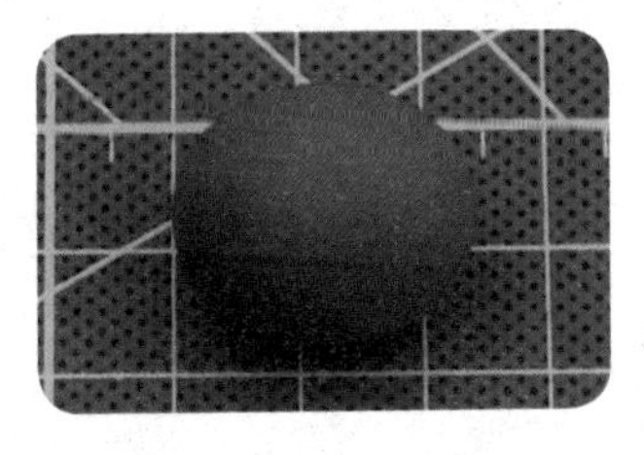

01 将较多的棕色黏土和较少的土黄色黏土混合在一起。取出一部分混合黏土揉成球体，作为狗狗的头部。

02 捏一块稍小于头部的白色球体黏土作为狗狗的鼻子。

03 将狗狗的头部与鼻子粘在一起。

展示一下

04 捏 3 块黑色椭圆形黏土，分别作为眼睛和鼻头贴在狗狗的脸部。

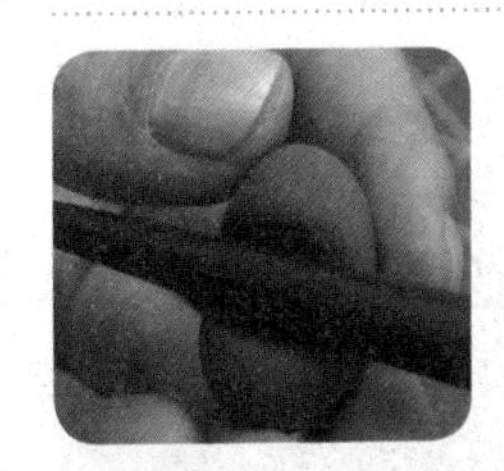

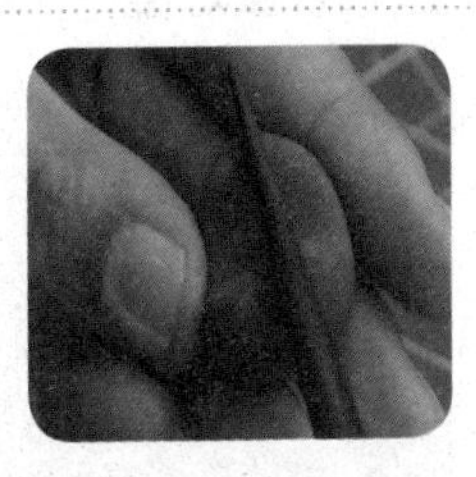

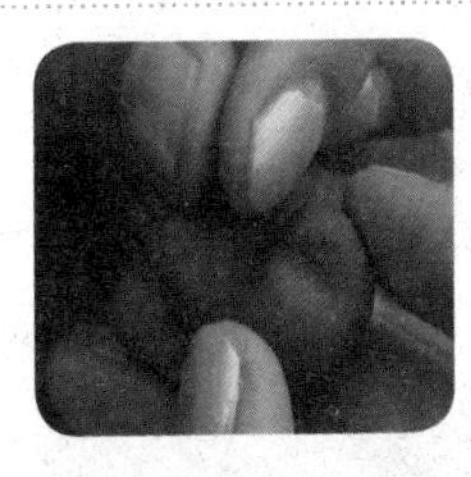

05 用第一步中混合好的黏土捏一块稍大于头部的球体黏土，作为狗狗的身子。用锥形木棒对身子进行横向按压及纵向按压，做出基本的四肢结构，接着用手将四肢捏长。

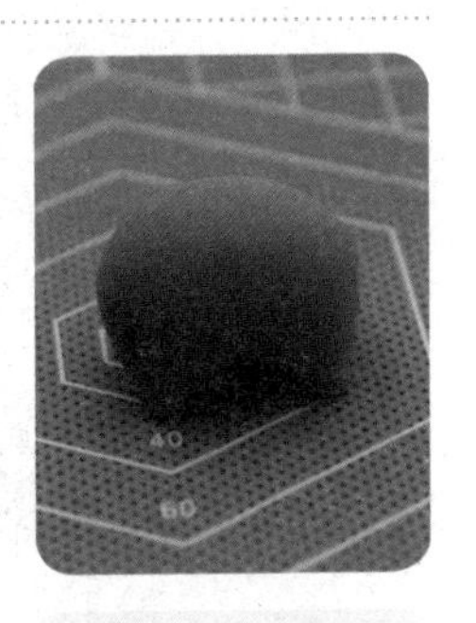

展示一下

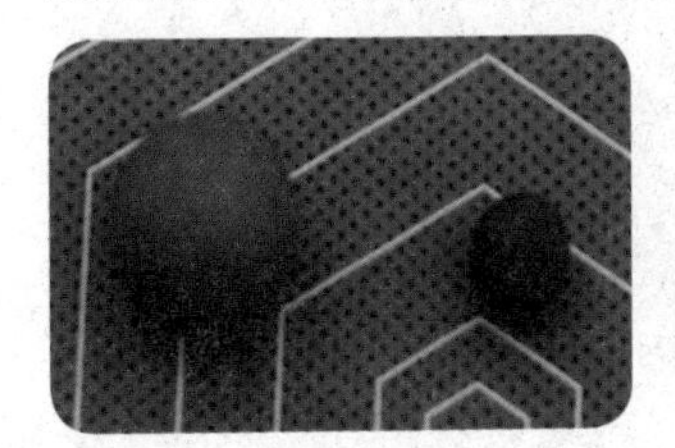

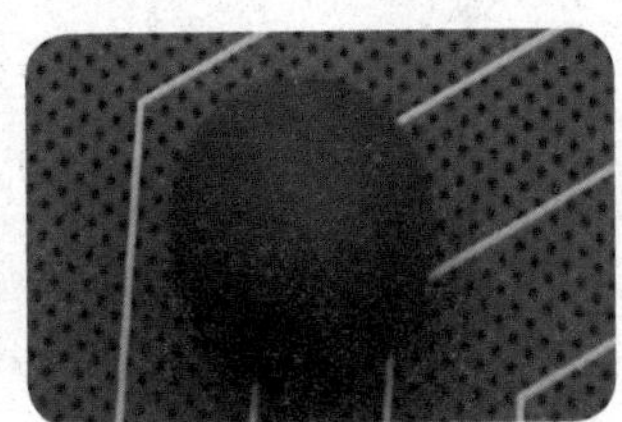

06 取一块棕色黏土，将它与较少的黑色黏土混合。

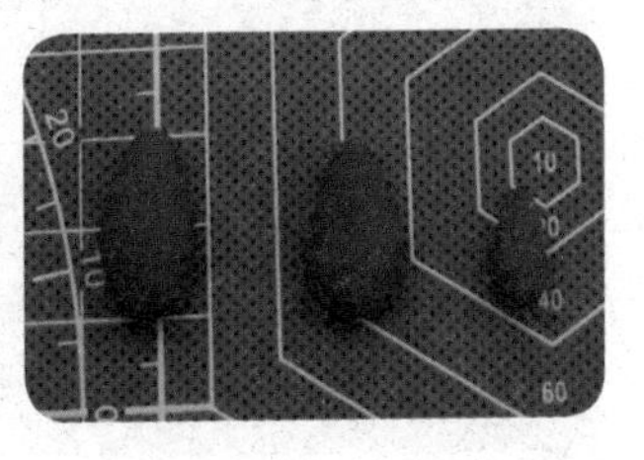

07 用上一步中混合好的黏土做出狗狗的耳朵和尾巴。

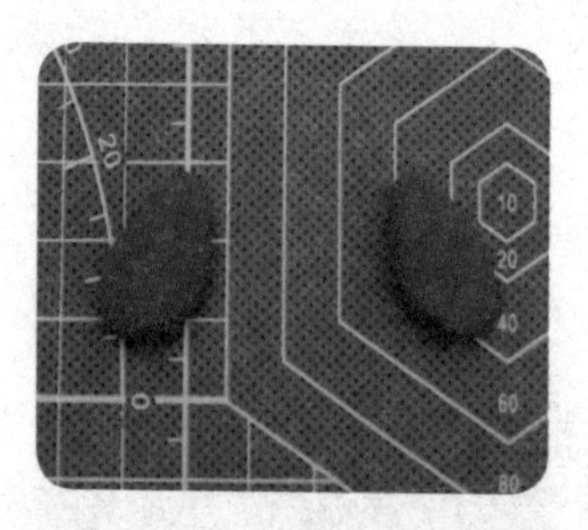

08 把两只耳朵捏出大概形状后再稍稍压扁。

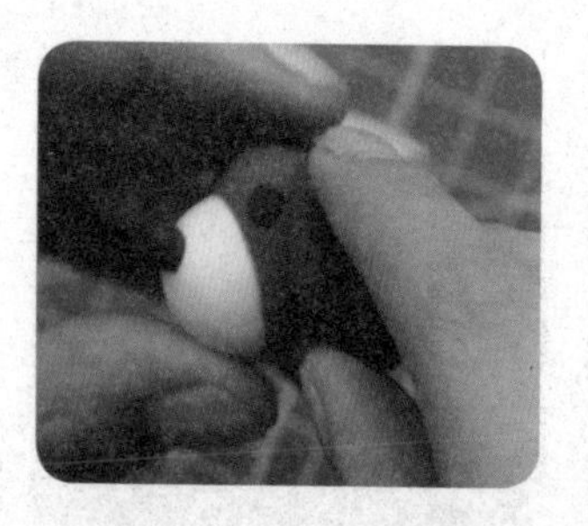

09 将两只耳朵贴在狗狗头部的两侧。

10 给狗狗的身子装上尾巴，使用大勺型抹刀压出尾巴的细节。

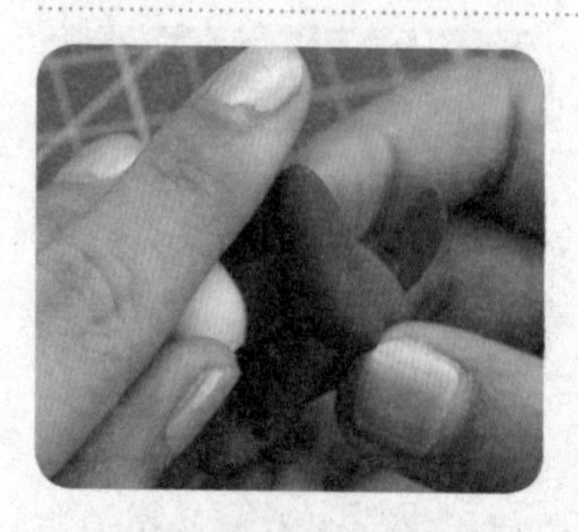

11 给狗狗的身子安上制作好的头部。

完成

展示一下

换个角度看看

准备好工具和黏土了吗？

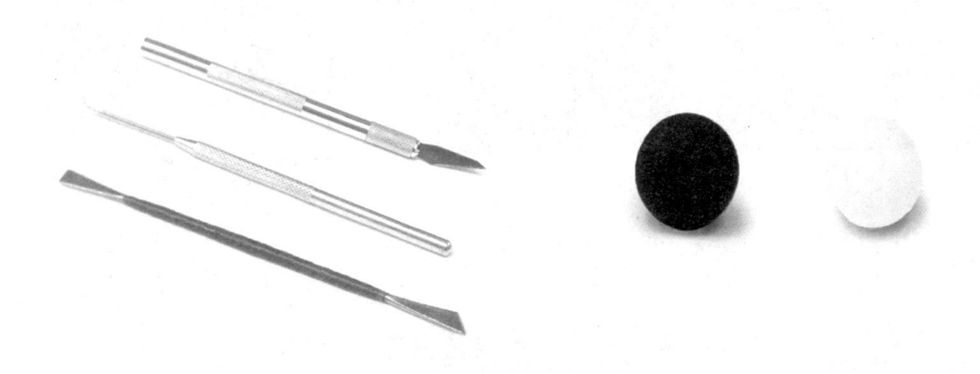

所需工具和黏土

雪兔

现在就大显身手吧！ 

01 用白色黏土揉一个球体，然后再捏成水滴形，作为雪兔的头部。

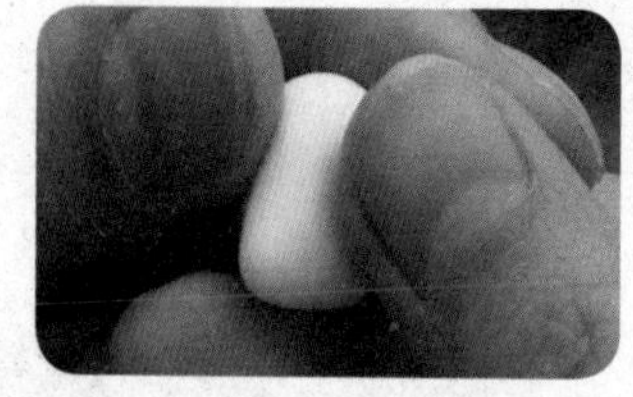

02 调整雪兔头部的形状，用手捏出雪兔的眼窝。

展示一下

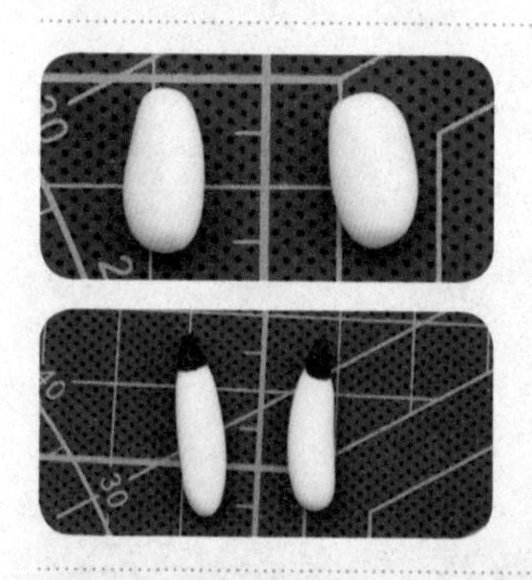

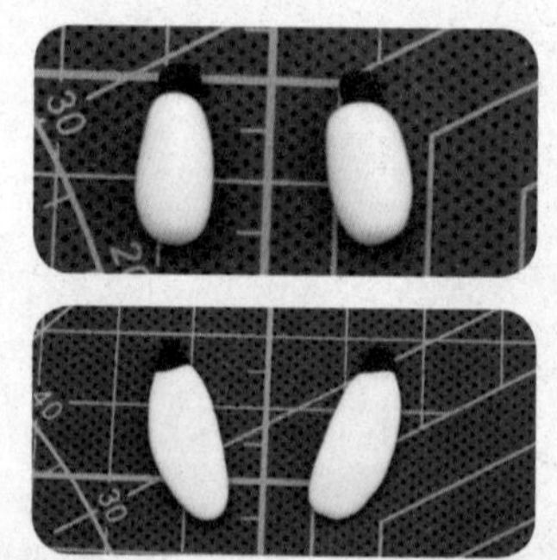

03 (1) 揉两块白色椭圆形黏土作为雪兔的耳朵。

(2) 揉两块小的黑色球体黏土作为雪兔的耳尖。

(3) 将耳朵与耳尖粘在一起，并将其搓成长水滴形。

(4) 将做好的长水滴形黏土压扁。

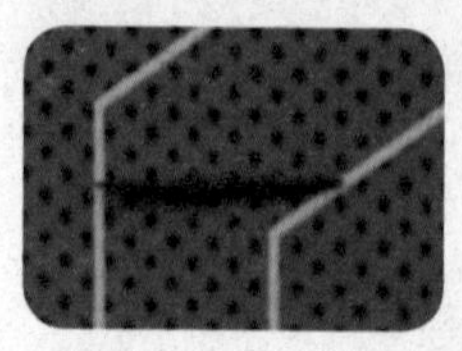

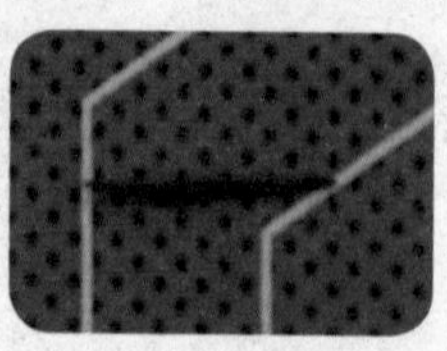

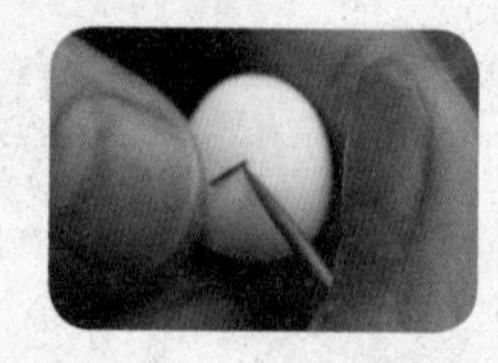

04 用黑色黏土搓两个极小的细长条作为雪兔的眼睛，使用造型针将眼睛贴在面部对应的位置上，并调整雪兔眼睛的弯度。

05 使用大铲型抹刀刻出雪兔的鼻子和嘴巴。

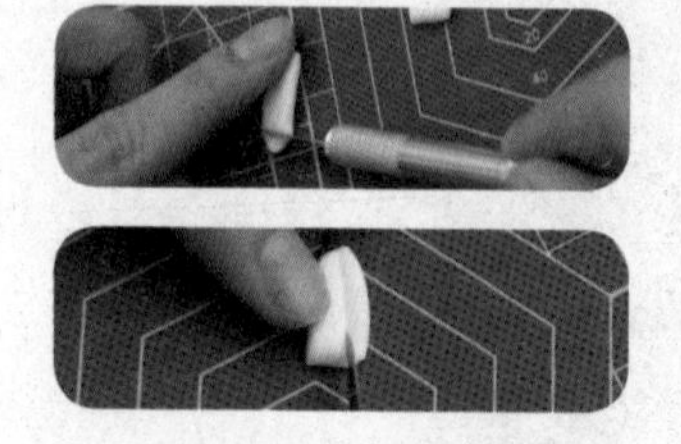

06 用刻刀裁平耳朵的底部，接着在耳朵内部划出一道痕迹。

07 给雪兔的头部加上制作好的两只耳朵。

展示一下

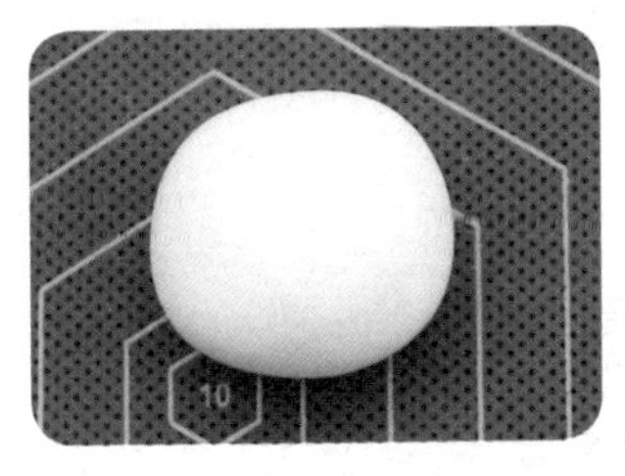

08 用白色黏土揉一个稍大的球体，作为雪兔的身子。将身子捏成椭圆形，确保身子底部平整，可以立在桌子上。

09 用白色黏土揉两个椭圆形，作为雪兔的双脚。

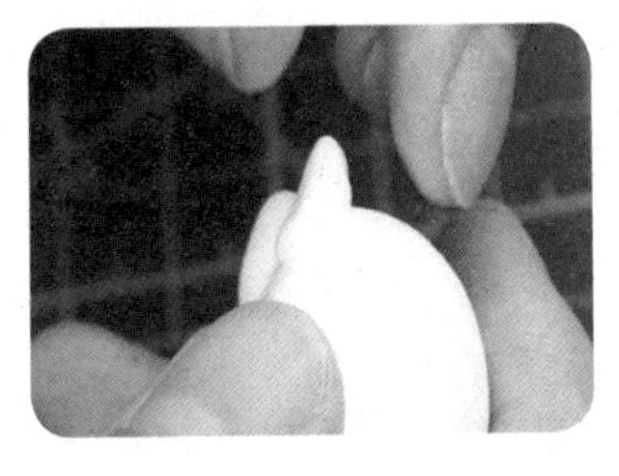

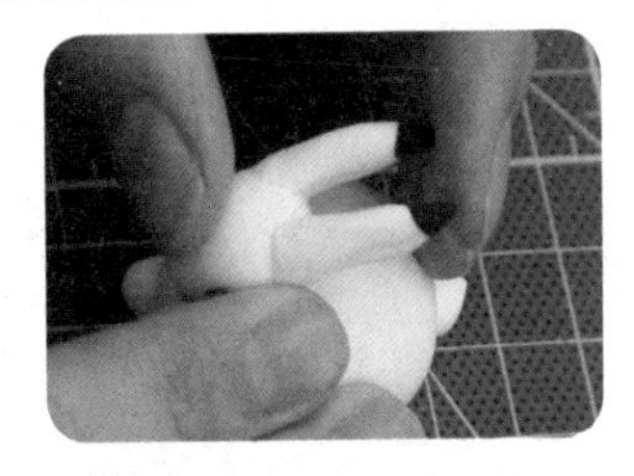

10 将雪兔的双脚捏扁并粘在雪兔身下。

11 给雪兔的身子加上用白色黏土做的小尾巴。

12 给雪兔的身子加上制作好的头部。

完成

展示一下

换个角度看看

准备好工具和黏土了吗？

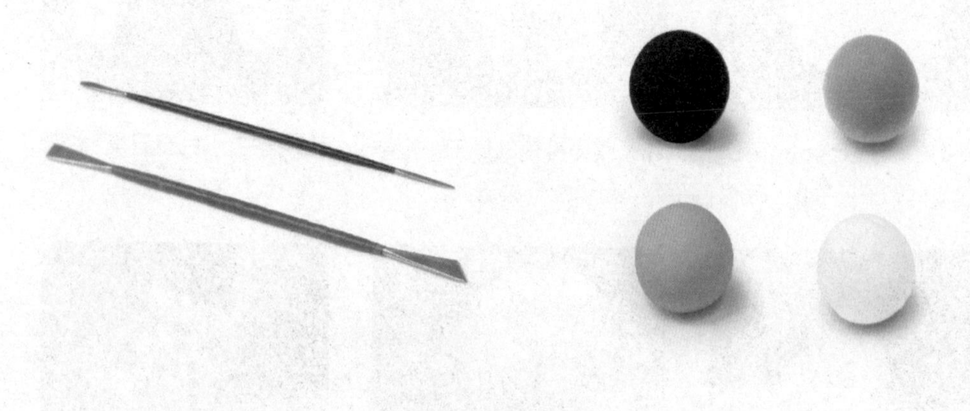

所需工具和黏土

仓鼠

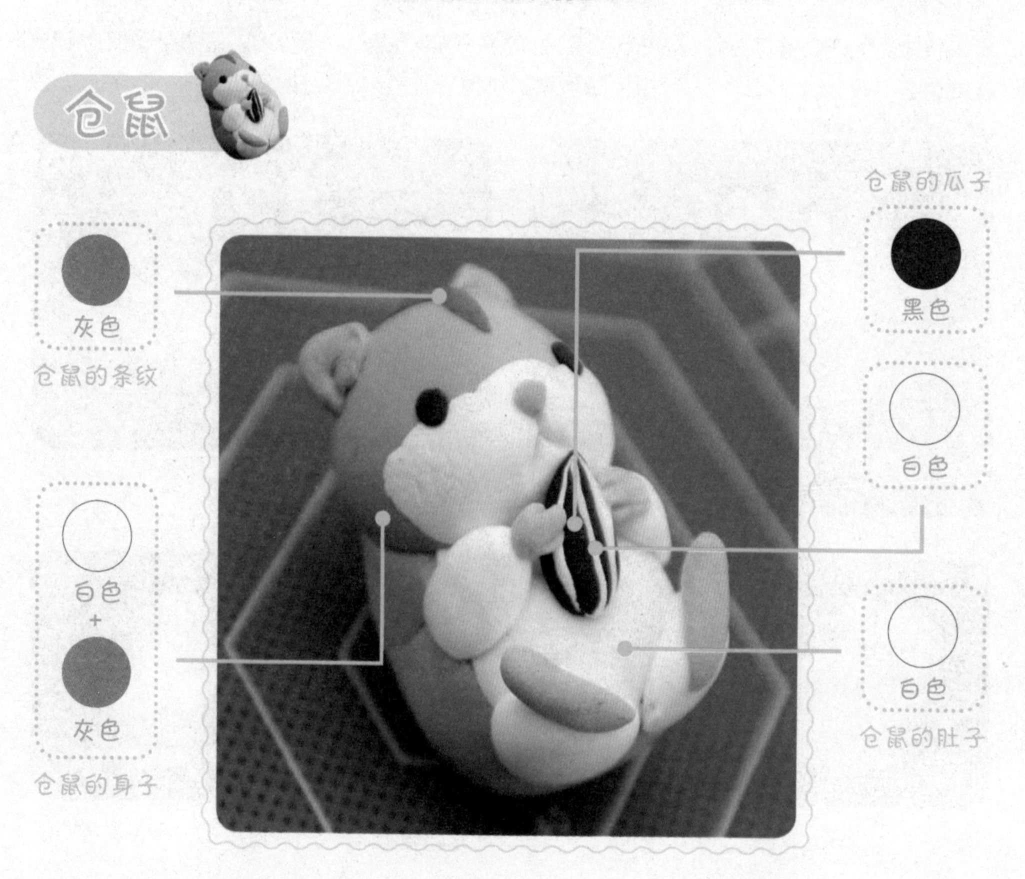

现在就大显身手吧！

01 把较多的白色黏土和较少的灰色黏土混合在一起，取一部分混合黏土揉成一个椭圆形。

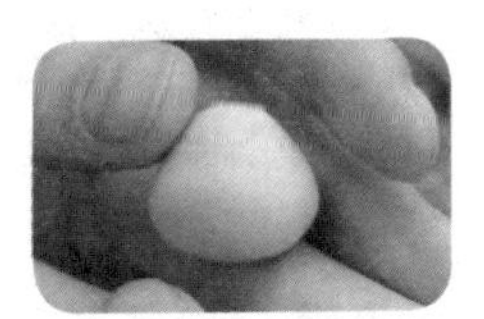

02 用手指轻轻挤压椭圆形黏土的上半部分，调整出形态圆润、上窄下宽的形状，作为仓鼠的头部。

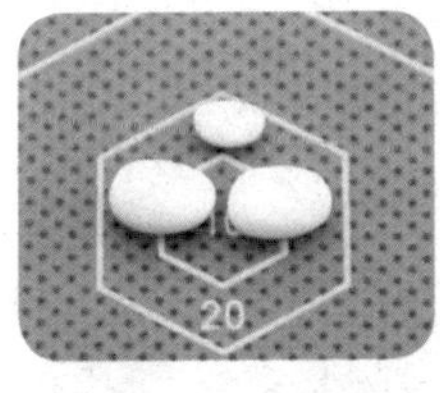

03 用白色黏土做出一个小椭圆形和两个同样大小的大椭圆形。

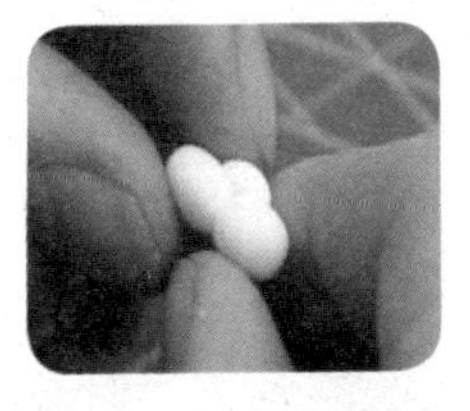

04 把3块椭圆形黏土按照上一步的图中所示的排列方式堆在一起，然后将它们压成薄片，使它们融为一体。最后得到的形状比较像对称的云朵，称为“云朵片”。

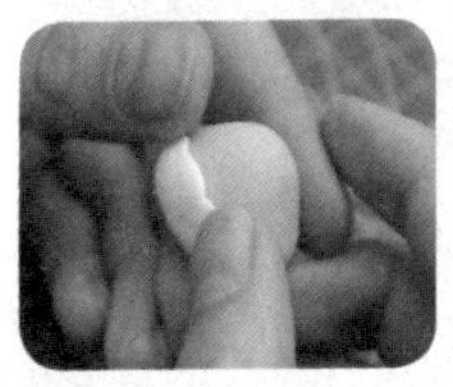

05 把“云朵片”粘在之前做好的头部雏形上。

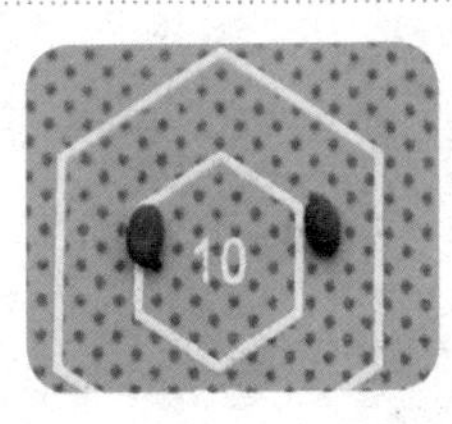

06 用黑色黏土揉两个小球体作为仓鼠的眼睛，需要注意的是，两眼的位置在灰色与白色黏土的交界处。

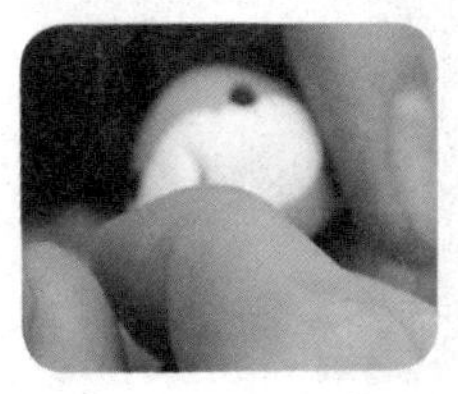

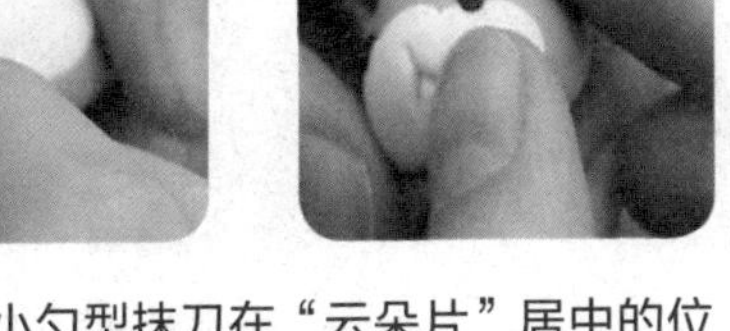

07 使用小勺型抹刀在“云朵片”居中的位置刻出一个“人”字，作为仓鼠的嘴。

展示一下

08 用木色黏土做出倒三角形的鼻子并把鼻子粘在嘴的上方。

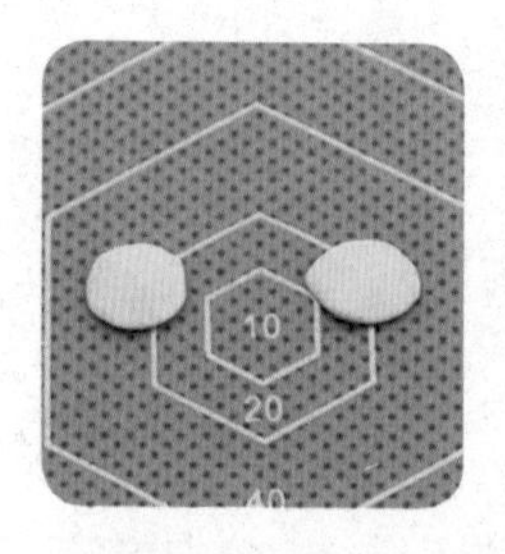

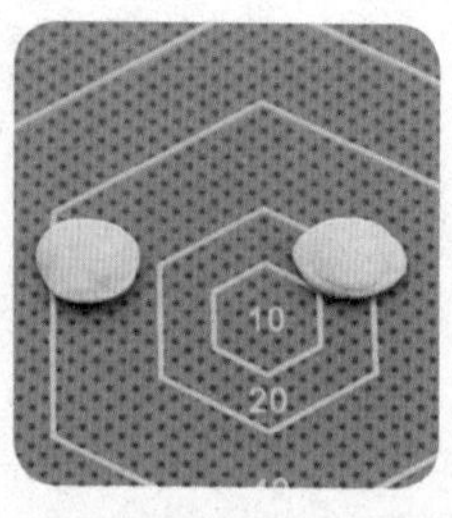

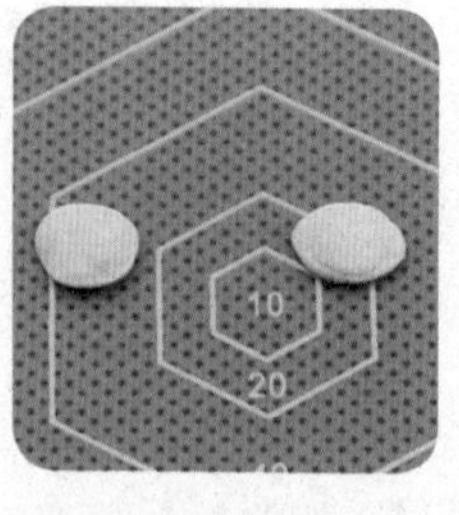

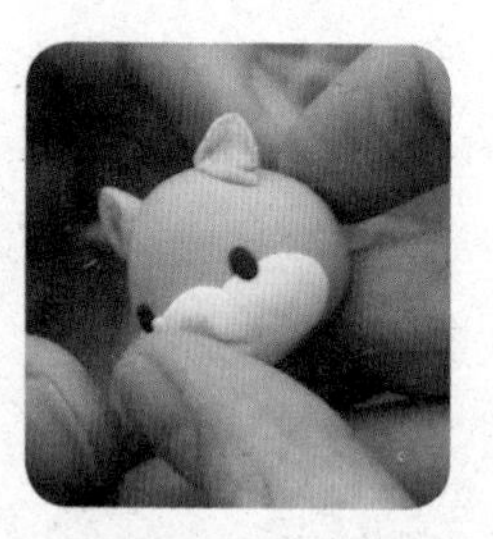

09 取一部分第一步中的混合黏土揉两个椭圆形并压扁，再在上面粘上两片用木色黏土做的扁片。

10 分别将两个椭圆形扁片的下半部分贴合并做出点褶皱，然后再将其作为耳朵粘在仓鼠的头顶。

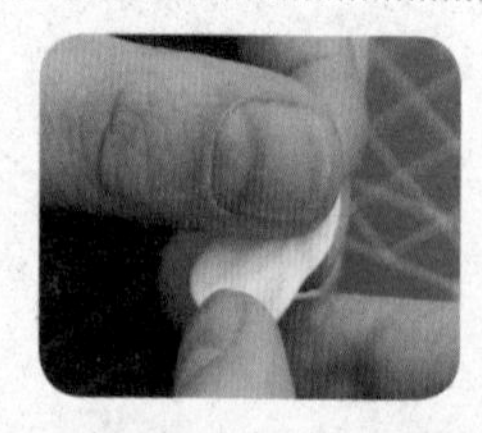

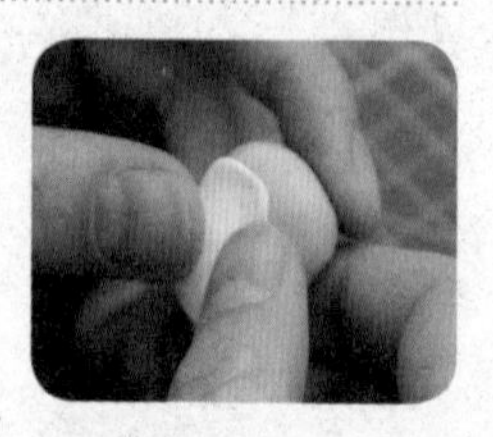

11 将第一步中的混合黏土分成大小不同但相近的两份后，粘在一起再稍微调整下形状，作为仓鼠的身子。然后取一点白色黏土，捏成一个形状和身子差不多但面积较小的薄片，之后将二者贴合在一起。

展示一下

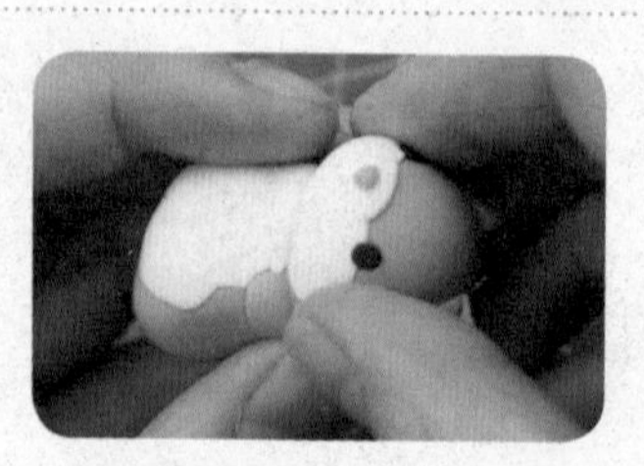

12 将仓鼠的身子与头部粘紧并适当按压。

展示一下

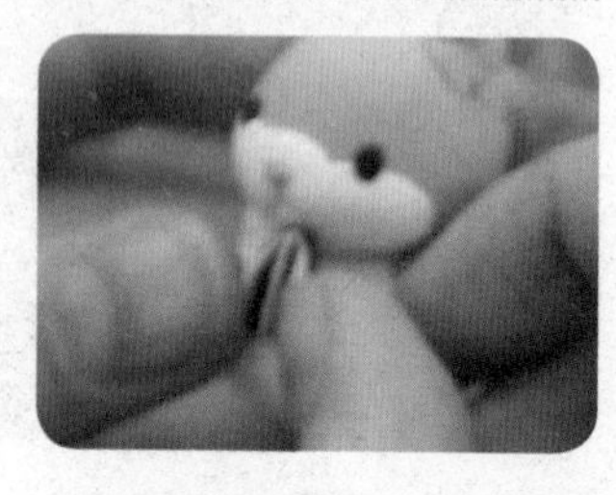

13 取一块黑色黏土，做成水滴形后稍微压扁，作为瓜子，再用白色黏土搓出细条并粘在瓜子上面。

14 把做好的瓜子粘在仓鼠的身上。

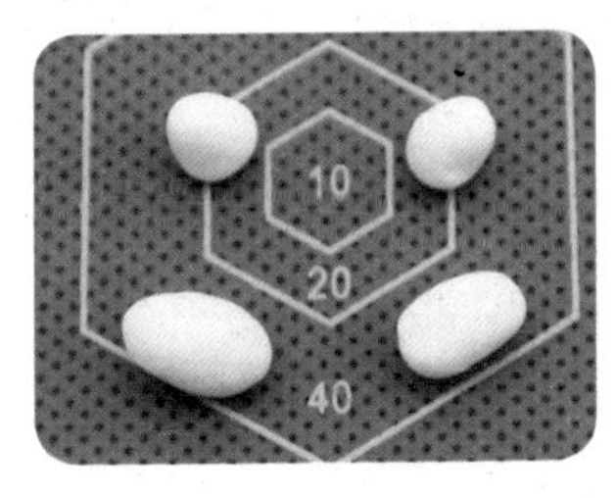

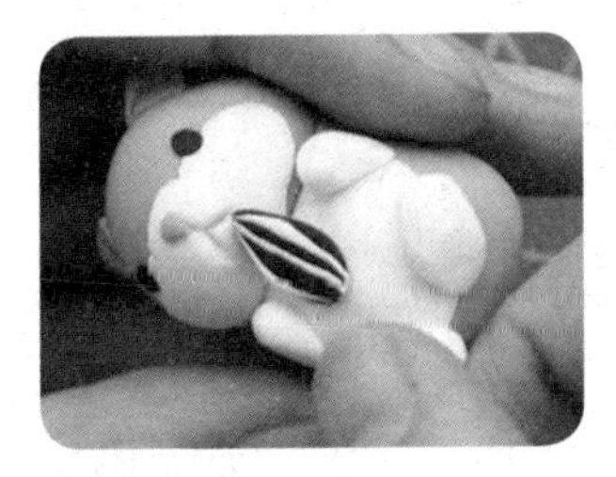

15 用白色黏土揉出两对大小不一样的椭圆形，并把它们粘在仓鼠的身子上，分别作为前腿和后腿。

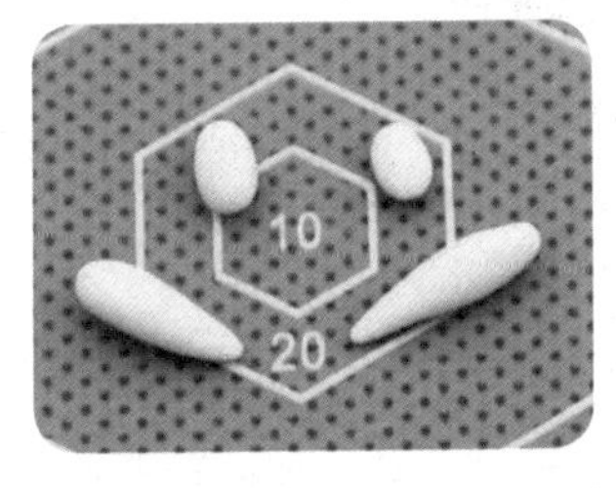

16 用第一步中的混合黏土揉出一对小椭圆形和一对长水滴形，将它们分别作为仓鼠的前爪和后爪。

17 粘好前爪和后爪之后，用大铲型抹刀刻出仓鼠前爪的指头。并搓一个灰色长条，贴在头顶作为条纹。

完成

展示一下

换个角度看看

准备好工具和黏土了吗？

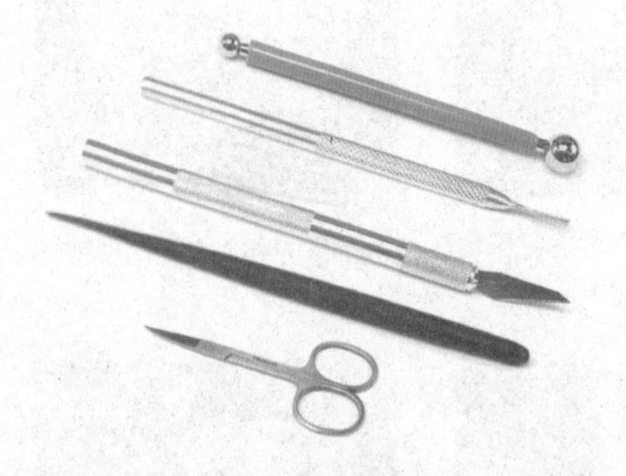

所需工具和黏土

松鼠

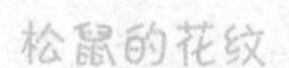

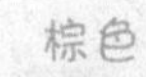

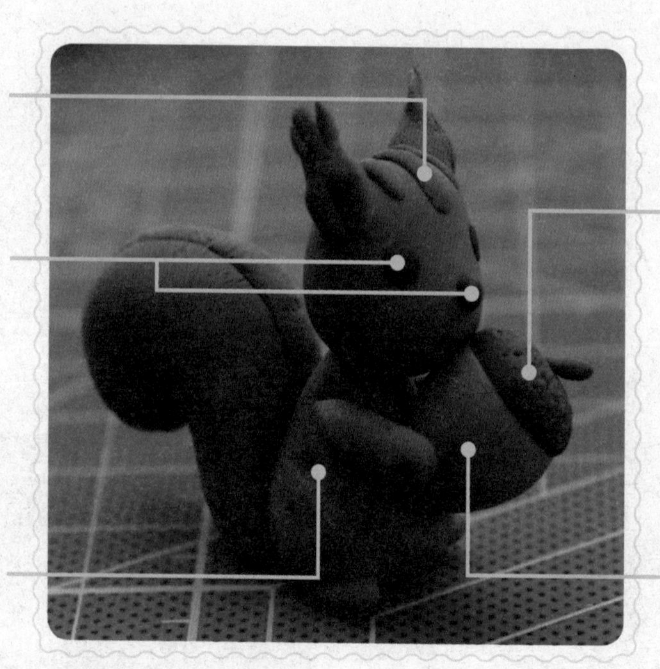

现在就大显身手吧！

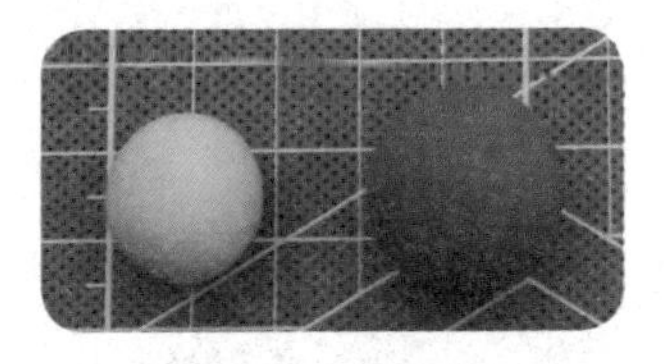

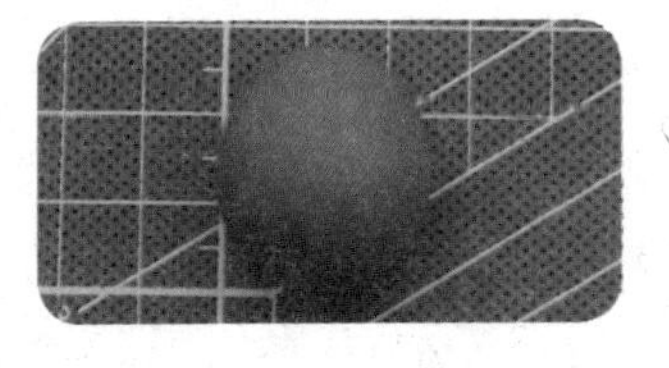

01 将较多的棕色黏土和较少的土黄色黏土混合。

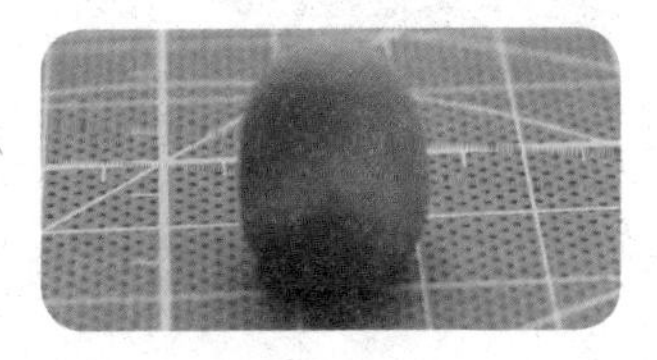

02 把一部分混合黏土揉成球体，作为松鼠的头部。用不锈钢丸棒压出眼窝，再用手捏出鼻尖。

换个角度看看

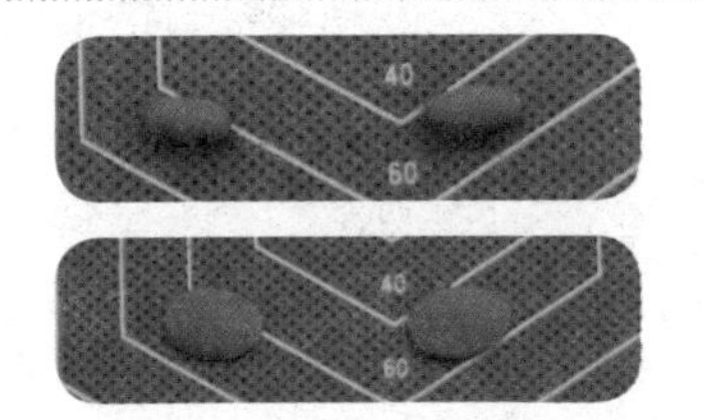

03 用混合黏土揉两块椭圆形黏土，并将其压扁。

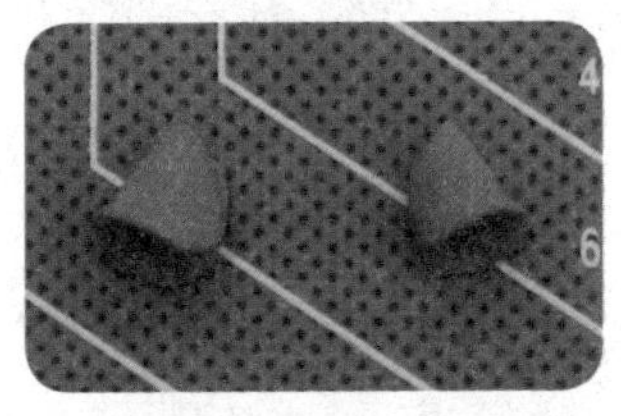

04 分别将两个椭圆形扁片的两端向内贴合，作为松鼠的耳朵。

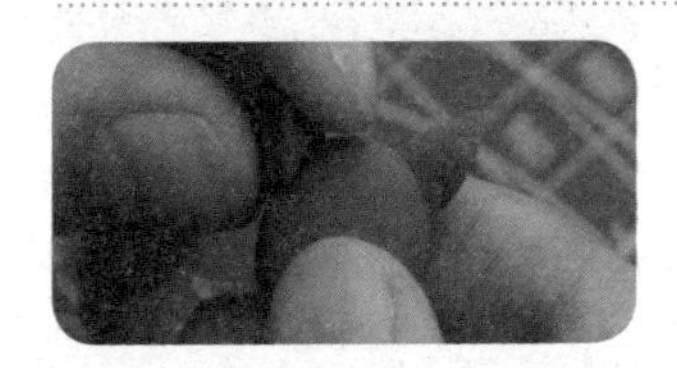

05 把松鼠的耳朵分别粘在松鼠头部的两端。

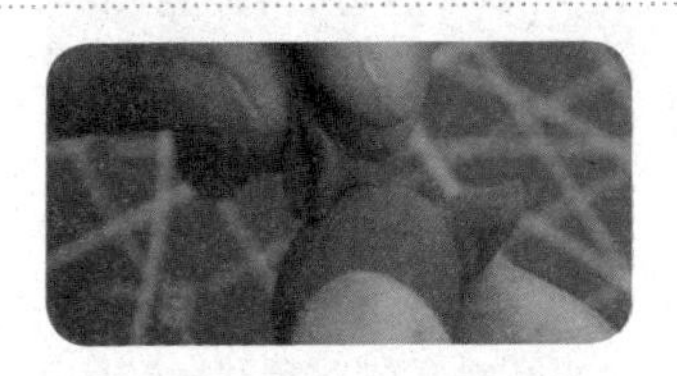

06 把两只耳朵的尖处用手捏平。

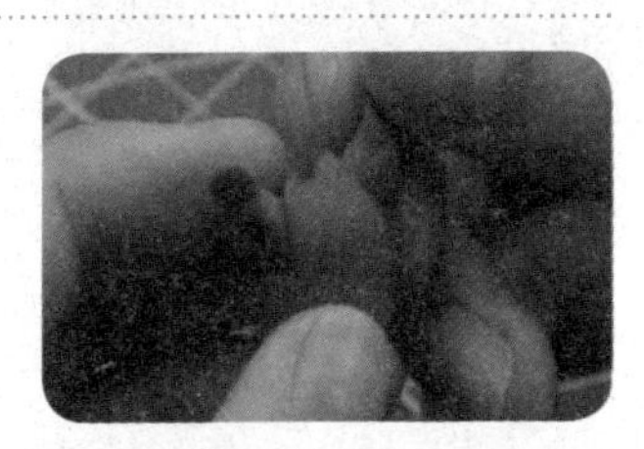

展示一下

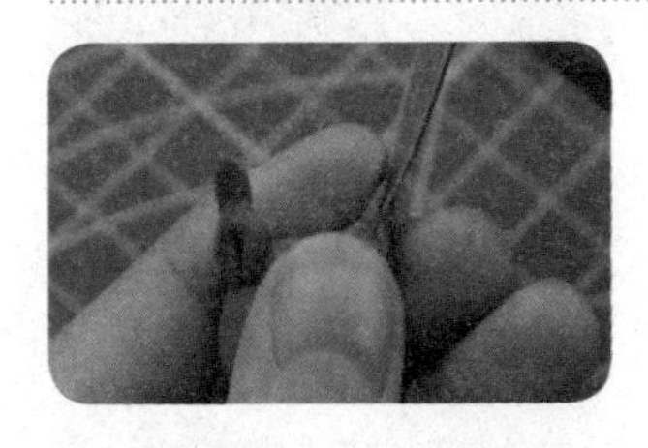

07 用剪刀在松鼠的耳尖上剪出 3 个小分叉来。

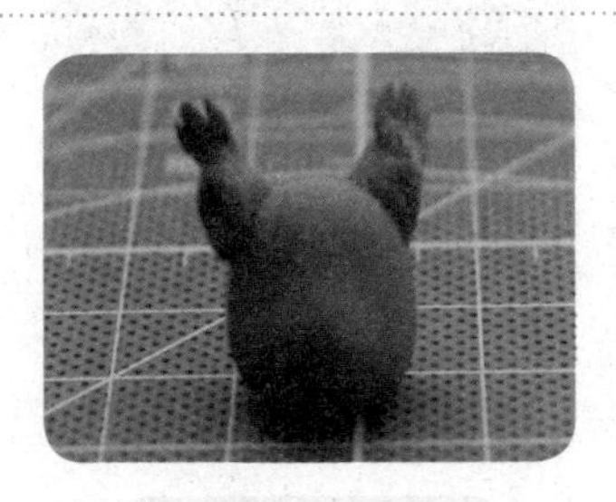

展示一下

08 用一点棕色黏土搓出一个长条，并用刻刀将长条黏土分成两短一长的 3 份，作为松鼠的花纹。

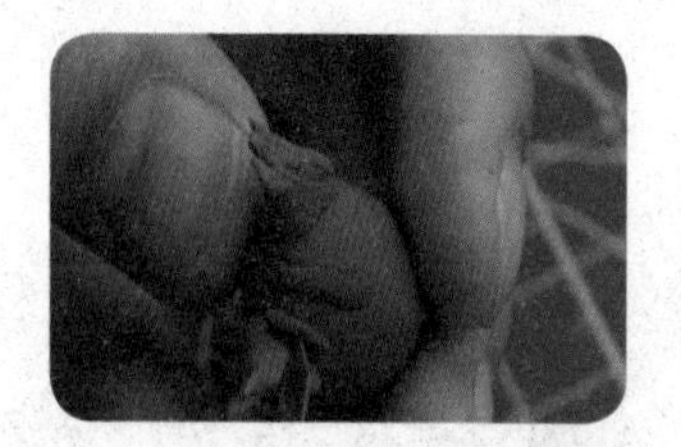

09 将3条花纹依次贴在松鼠的头顶并用刻刀按平整。

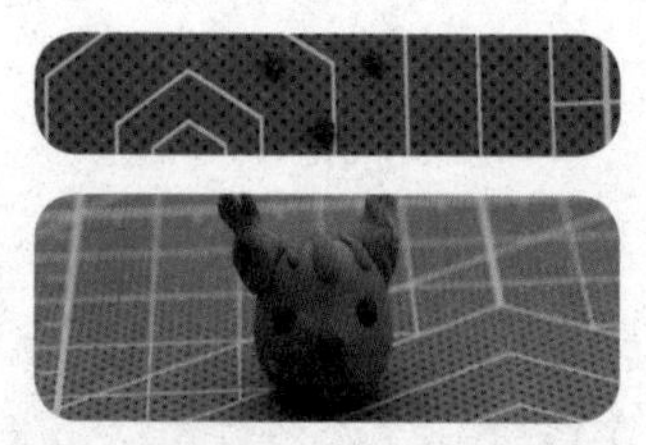

10 揉3块黑色小球体黏土，分别作为双眼和鼻子，粘在松鼠的面部。

展示一下

11 用一部分第一步中的混合黏土揉一个水滴形，作为松鼠的身子。

12 使用锥形木棒压出松鼠后腿的轮廓。

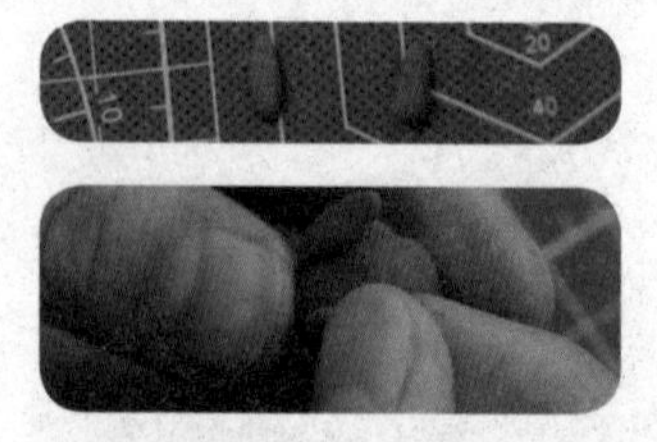

13 用第一步中的混合黏土搓出两个小椭圆形并压扁，然后粘在松鼠后腿下方。

展示一下

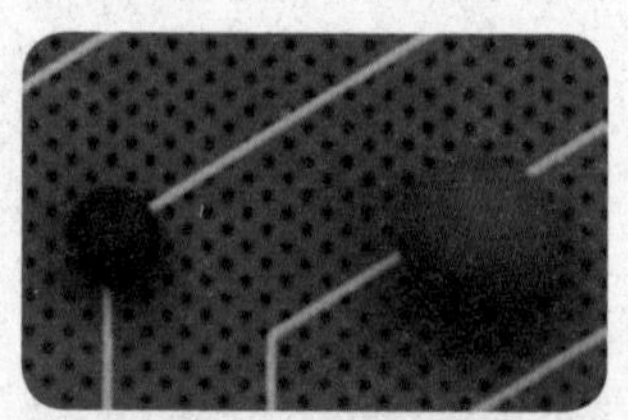

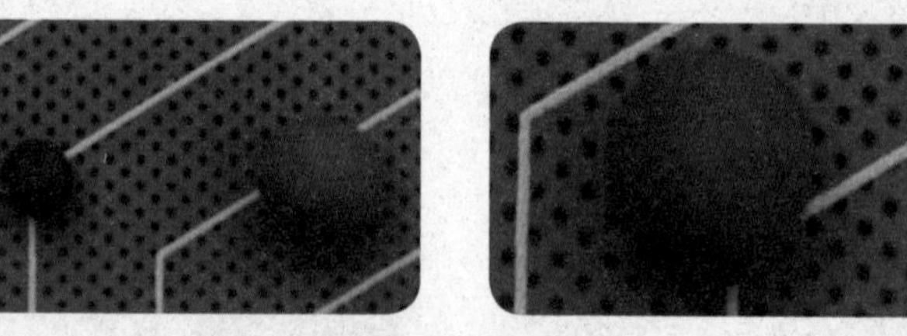

14 把较多的棕色黏土和少许黑色黏土混合在一起。

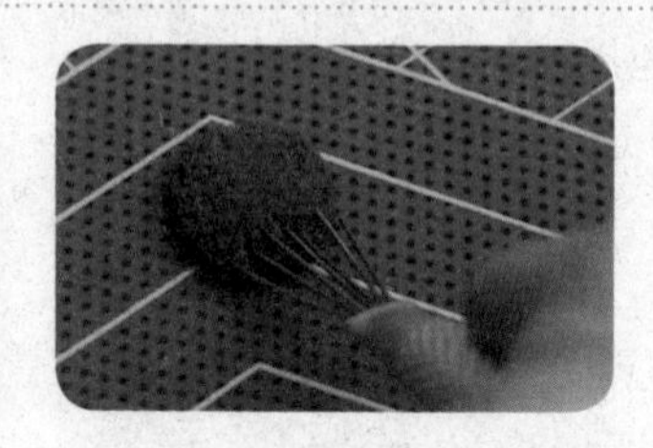

15 将上一步中的混合黏土揉圆捏扁，做出橡果的外壳。用七本针轻戳外壳，体现出外壳凹凸不平的质感。

16 将较多的土黄色黏土和较少的棕色黏土混合，得到比之前更偏黄的棕黄色黏土。

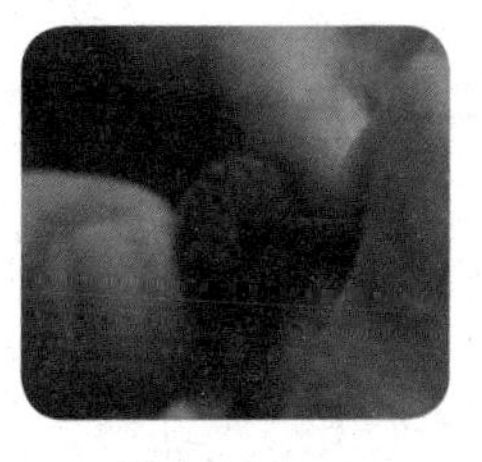

17 将上一步中混合好的黏土捏成水滴形，作为橡果的果实。

18 将做好的橡果的两部分粘在一起捏好。用锥形木棒细端戳出一个凹槽留出橡果把的位置。用棕色的黏土捏出一个小长条作为橡果把，并将做好的橡果把放入凹槽里固定好。

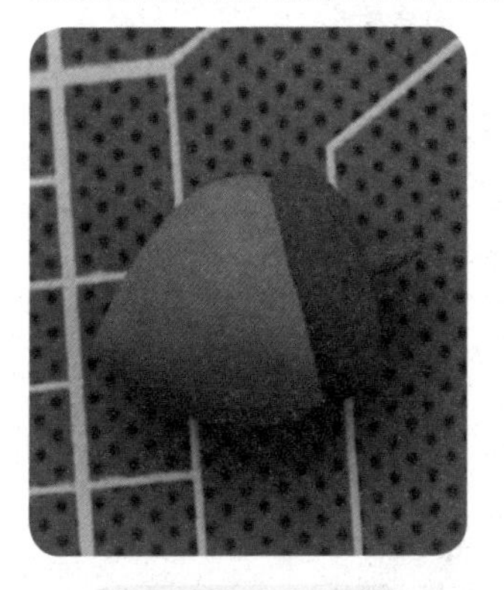

展示一下

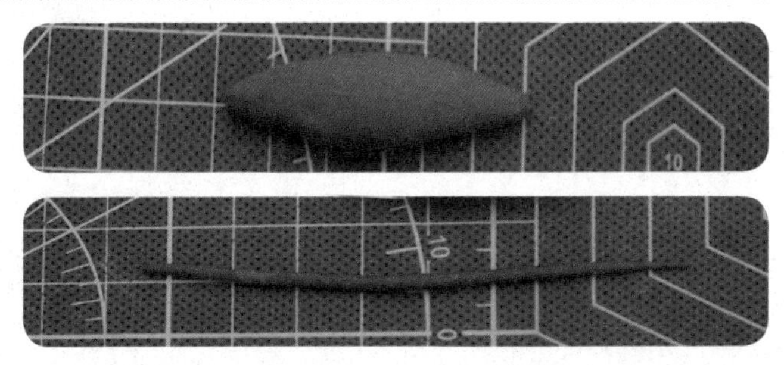

19 用第一步中混合好的黏土捏出一个菱形，作为松鼠的尾巴。再用棕色黏土搓出一个长条作为尾巴的花纹，花纹的长度按照尾巴的长度来截取。

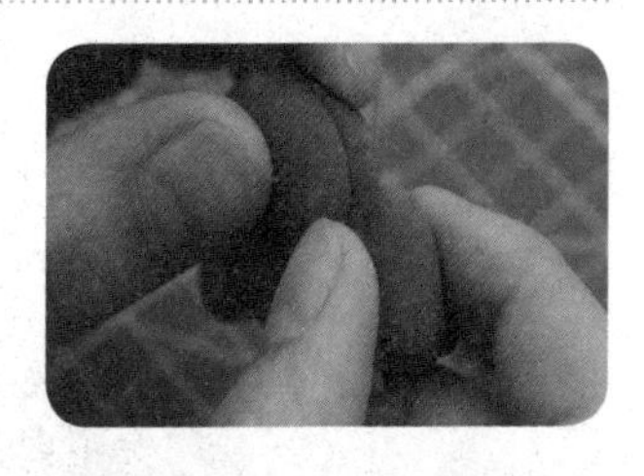

20 把搓好的花纹粘在尾巴上按平，接着将尾巴向里卷出弧度，调整整体形状。

21 把做好的尾巴粘在松鼠的身子上。

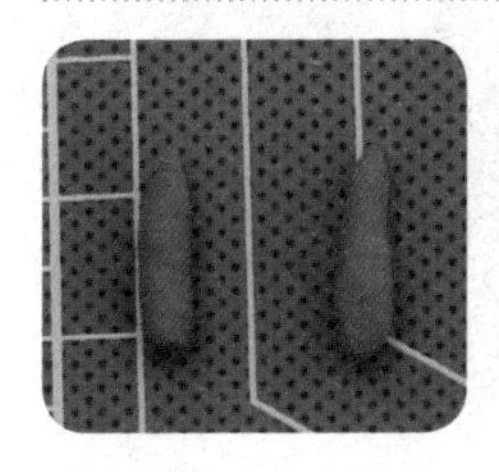
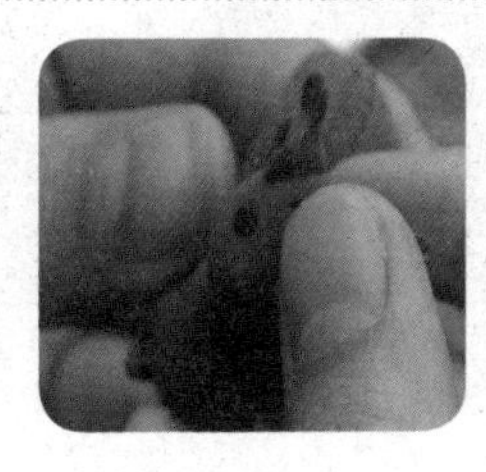

22 用第一步中混合好的黏土捏两条长条，作为松鼠的手臂。将松鼠的头部固定在身子上，并加上手臂和怀里抱着的橡果。

完成

准备好工具和黏土了吗？

所需工具和黏土

刺猬

现在就大显身手吧！

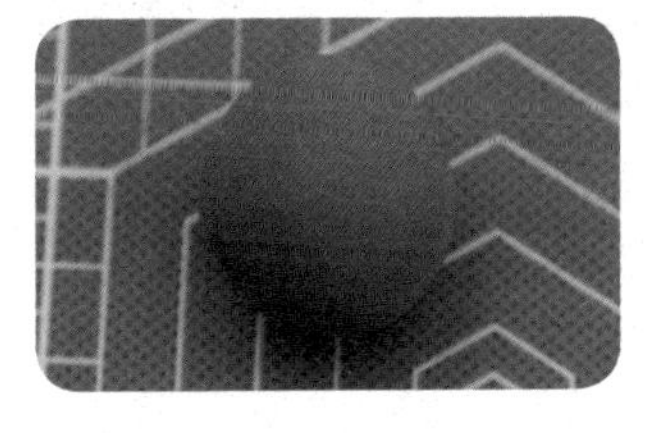

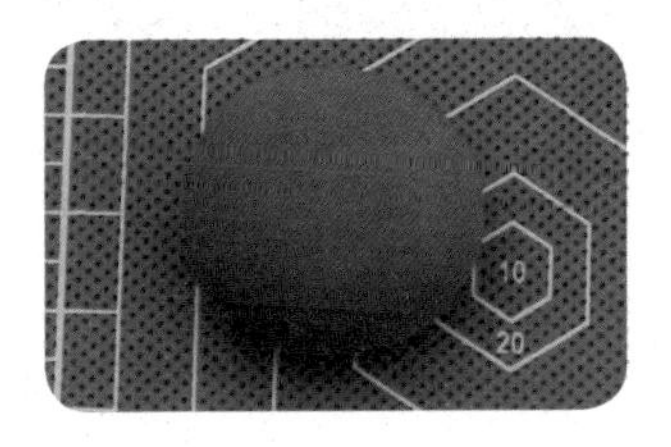

01 揉一块肉色球体黏土并将其捏出一个小尖作为刺猬的头部。

02 揉一块稍大的棕色球体黏土作为刺猬的身子，在压扁身子的同时确保身子具有一定厚度。

03 使用合适的不锈钢丸棒在身子的一端按压出凹槽，形成头部预留位置。

04 将刺猬的头部嵌入身子上的预留位置，并调整整体形状。

05 从身子前方开始，用剪刀剪出刺猬身上的刺。越剪到后面越要小心，注意不要把刺完全剪断，更不要压平前面已经剪好的刺。

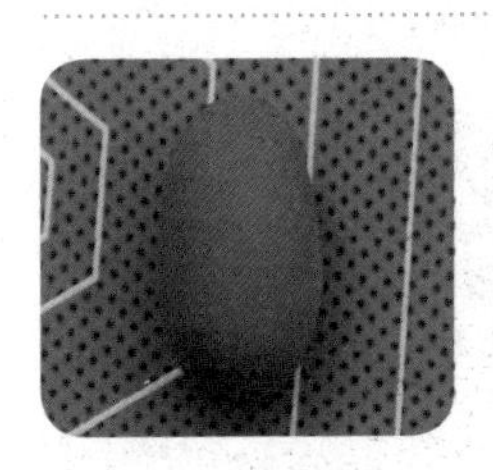

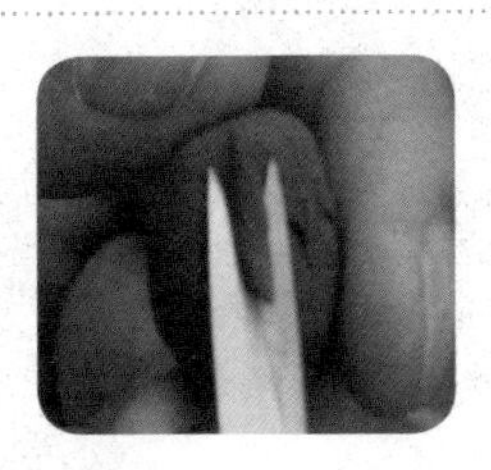

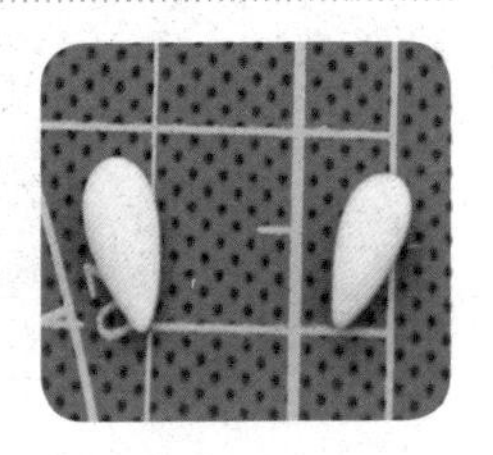

06 揉一个稍大的棕色椭圆形球体，并使用剪刀在球体上剪下多个细条，作为刺猬头部的尖刺。

07 捏两块肉色水滴形黏土作为刺猬的耳朵。

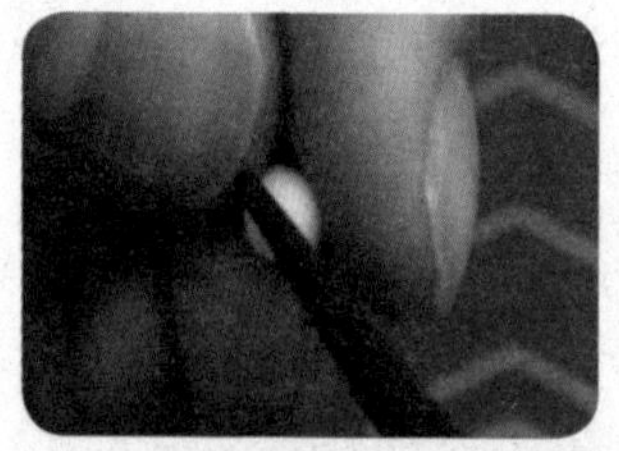

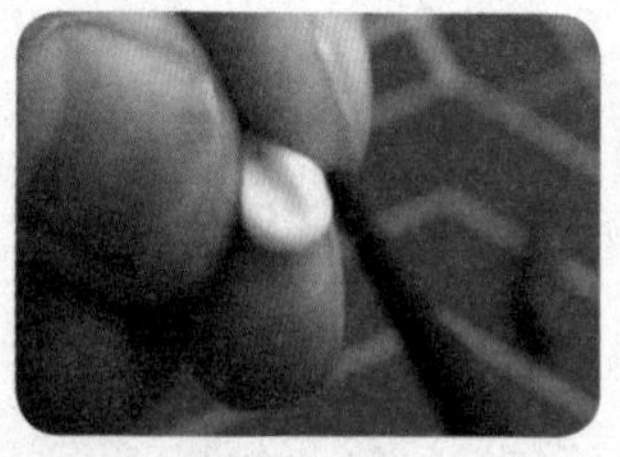

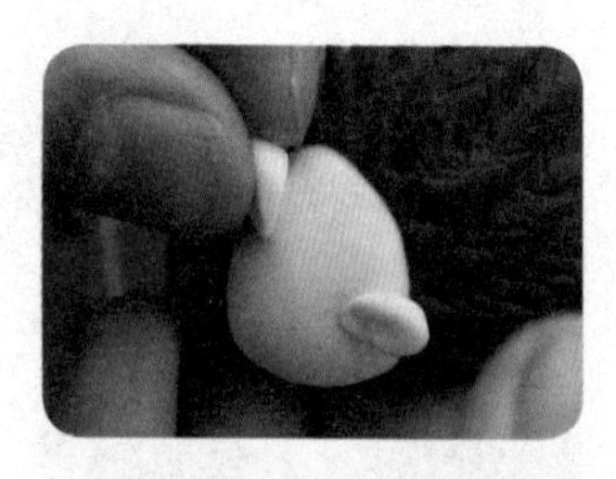

08 使用锥形木棒细端压出耳朵里面的细节。

09 给刺猬的头部两侧添加耳朵。

10 将剪好的尖刺贴在刺猬头部的上方，直到额头没有剩余空间。

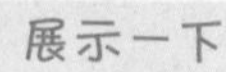

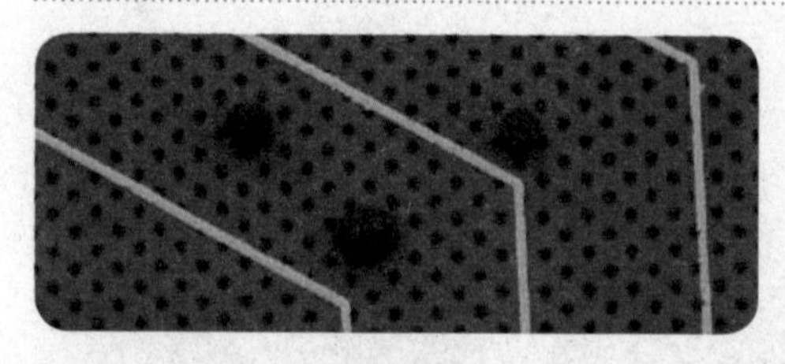

11 用黑色黏土揉两个稍小的球体与一个稍大的球体，分别作为刺猬的两只眼睛和一只鼻子，把眼睛和鼻子粘在刺猬的面部。

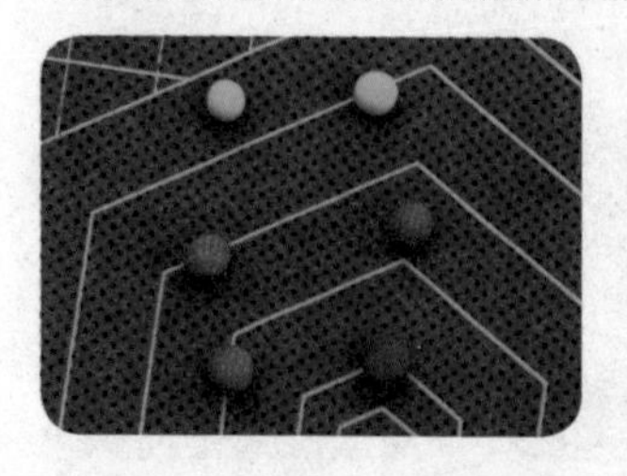

12 用红色黏土、嫩绿色黏土、玫红色黏土做出几个果子，用造型针把它们均匀地粘在刺猬的背上。

准备好黏土了吗？

所需黏土

大熊猫的头部

大熊猫的四肢

现在就大显身手吧！

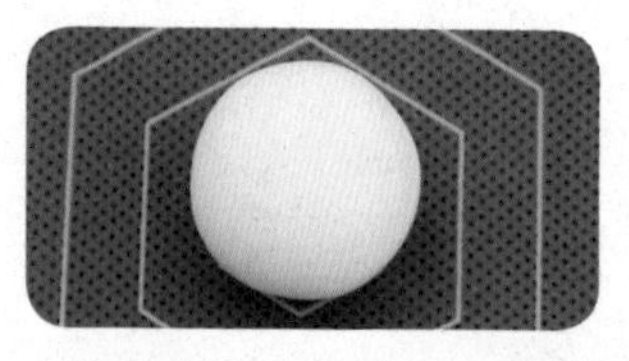

01 用白色黏土揉一个稍大的球体，将球体黏土分成两份，一份球体黏土较大，一份球体黏土较小。

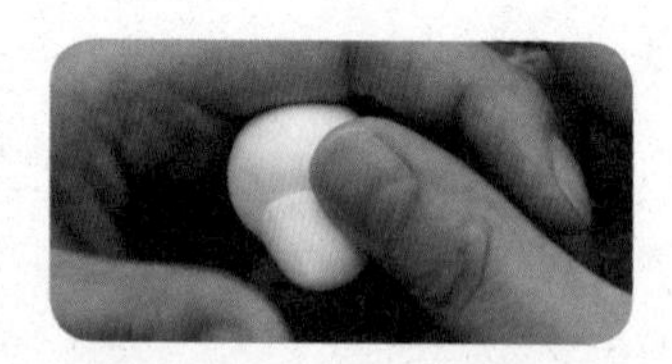

02 把小球体黏土捏成椭圆形并粘在大球体黏土上面，作为大熊猫的头部。

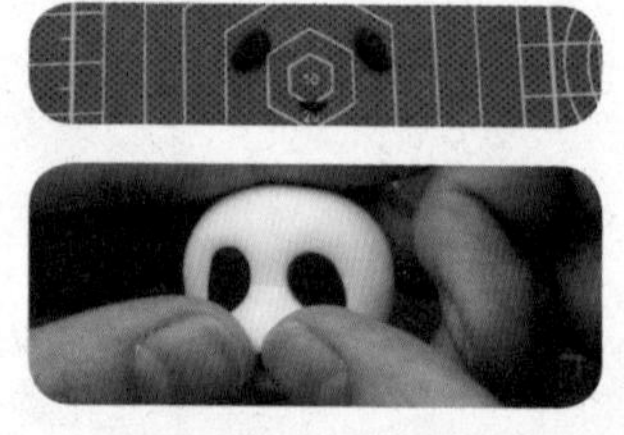

03 用黑色黏土揉两个椭圆形和一块倒立的小三角形，分别作为双眼和鼻子贴到大熊猫脸上。

04 揉两块黑色椭圆形黏土并压扁，作为耳朵贴在大熊猫头部的两侧。

05 揉一块白色球体黏土并压扁，注意压扁后两边的厚度不同。

06 揉一块稍大的白色球体黏土和一块黑色椭圆形黏土，加上上一步中压好的那块白色黏土，将 3 块黏土按图中所示方式粘在一起，调整好形状，作为大熊猫的身子。

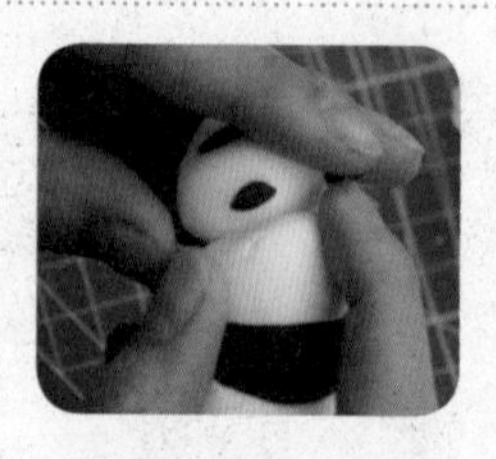

07 给大熊猫的身子加上制作好的头部。

08 给大熊猫的身子加上用白色黏土做的球体尾巴。

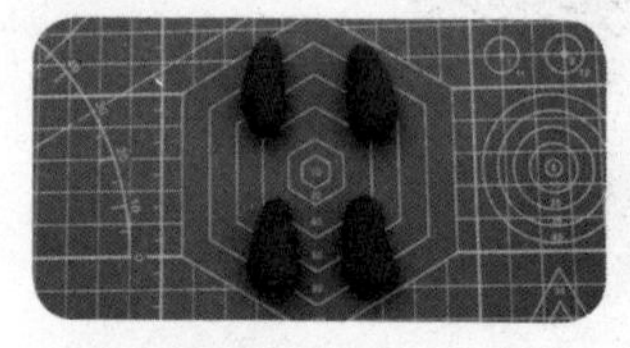

09 用黑色黏土揉 4 个上窄下宽的柱体，把它们作为四肢贴在大熊猫的身上，调整姿势，使其可以站立。

完成

准备好工具和黏土了吗？

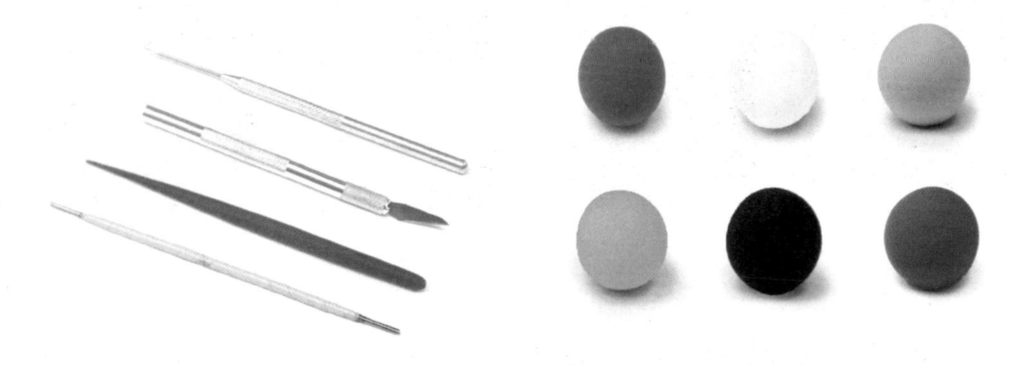

所需工具和黏土

奶牛

现在就大显身手吧！

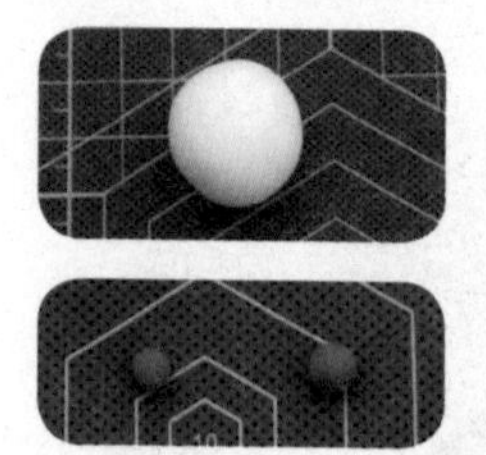

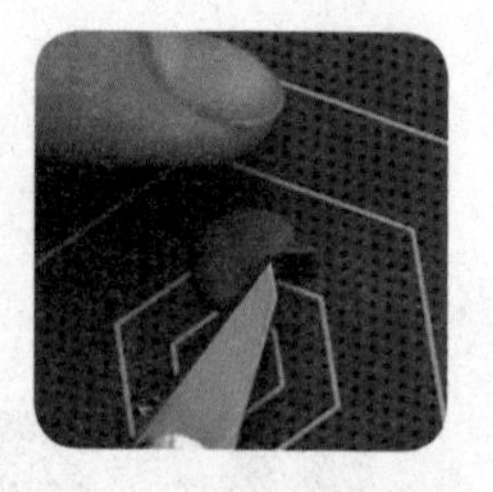

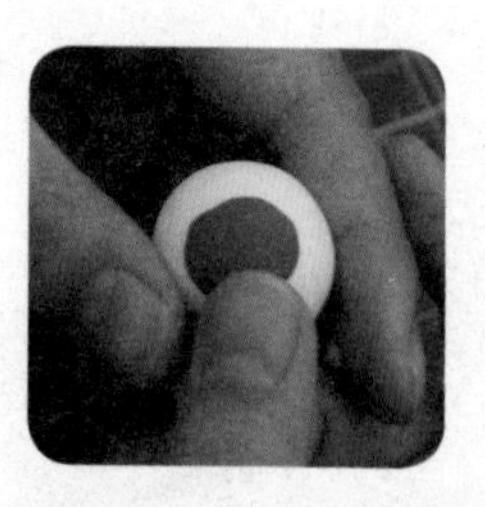

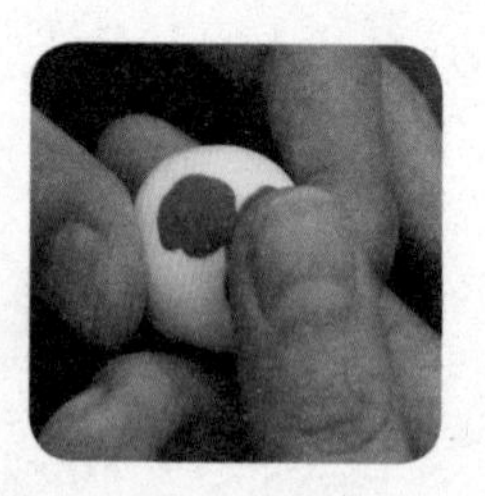

01 揉一块白色的球体黏土作为奶牛的头部。揉两块小的深灰色球体黏土并压扁作为奶牛头顶的花纹，使用刻刀将花纹从垫板上揭下，贴在奶牛头部正上方的位置。

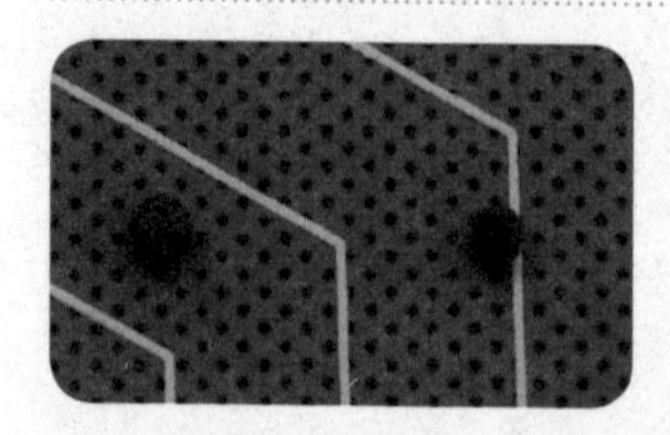

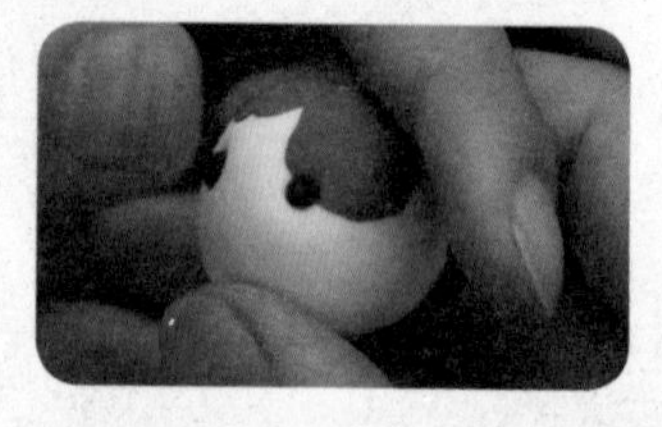

02 揉两块小的黑色球体黏土作为奶牛的眼睛，将两只眼睛贴在奶牛的脸上。

展示一下

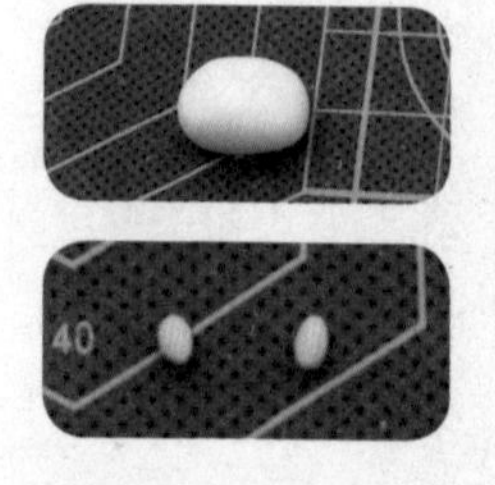

03 揉一块白色球体黏土并用手捏成椭圆形，作为鼻子贴到奶牛的脸上。使用柱形抹刀按出鼻孔的轮廓。取一点粉红色黏土，用手捏成两个椭圆形，用造型针把它们贴在奶牛鼻孔处并用手按平。

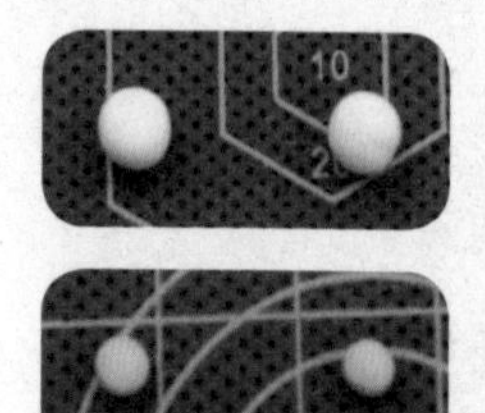

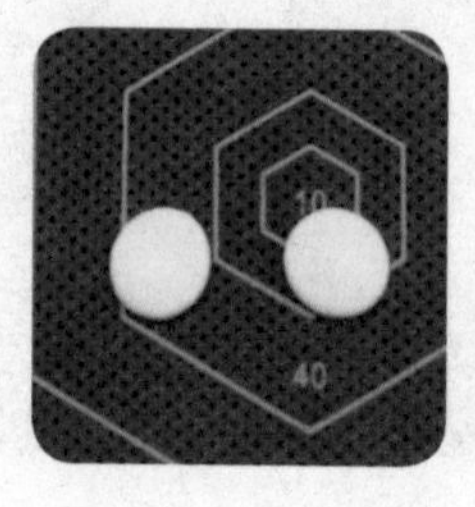

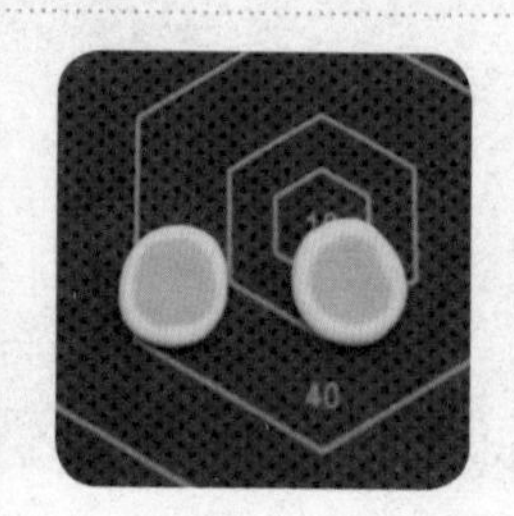

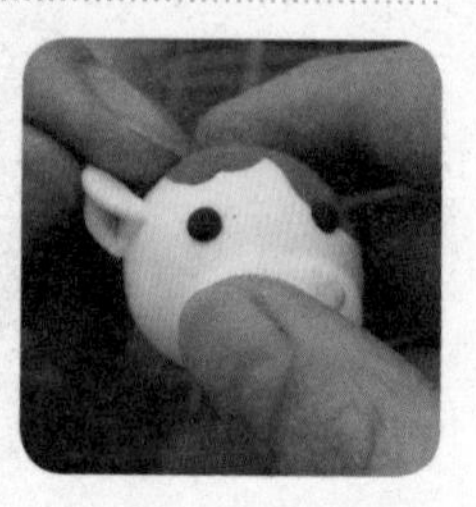

04 揉两块白色球体黏土并压扁，作为奶牛的耳朵。揉两块稍小的粉红色球体黏土并压扁，将粉色扁片重叠在耳朵上面。用手把耳朵卷出弧度，贴在奶牛头部的两侧。

05 搓两块黑色水滴形黏土，将尖端部分卷出一定弧度后作为奶牛的犄角安在奶牛的头顶。

展示一下

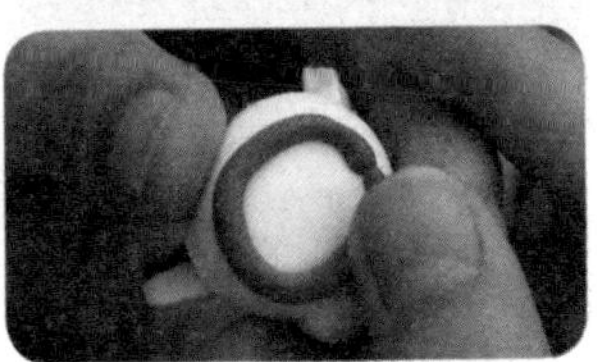

06 搓一块红色长条黏土作为奶牛的项圈，并在奶牛头部底下粘上项圈。

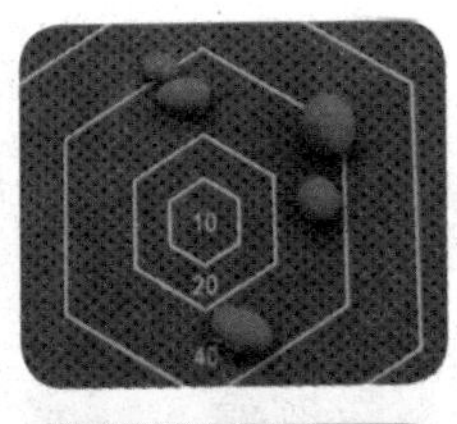

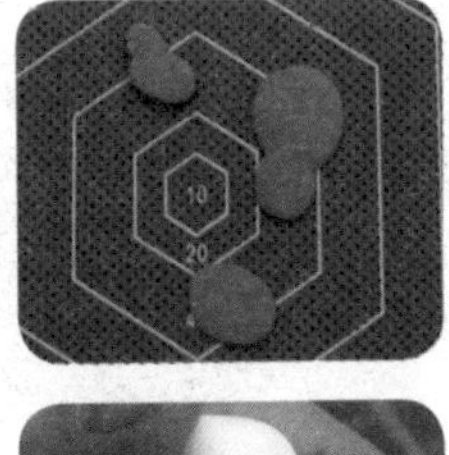

展示一下

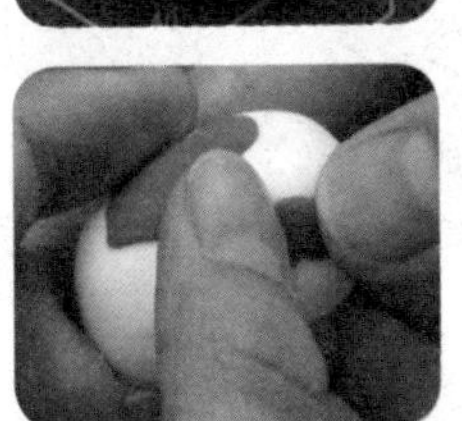

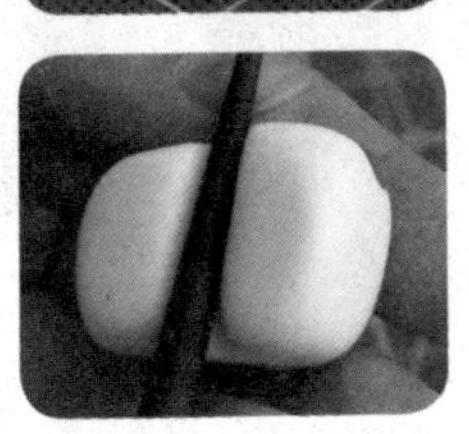

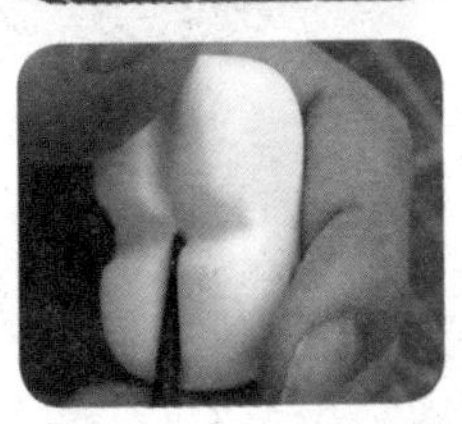

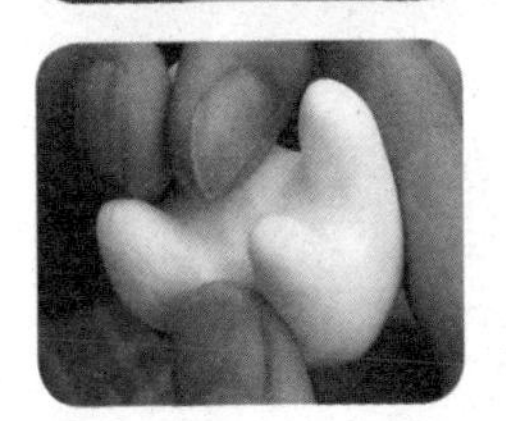

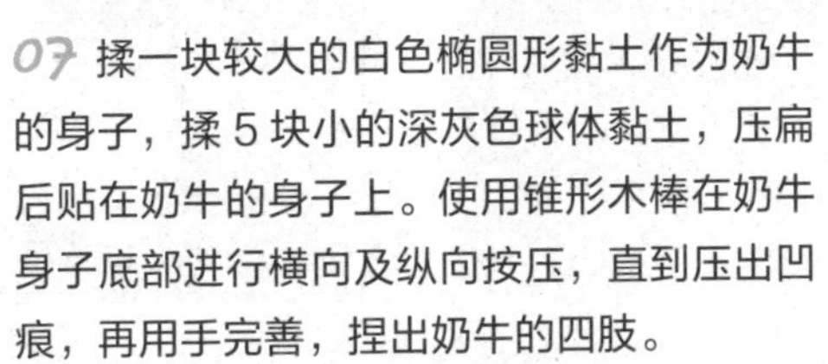

07 揉一块较大的白色椭圆形黏土作为奶牛的身子，揉 5 块小的深灰色球体黏土，压扁后贴在奶牛的身子上。使用锥形木棒在奶牛身子底部进行横向及纵向按压，直到压出凹痕，再用手完善，捏出奶牛的四肢。

展示一下

08 给奶牛的身子加上做好的头部。

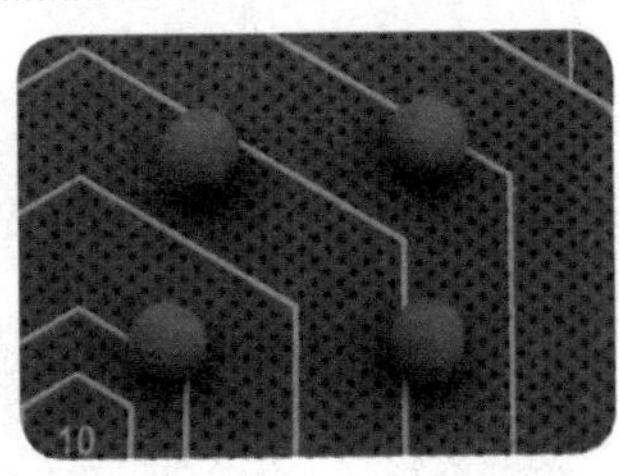

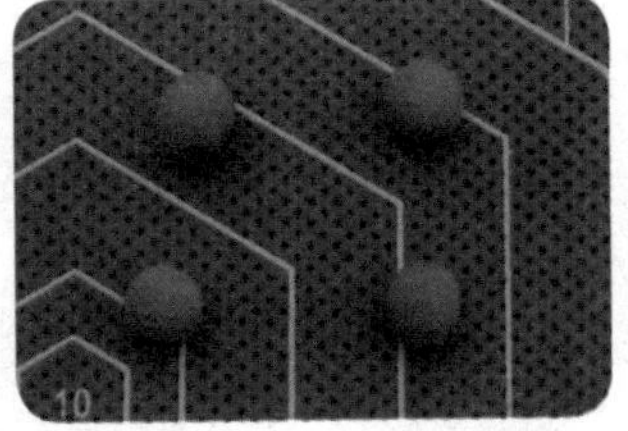

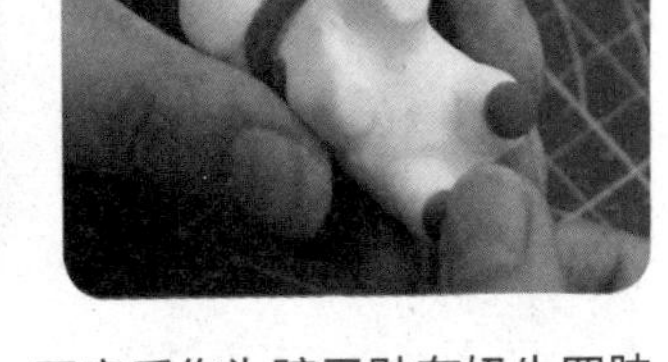

09 揉 4 块深灰色球体黏土，压扁后作为蹄子贴在奶牛四肢的底部。

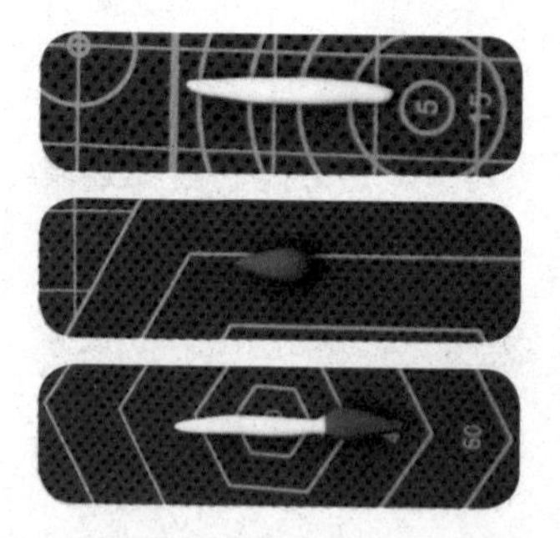

10 搓一块白色长条黏土和一块深灰色水滴形黏土，把它们粘在一起，作为奶牛的尾巴。

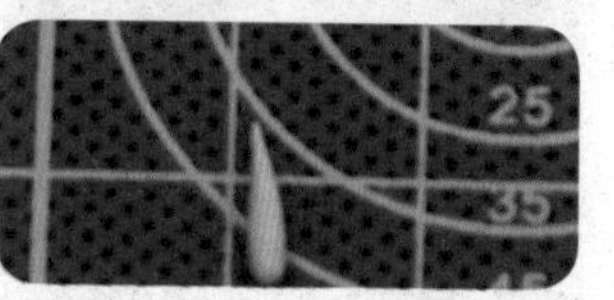

11 揉一块土黄色水滴形黏土，用锥形木棒在黏土底部戳出一个洞。再揉一块较长的黄色水滴形黏土，把它放进洞里，这样铃铛就做好了。

12 把奶牛的铃铛加在项圈的正面中间位置。

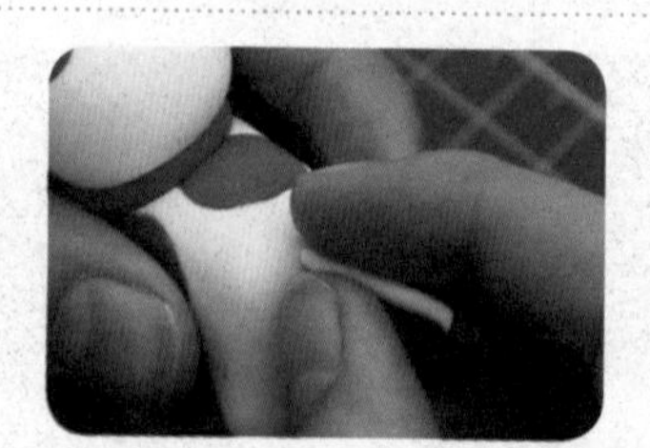

13 最后将做好的牛尾粘在奶牛的身后。

完成

展示一下

换个角度看看

准备好工具和黏土了吗？

所需工具和黏土

小马

现在就大显身手吧！ 

01 取较多的棕色黏土和较少的白色黏土，将两种颜色的黏土混合，作为小马的主体颜色。

02 取一些上一步混合好的黏土揉出一块稍大的球体，再揉一块稍小的木色球体黏土，把它们粘在一起。

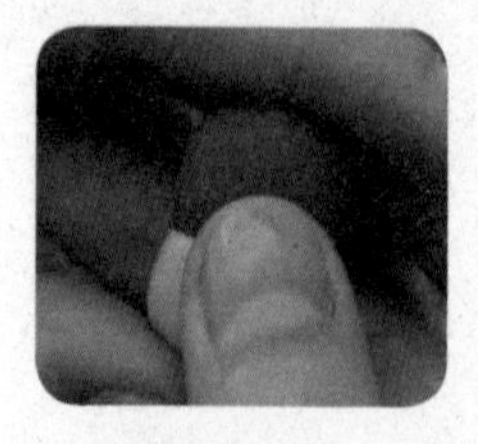

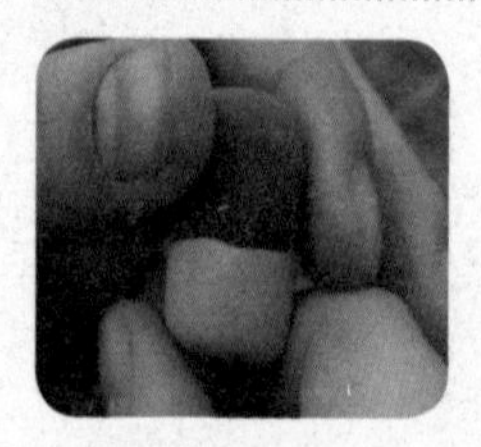

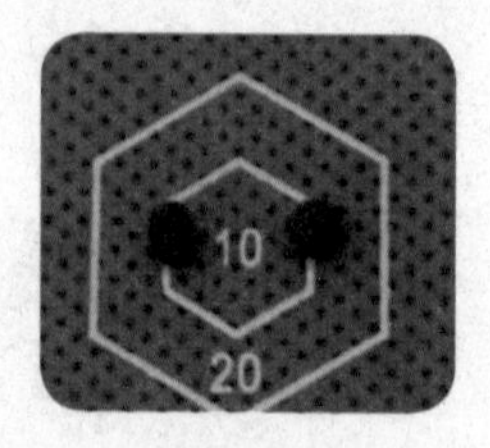

03 用手适当按压并拉长大球体黏土，把小球体黏土捏成正方体，作为小马的头部和嘴。

04 揉两块黑色小球体黏土作为小马的眼睛。

展示一下

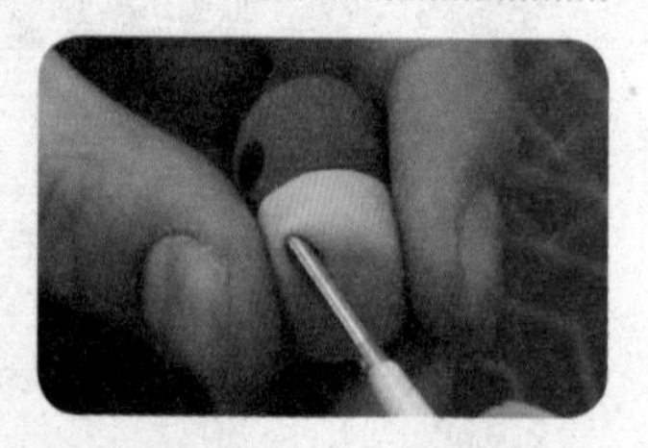

05 把眼睛压扁并粘在小马的头部两侧。

06 使用柱形抹刀在小马的嘴的正前方戳出小马的鼻孔。

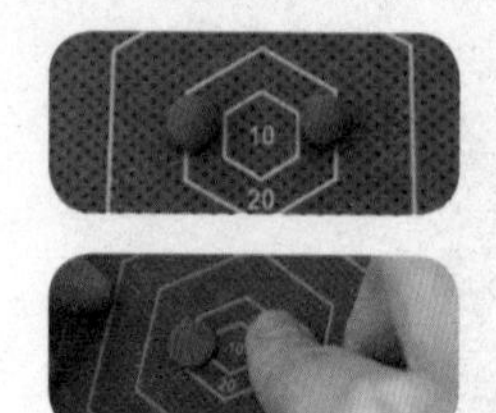

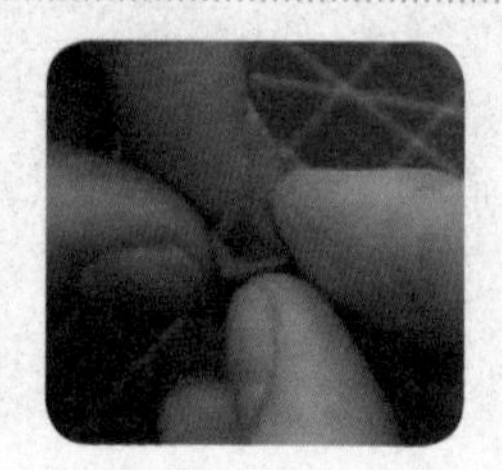

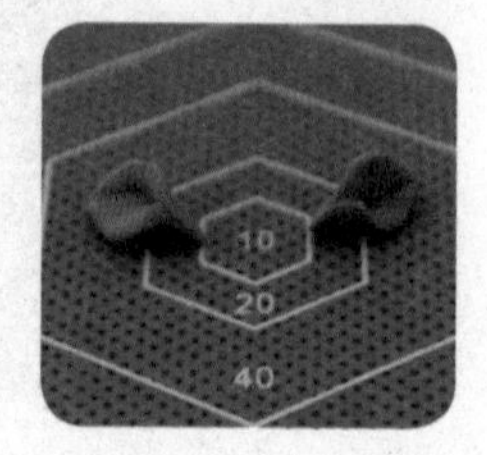

07 揉两块棕色球体黏土并压扁，作为小马的耳朵。用手将两只耳朵的底部位置分别捏紧，并调整好形状。

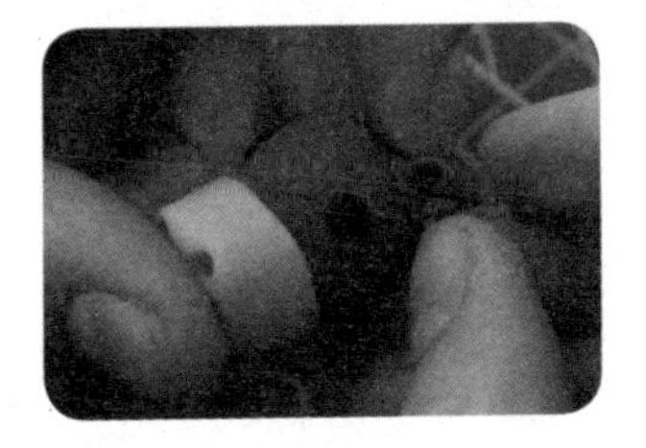

08 把两只耳朵粘在小马头部的两侧。

展示一下

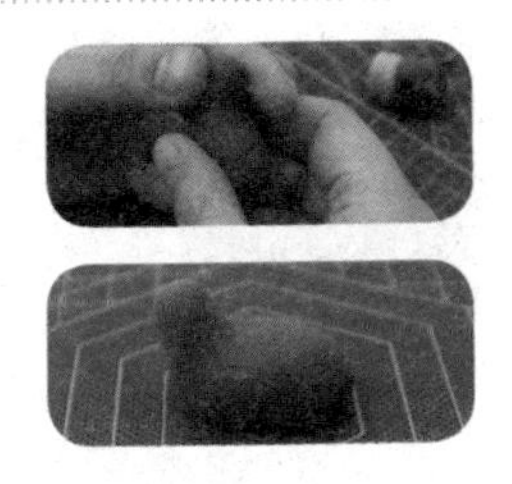

09 用第一步中混合好的黏土捏一个较大的球体并揉成椭圆形，作为小马的身子，用手捏出小马的脖子，并加以调整。

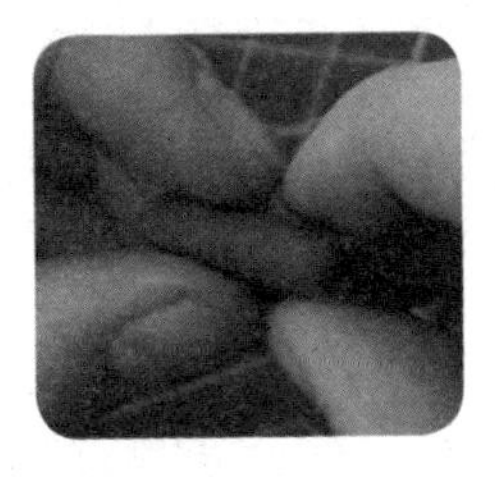

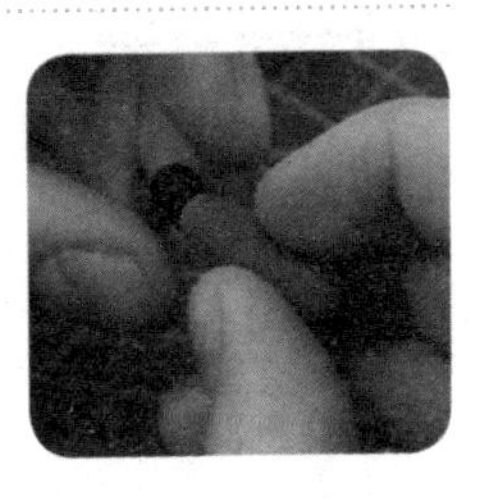

10 用第一步中混合好的黏土搓一个长条，再用黑色黏土搓一个小球体，把它们粘在一起作为马腿。

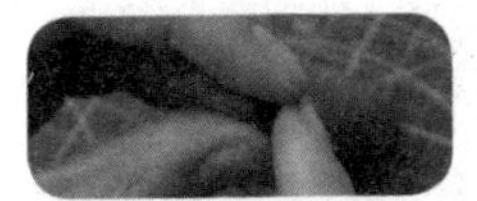

11 将两个部分捏紧，调整好马腿的形状，用同样的方法再做出其他两条马腿。

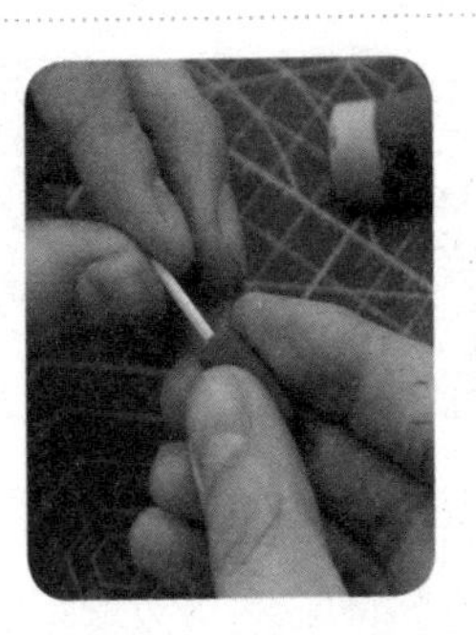

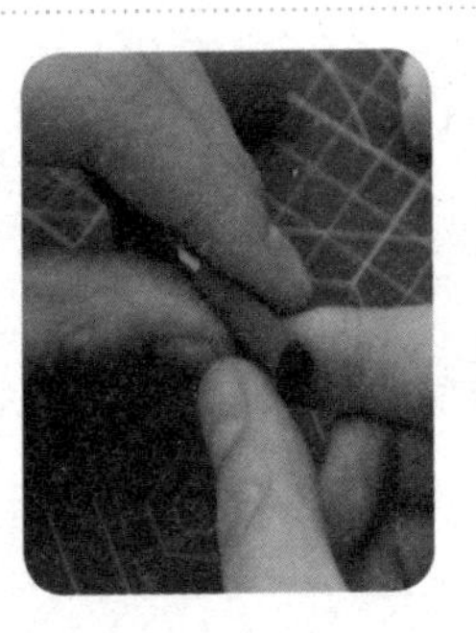

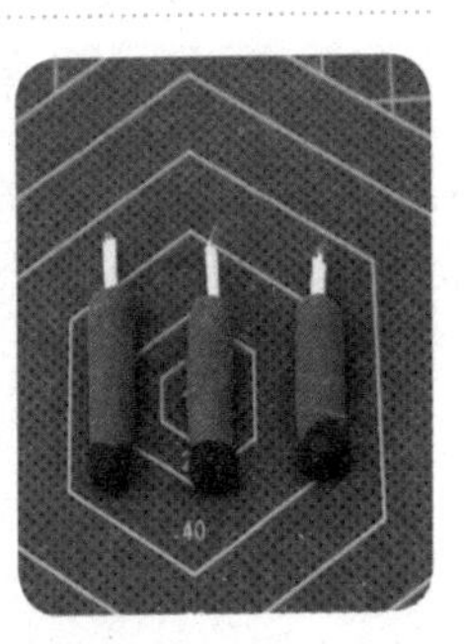

12 掰4根大小相同的牙签，取3根插进备用的3条马腿里，用来作为固定身子和腿部的支柱。

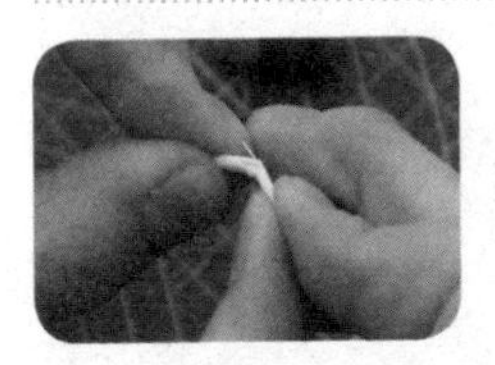

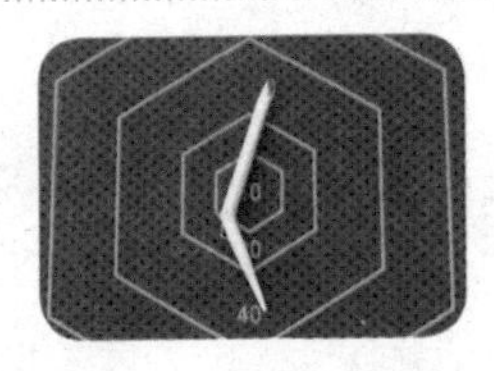

13 用合适的力道将另一根牙签掰弯，控制好力道，不要完全折断。

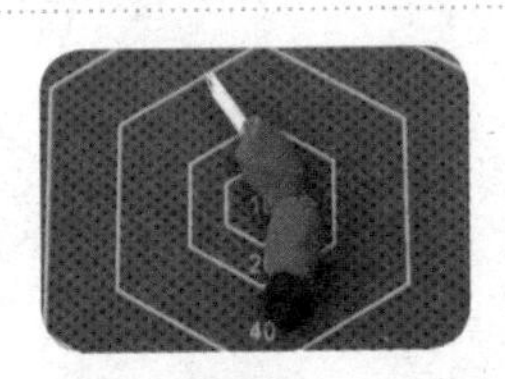

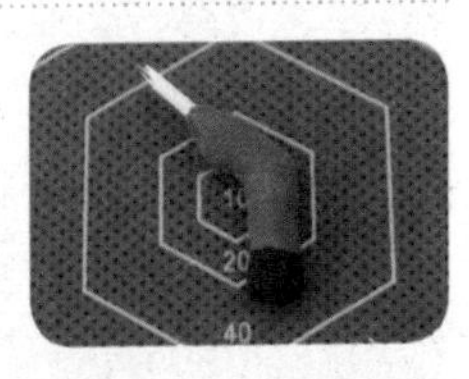

14 先用混合黏土和黑色黏土在牙签上裹出最后一条微微弯曲的马腿的大概形状，再把腿型完善好。

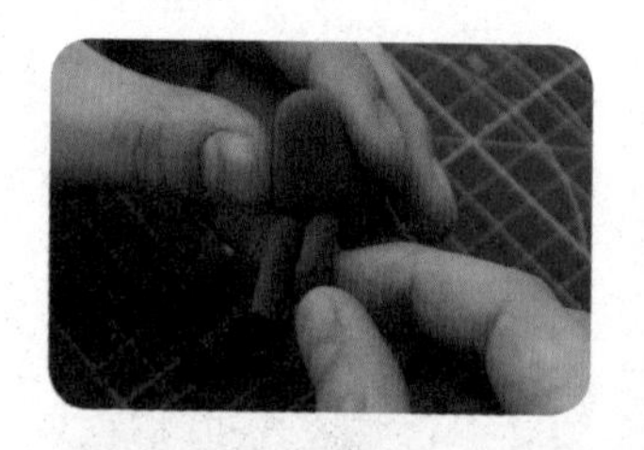

15 将所有做好的马腿全部粘在小马的身子上。

展示一下

16 给小马的身子安上制作好的头部，注意调整连接处。

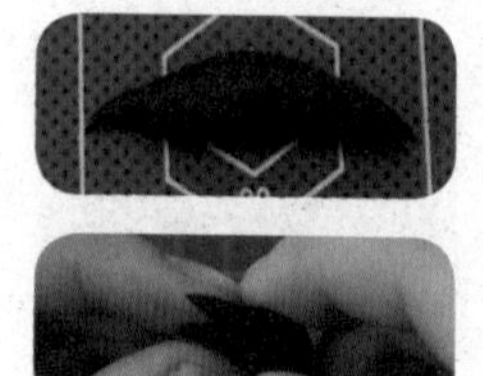

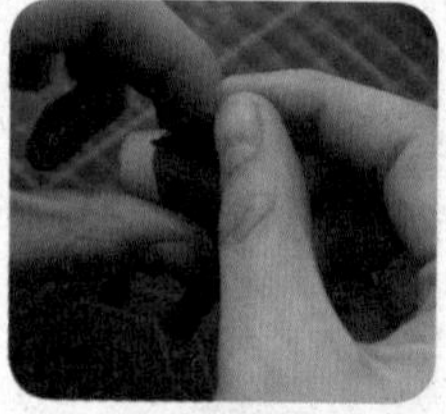

17 用黑色黏土捏一个月牙形，重合月牙的两端并将其作为鬃毛粘在小马的头部。

18 搓一块黑色细长条黏土作为小马的马鬃，压扁后从小马的头顶开始，沿脖子一直粘到后背。

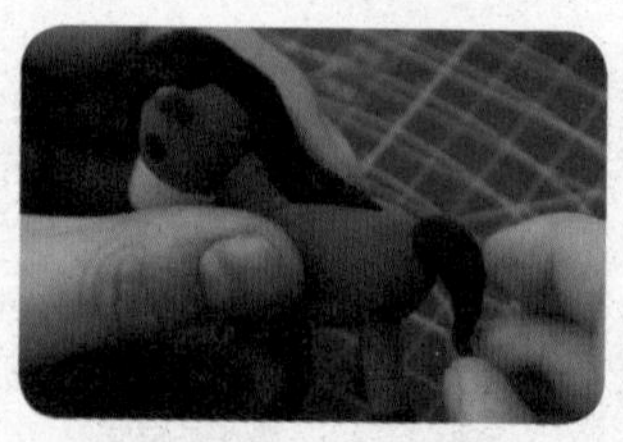

19 揉一块黑色的水滴形黏土作为小马的尾巴，粘在小马的屁股上。注意调整尾尖的造型，使马尾看起来不僵硬。

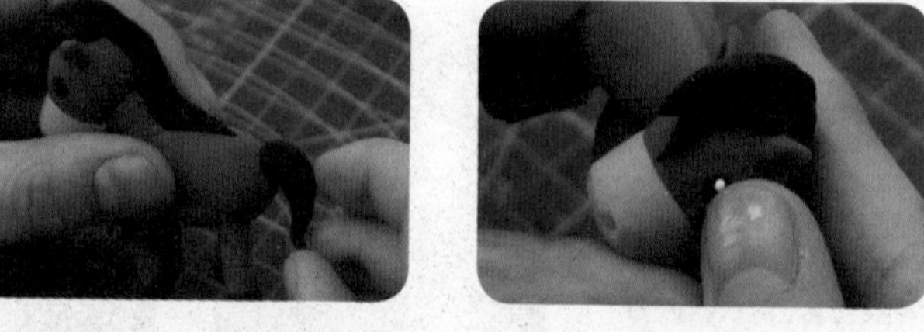

20 取一点白色黏土作为高光贴在小马的眼睛上。

完成

展示一下

准备好工具和黏土了吗？

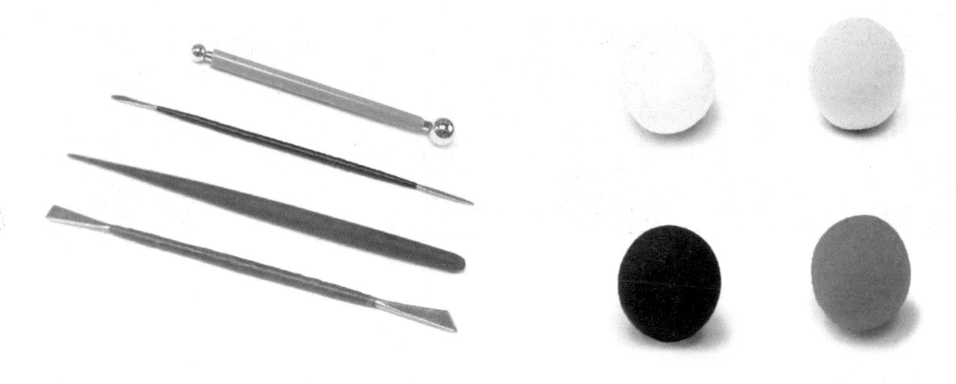

所需工具和黏土

绵羊

现在就大显身手吧！

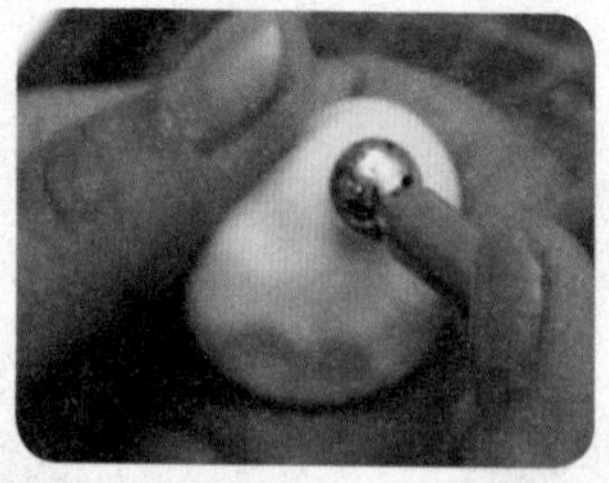

01 用白色黏土揉一个球体作为绵羊的身子。

02 使用不锈钢丸棒轻轻在绵羊身子上按出多个凹槽，体现出羊毛的质感。

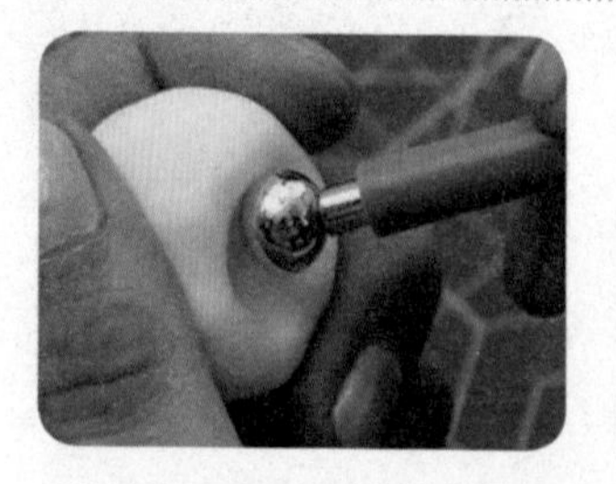

03 使用不锈钢丸棒压出头部预留位置。

展示一下

换个角度看看

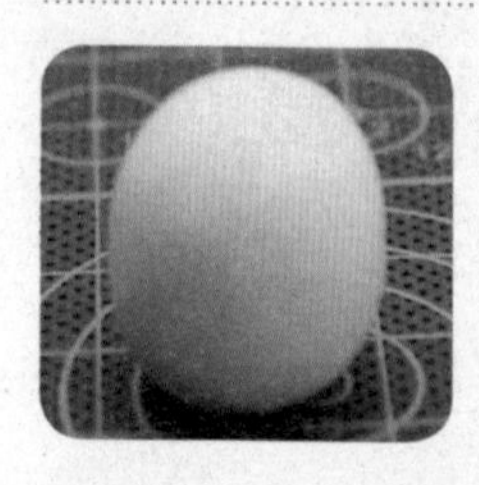

04 用肉色黏土捏一个较大的球体，作为绵羊的头部，用锥形木棒压出面部大概轮廓，再用手完善。

展示一下

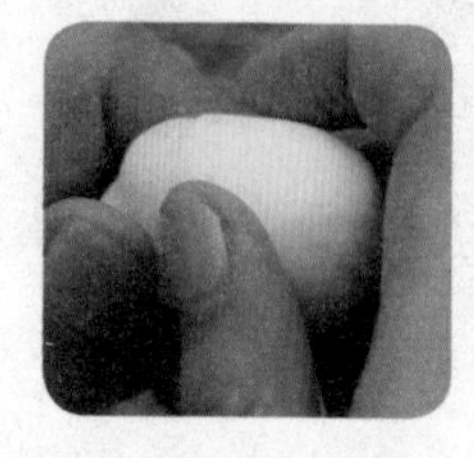

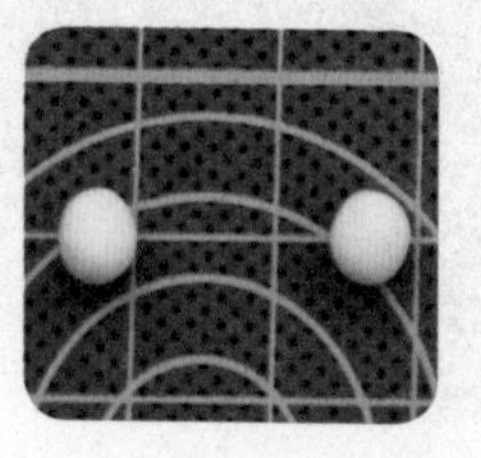

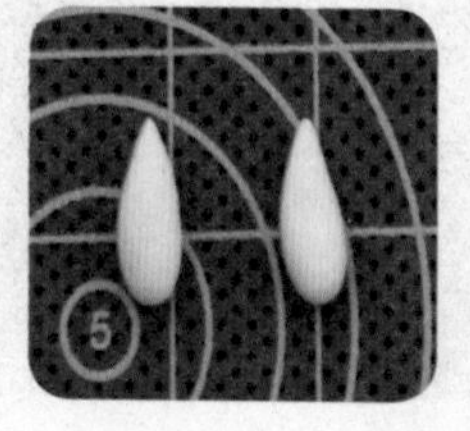

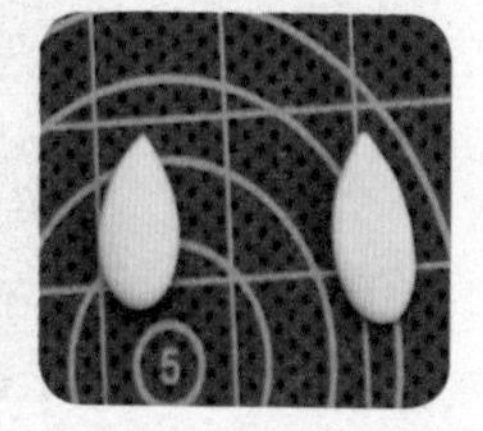

05 将绵羊的头部与身子粘在一起。

06 揉两块肉色小球体黏土作为绵羊的耳朵，把小球体黏土揉成更接近于耳朵的水滴形并压扁。

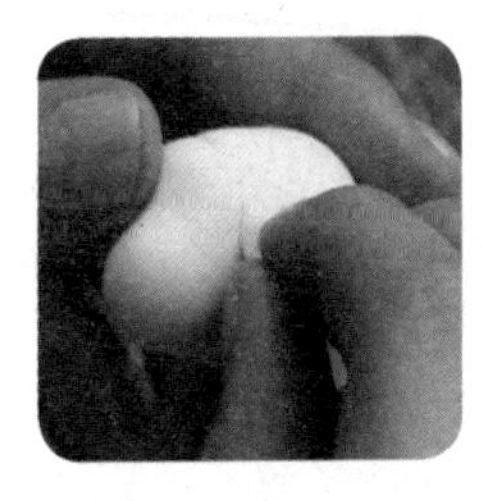
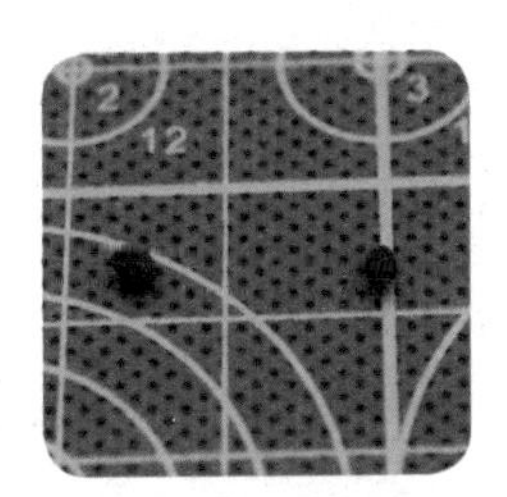
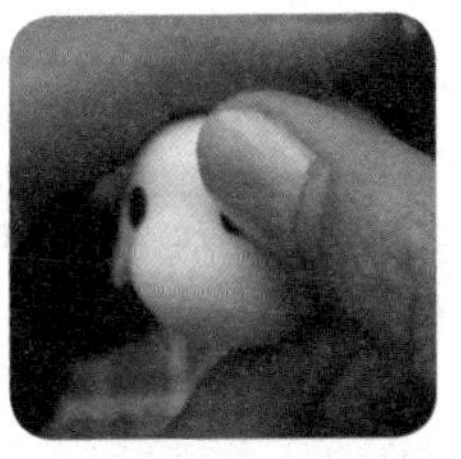
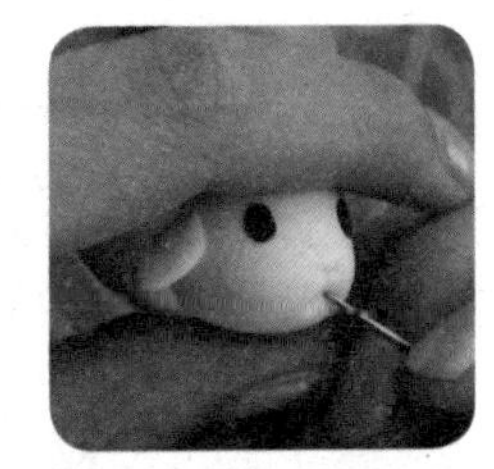

07 把两只耳朵粘在绵羊头部的两侧。

08 揉两块黑色小球体黏土作为绵羊的眼睛，再将两只眼睛贴在绵羊面部的眼窝位置，用小勺型抹刀画出鼻子及嘴巴。

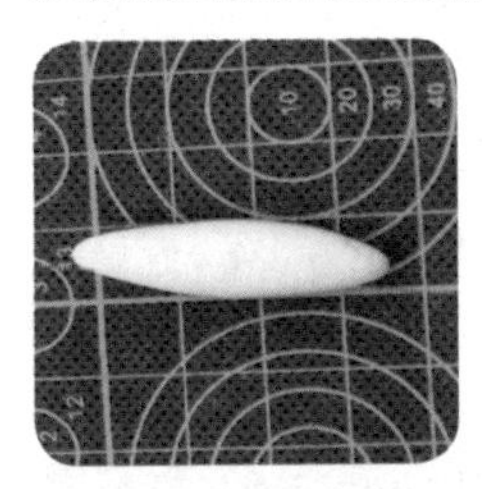
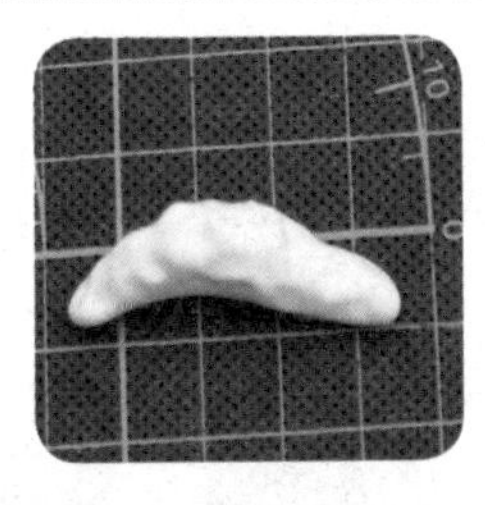
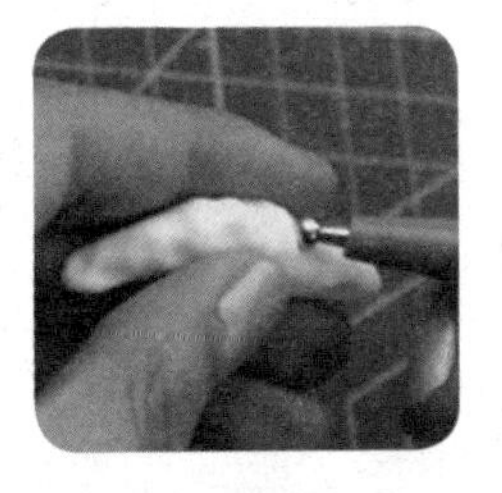
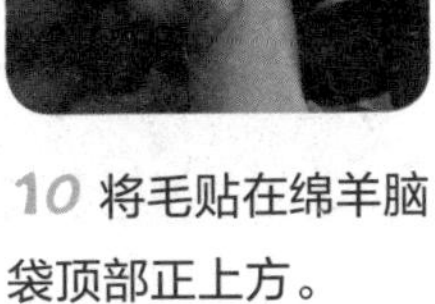

09 搓一块白色长条黏土作为绵羊头部正上方的毛，并使用不锈钢丸棒进行按压，体现出羊毛蓬松的质感。

10 将毛贴在绵羊脑袋顶部正上方。

展示一下

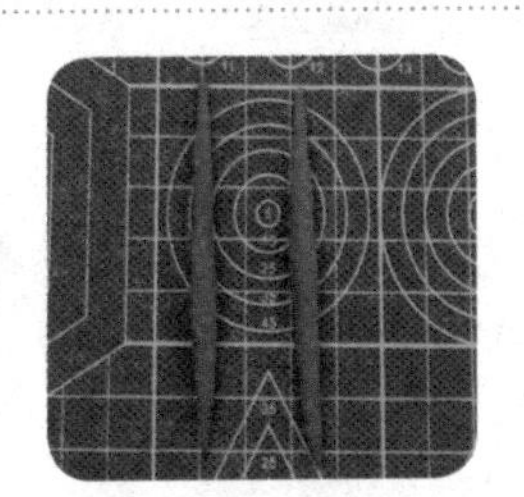
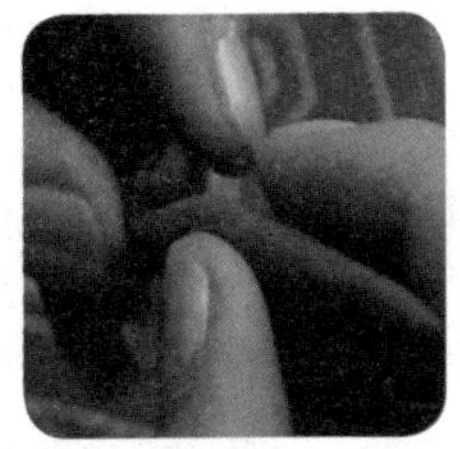

11 搓两块灰绿色长条黏土作为羊角，用手将长条黏土卷成羊角的形状，然后把羊角贴在绵羊头部的两侧。

展示一下

换个角度看看

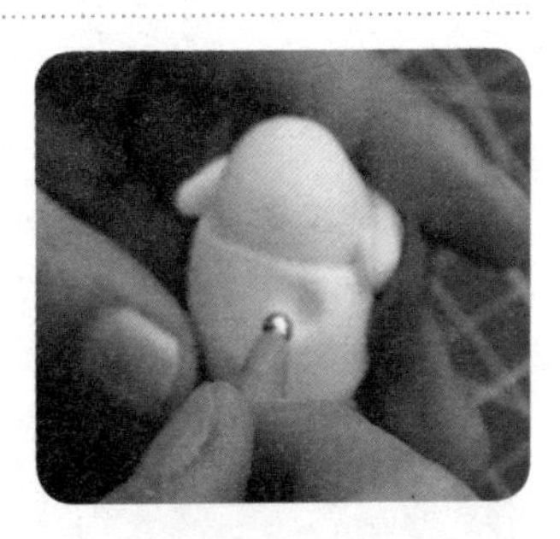

12 用不锈钢丸棒在绵羊身子底部压出 4 个凹槽。

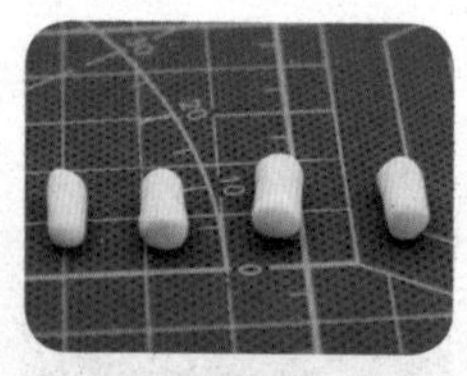
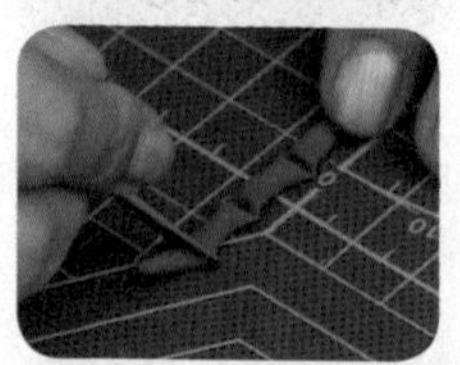
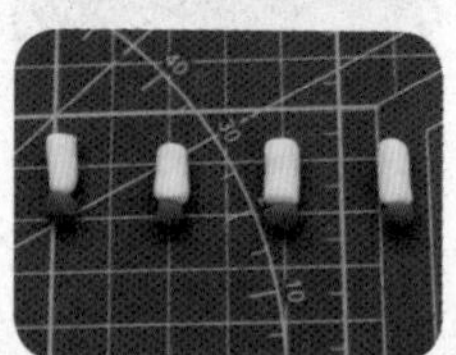

13 (1) 取一些肉色黏土，并用手搓成长条。

(2) 使用大铲型抹刀将肉色长条黏土切成大小相等的 4 段，作为绵羊的腿。

(3) 搓一块灰绿色长条黏土，并用大铲型抹刀将其分成大小相等的 4 份，作为绵羊的蹄子。

(4) 将制作好的绵羊的腿与绵羊的蹄子拼接在一起。

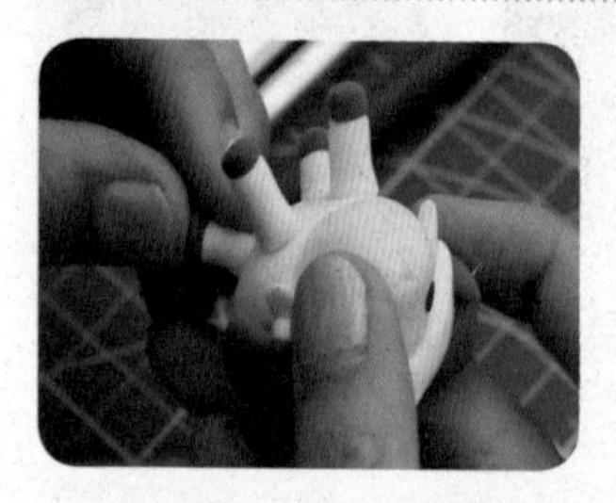

14 把绵羊的腿插在事先压好的凹槽里，确定绵羊可以站立。

展示一下

换个角度看看

15 用白色黏土做一条尾巴并粘在绵羊屁股后面。

完成

展示一下

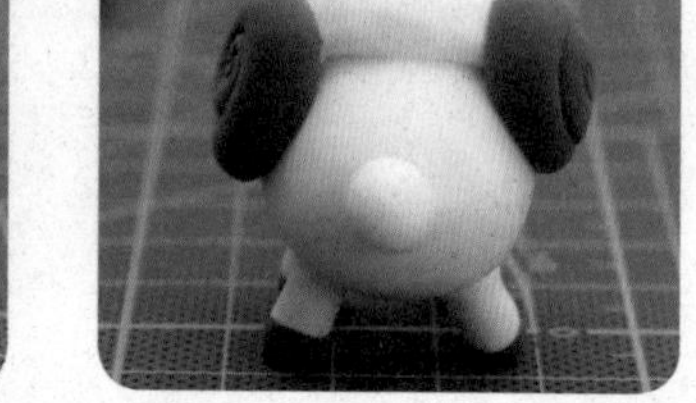
换个角度看看

准备好工具和黏土了吗？

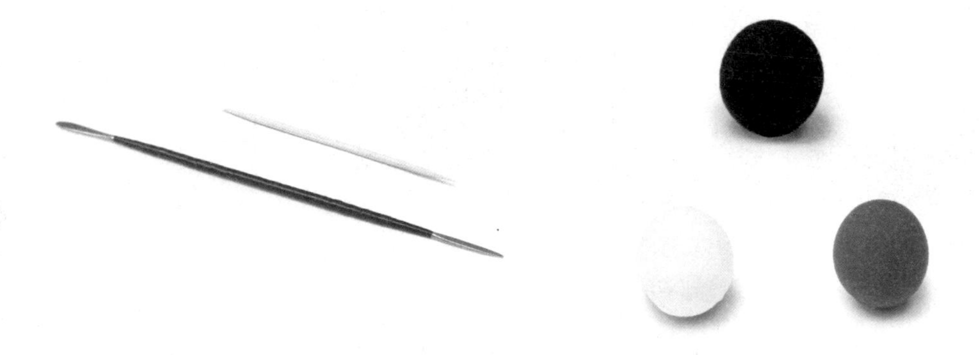

所需工具和黏土

山羊

黑色

山羊的眼睛

深灰色

山羊的犄角

山羊的身子

白色

现在就大显身手吧！ 

01 将一块白色球体黏土揉成椭圆形，作为山羊的头部，把头部捏成由宽到窄的形状。

02 把一块黑色黏土揉成两个小球体，作为山羊的眼睛粘在山羊头部的两侧。

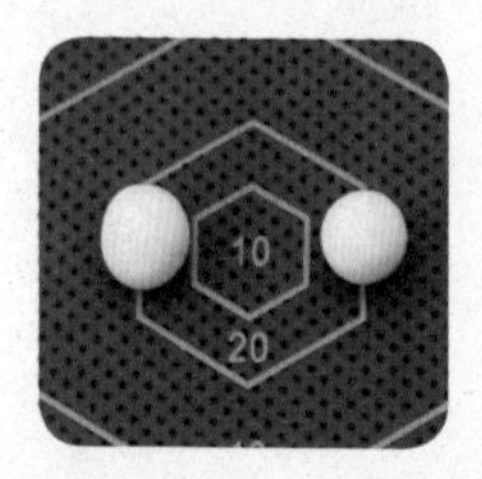
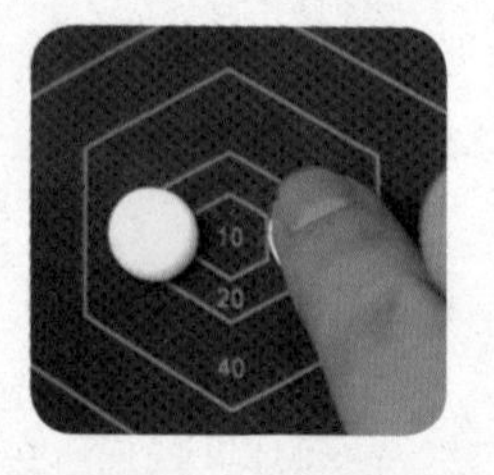
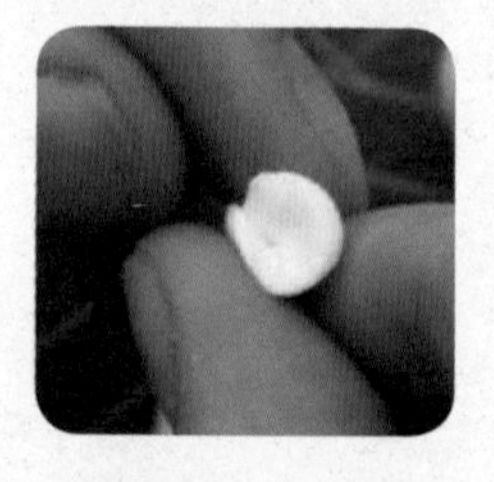

03 取一块白色黏土，揉成两个小球体并压扁，用手将两个白色圆片底部捏紧，这样山羊的耳朵就制作好了。

展示一下

04 将上一步中制作好的两只耳朵粘在山羊头部的两侧。

展示一下

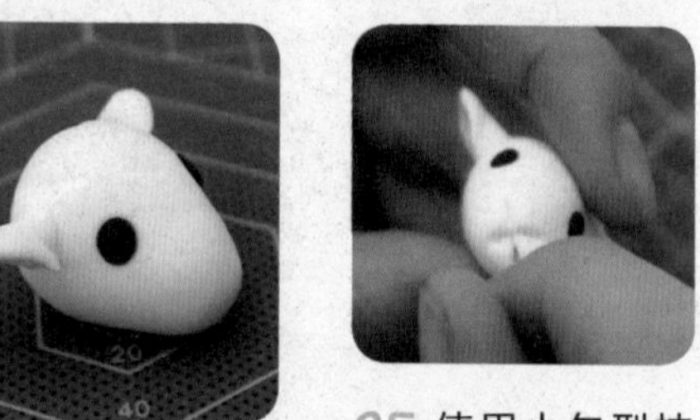

05 使用小勺型抹刀的细端刻出山羊的鼻子和嘴巴。

展示一下

06 取一块深灰色黏土，先揉成两个球体，再捏成两个水滴形，作为山羊的犄角，将两个犄角粘在山羊头部的顶端。

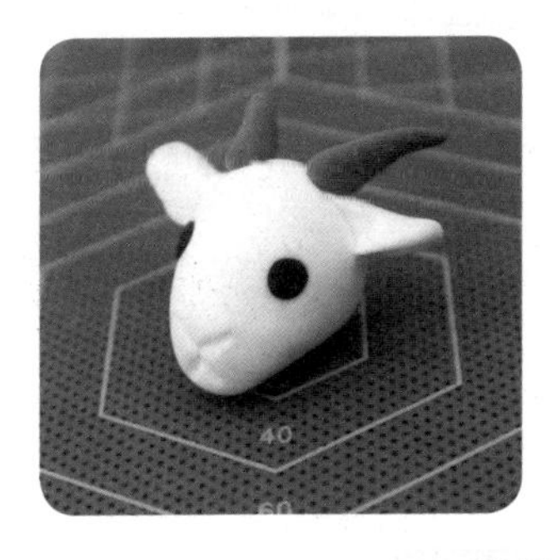

07 揉一块白色椭圆形黏土和一块深灰色小球体黏土，分别作为山羊的腿和蹄子。

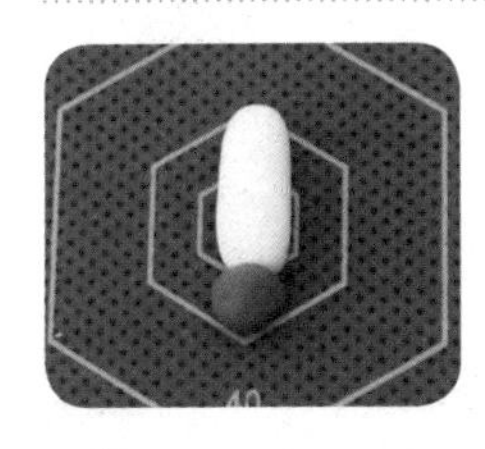

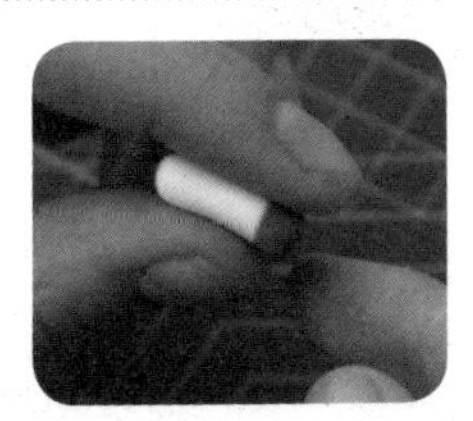

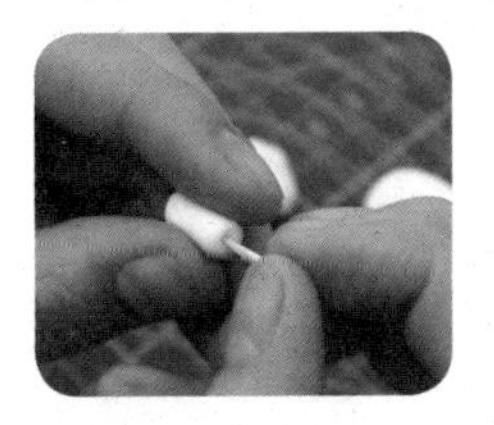

08 用手将山羊的腿和蹄子粘在一起，用相同方法再做 3 条即可。掰 4 根大小相同的牙签，竖直向下插进山羊的 4 条腿里，用来固定身子和支撑腿部。

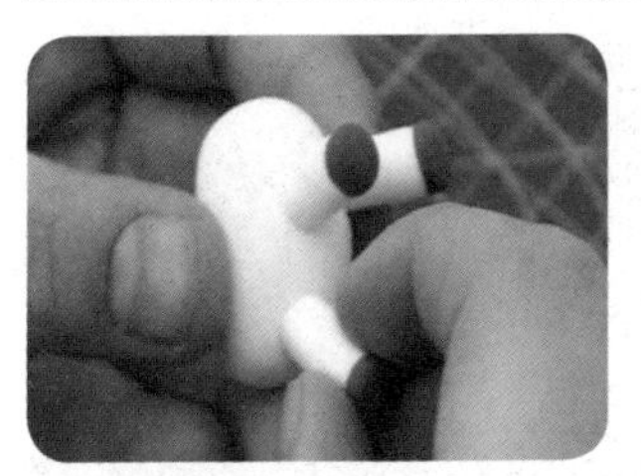

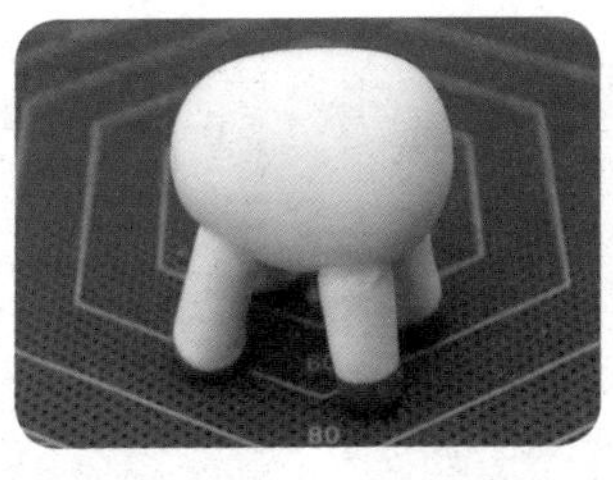

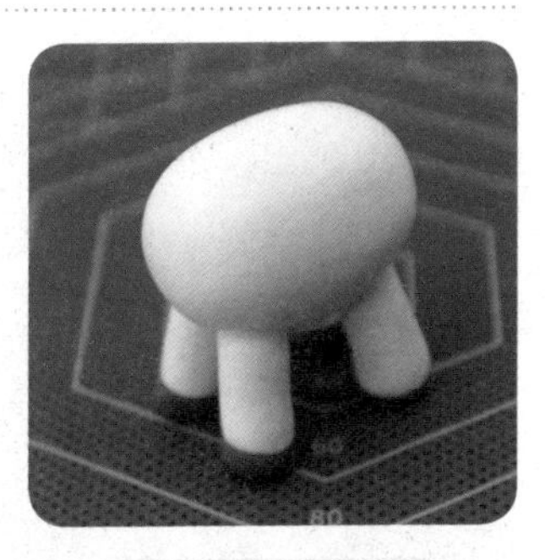

09 揉一块较大的白色球体黏土，作为山羊的身子。将所有做好的腿全部粘在山羊的身子上，并加以调整，确保山羊可以站立在桌面上。

展示一下

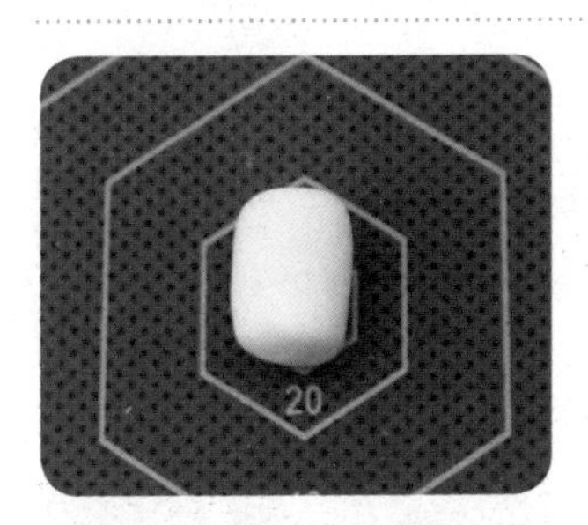

10 揉一块白色椭圆形黏土作为山羊的脖子，把它粘在山羊的身子上，加以调整后将头部粘在脖子上面，调整脖子与头部之间的连接位置。

11 揉一块白色水滴形黏土，将它倒立后作为山羊的胡子粘在山羊下巴的位置。

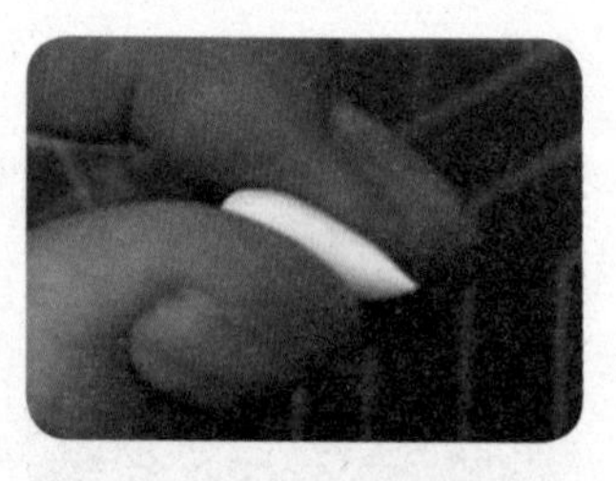

12 揉一块白色水滴形黏土作为山羊的小尾巴。

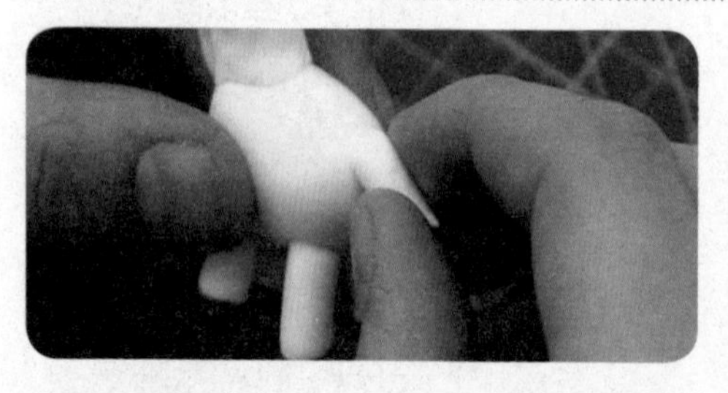

13 将制作好的小尾巴粘在山羊的屁股上。

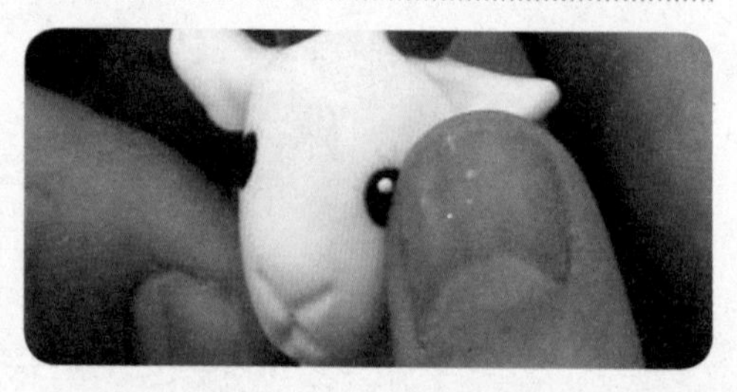

14 把一小点白色黏土作为高光贴在山羊的眼睛上面。

完成

展示一下

换个角度看看

准备好工具和黏土了吗？

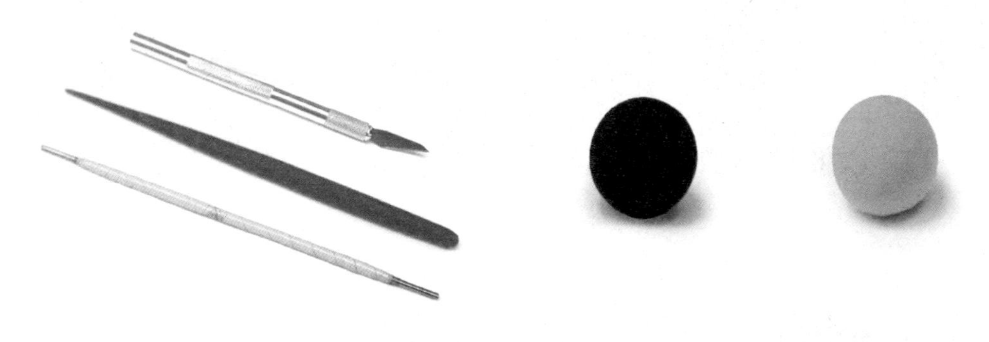

所需工具和黏土

小猪

现在就大显身手吧！

01 揉一块浅粉色球体黏土作为小猪的身子。

02 揉两块大小相同的黑色球体黏土作为小猪的眼睛，将两只眼睛贴在小猪面部对应的位置上。

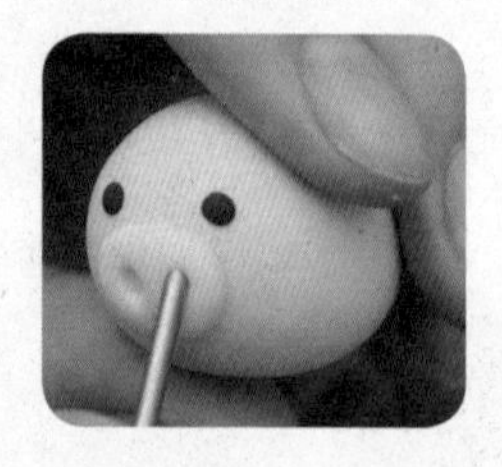

03 用浅粉色黏土揉一个小球体并压扁，作为小猪的鼻子，给小猪的面部贴上鼻子，用柱形抹刀在鼻子上戳两个小眼作为小猪的鼻孔。

展示一下

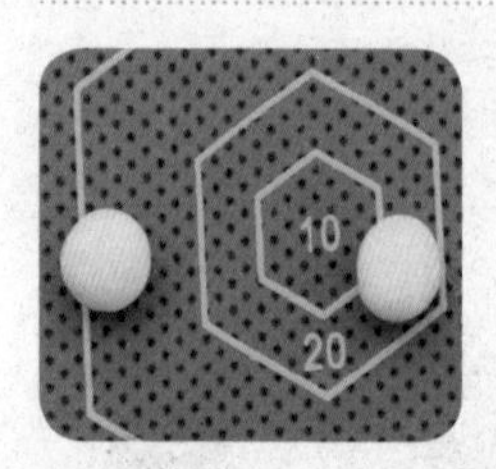

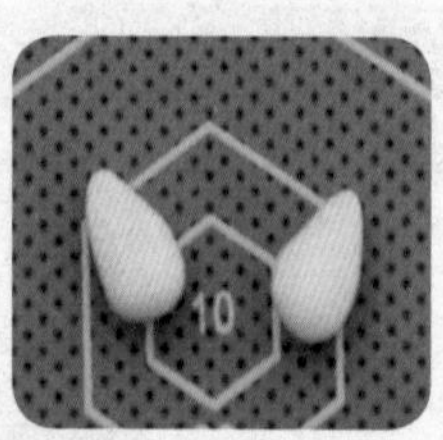

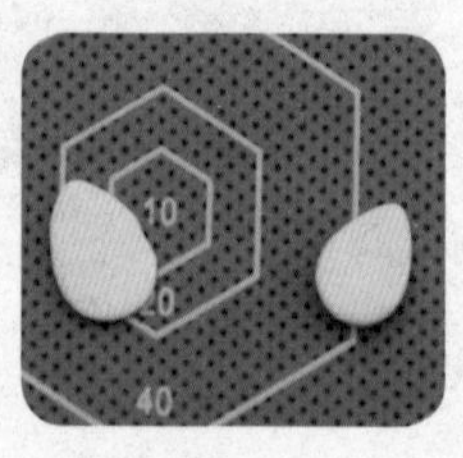

04 揉两块浅粉色小球体黏土作为小猪的耳朵，将两块小球体黏土捏成形状更接近耳朵的水滴形并压扁。

05 用刻刀裁去耳朵多余的部分。

06 用锥形木棒轻轻按压出耳朵的褶皱。

07 将耳朵粘在小猪的头上，并捏出耳尖。

展示一下

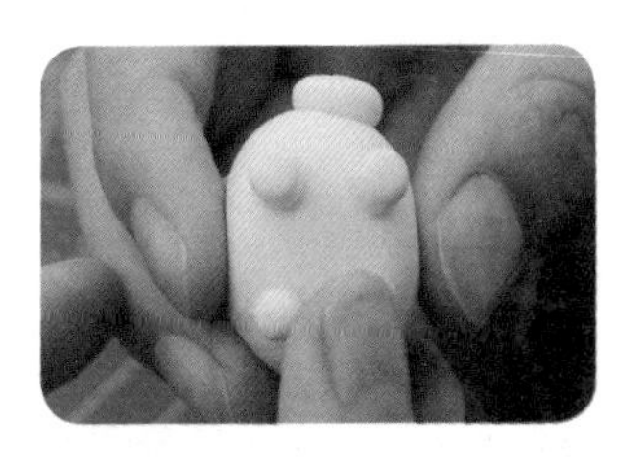

08 揉 4 块浅粉色小球体黏土作为小猪的四肢，再把它们改进成外形较圆润的小圆柱体确保四肢的稳定性。

09 将做好的四肢粘在小猪身子的底部。

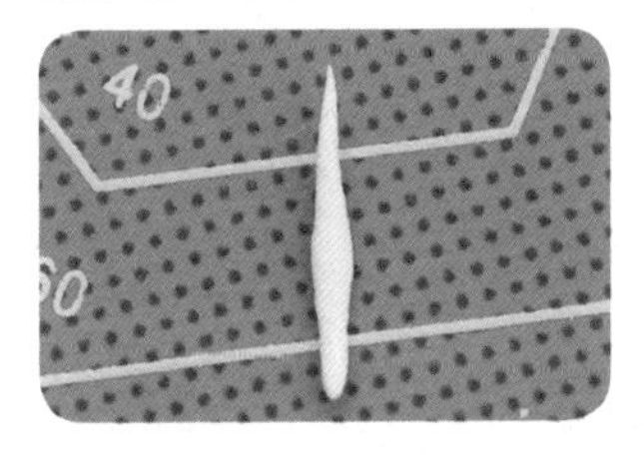

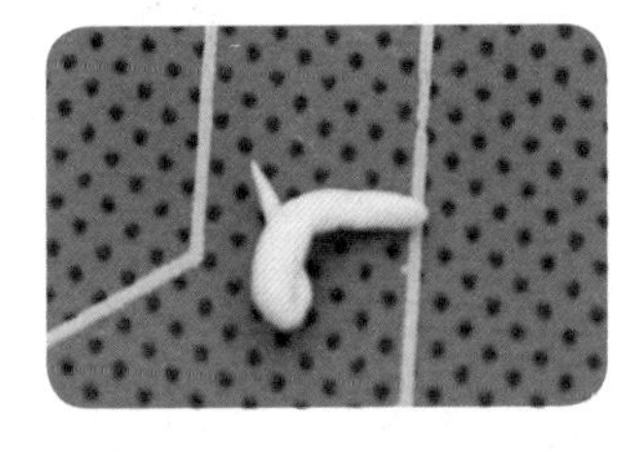

10 搓一块浅粉色长条黏土作为小猪的尾巴，用手卷出小猪尾巴上的螺旋状弯度。

11 在小猪的屁股上加上制作好的尾巴。

完成

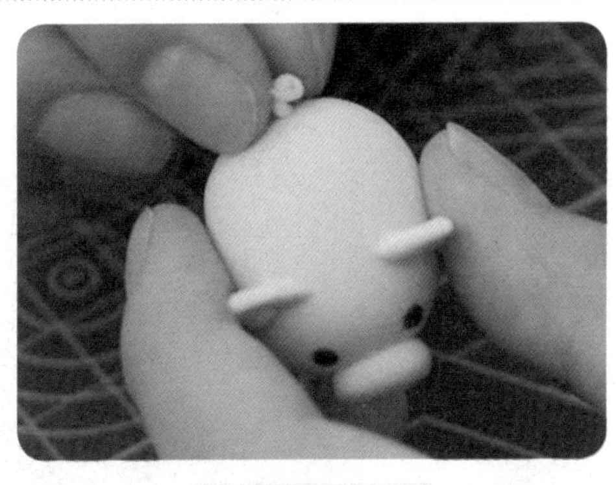

展示一下

换个角度看看

准备好黏土了吗？

所需黏土

现在就大显身手吧！

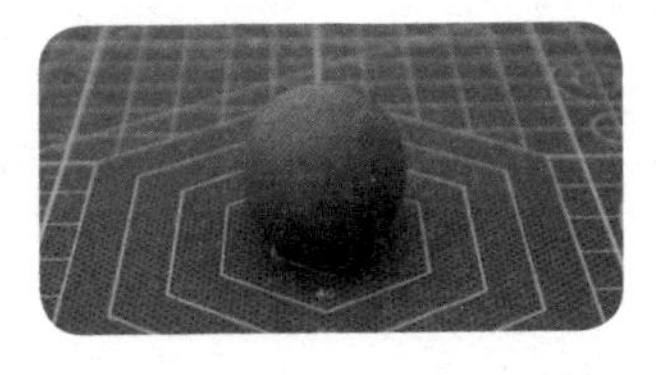

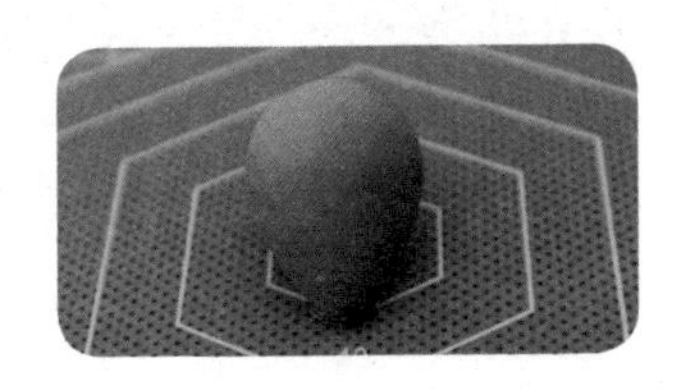

01 揉一块稍大的橘色球体黏土和一块稍小的黑色球体黏土，把两种颜色的黏土混合在一起。取出一部分混合黏土揉成球体用于接下来制作梅花鹿的头部。

02 将球体黏土的一端捏尖，做出类似水滴形的形状。

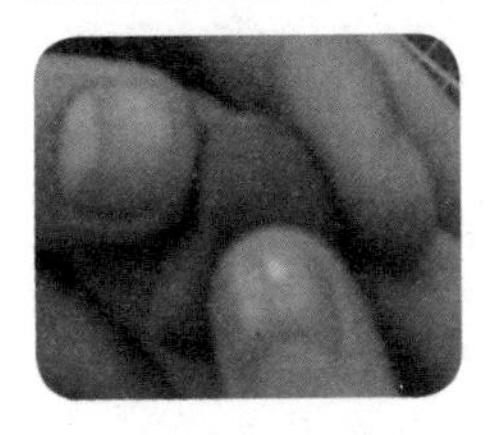

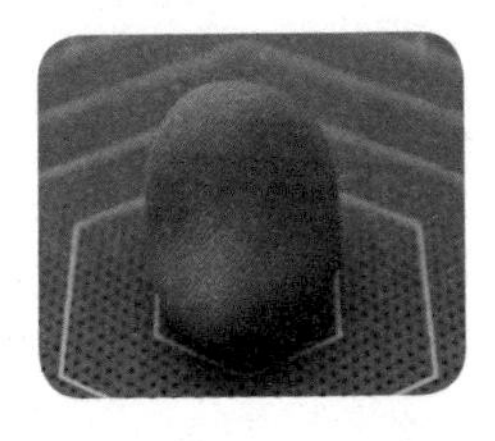

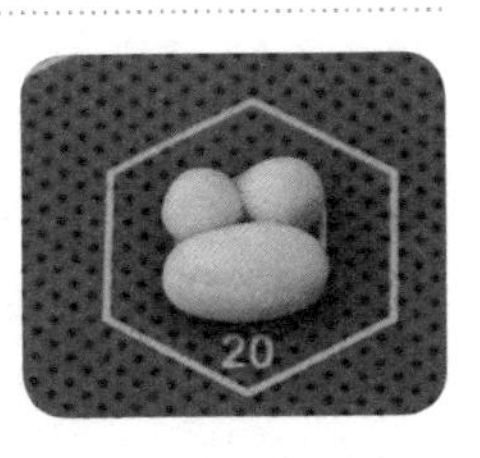

03 用双手同时按压梅花鹿的面部，完善梅花鹿面部的轮廓。

展示一下

04 用木色黏土揉两个小球体和一个椭圆形，按图中所示的方式摆放。

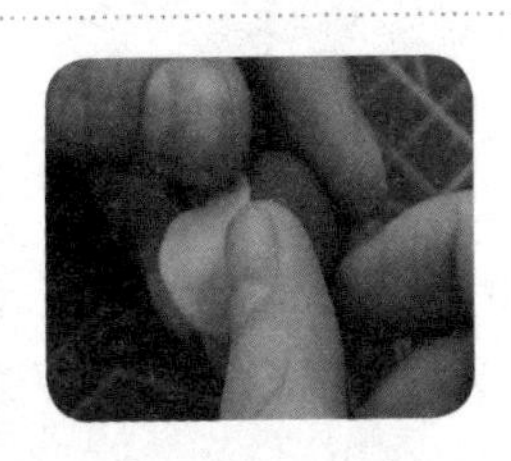

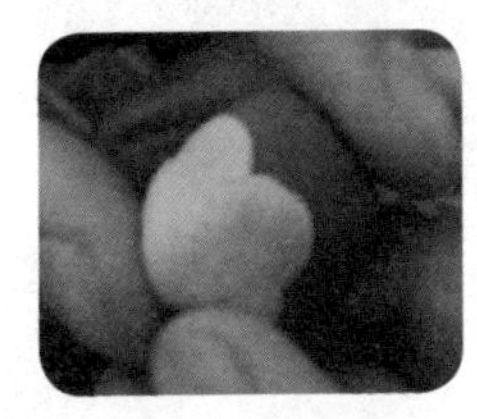

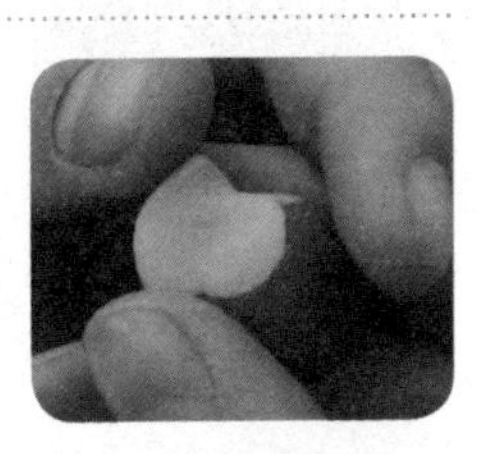

05 将上一步中组合好的黏土紧紧地粘在一起后压扁，并将其贴在梅花鹿面部上，然后按平整，注意在贴的时候也要调整头部形状。

06 在梅花鹿鼻子的位置用手向上捏出梅花鹿鼻子的大致轮廓。

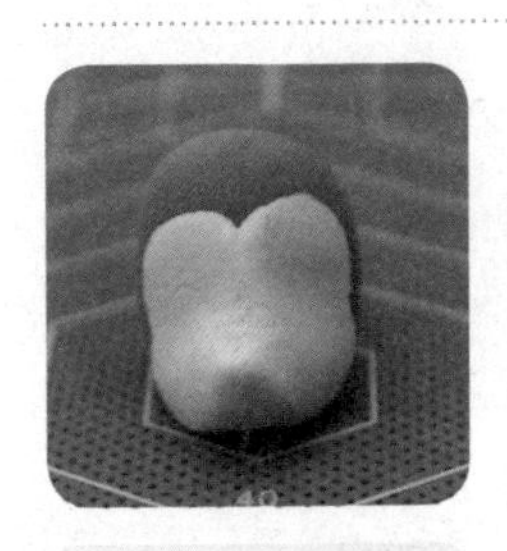

展示一下

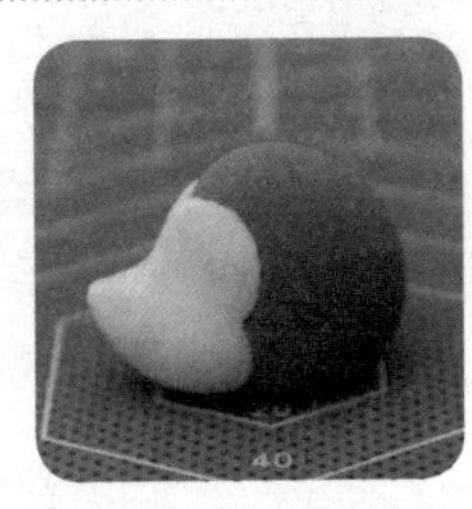

换个角度看看

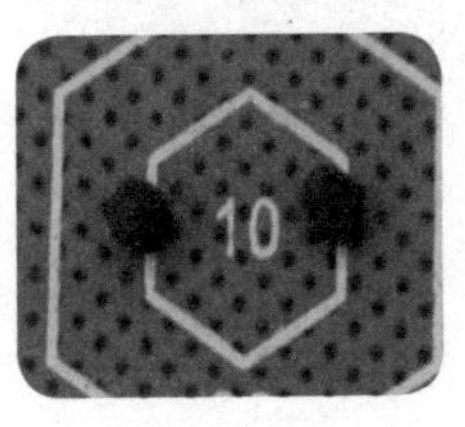

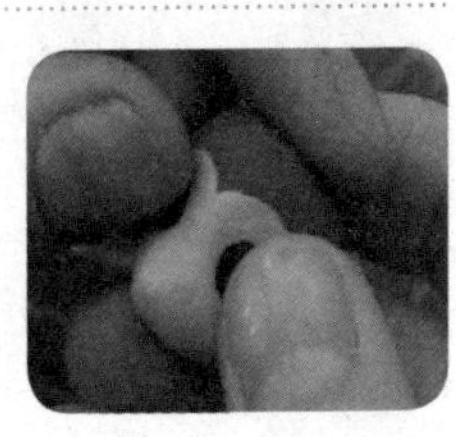

07 揉两块黑色小球体黏土作为梅花鹿的眼睛，并将其贴在梅花鹿的面部。

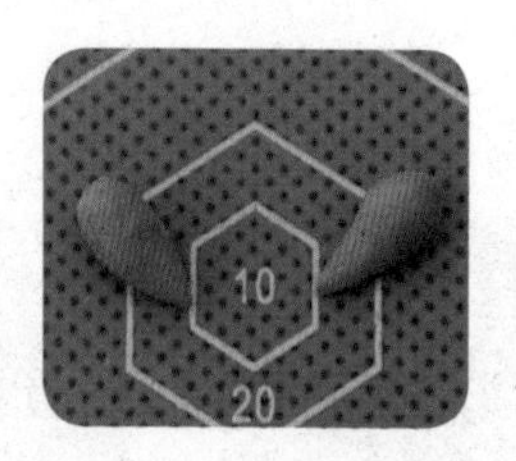
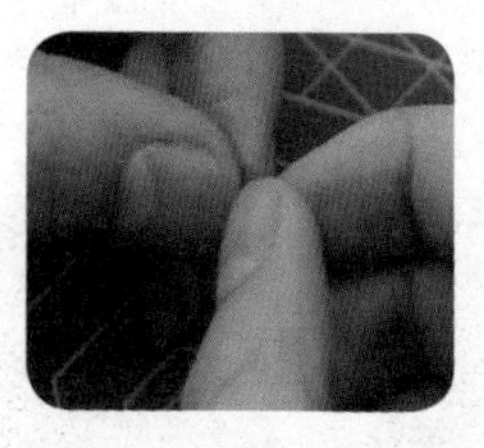
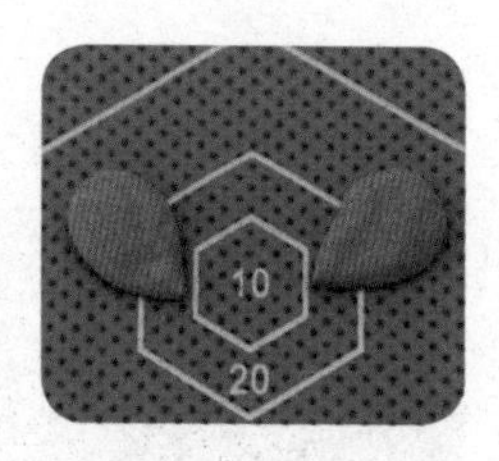

08 揉一块黑色小球体黏土，压扁后作为梅花鹿的鼻子贴在相应的位置。

09 用第一步中混合出的黏土揉出两个水滴形，用手压扁后作为梅花鹿的两只耳朵。

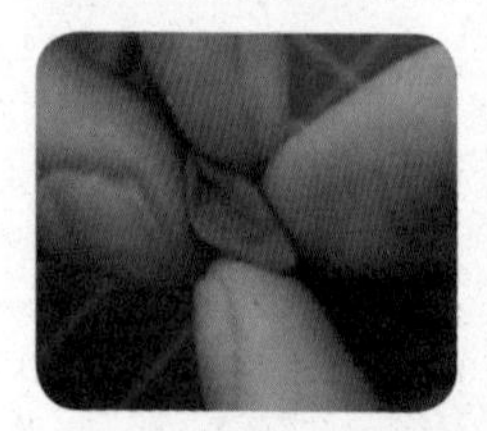
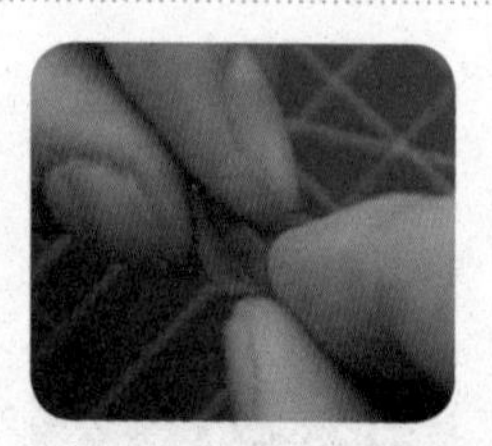
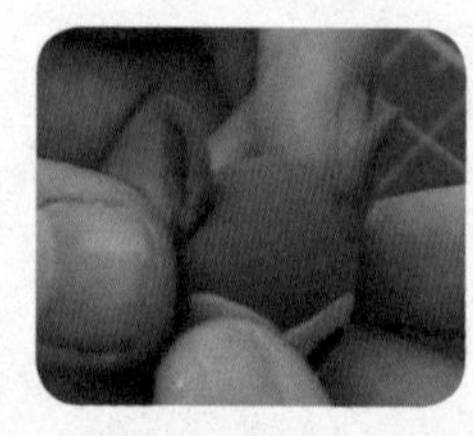

10 用手将两只耳朵的两端捏紧，做好后粘在梅花鹿头部的顶端。

展示一下

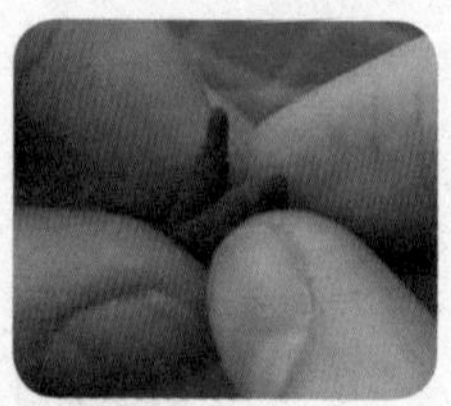

11 搓两块粗细和大小均不同的深褐色长条黏土，把较长的那一块长条黏土对折并捻出两个分支，再把较短的那一块长条黏土粘上去，这样一只鹿角就做好了，按照同样的方法再做出另一只鹿角。

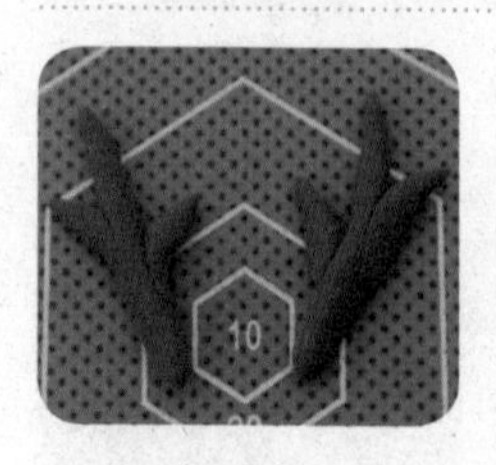

12 将做好的两只鹿角分别粘在梅花鹿头顶的两端。

展示一下

13 用第一步中混合出的黏土揉一个长椭圆形，作为梅花鹿的身子。

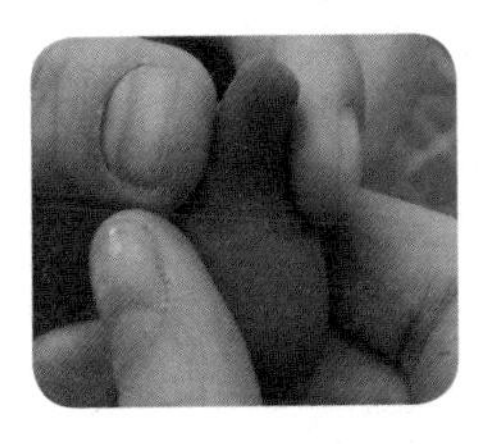

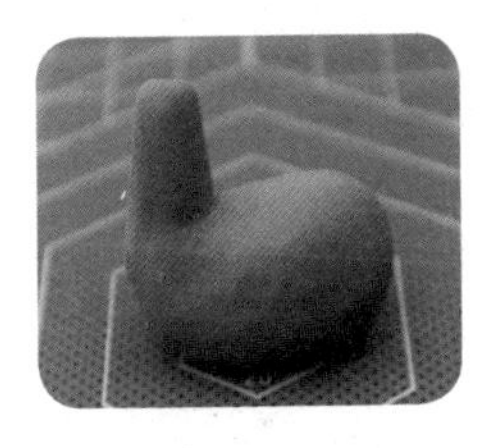

14 用手在梅花鹿身子的任意一端捏出梅花鹿的脖子。

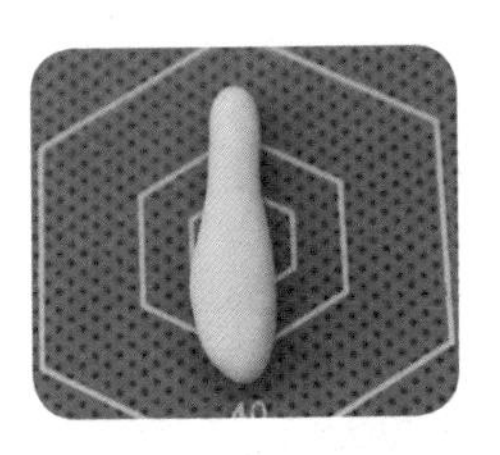

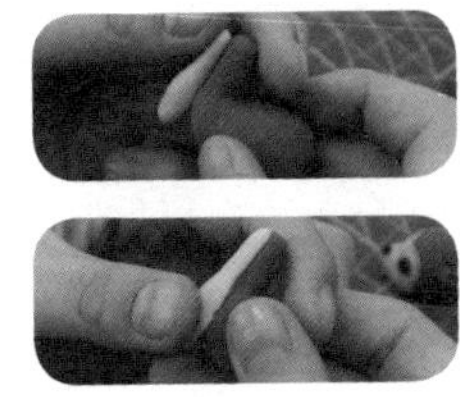

15 揉一块上窄下宽的木色长条黏土，然后粘在梅花鹿的脖子到胸部的位置，将其压扁并抹平其和鹿身的接缝。

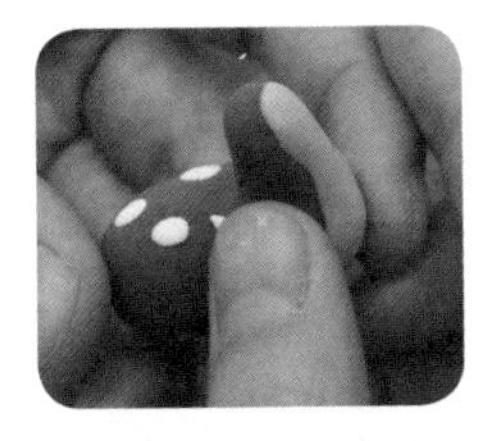

16 用白色黏土揉几个小球体并压扁，然后把它们粘在梅花鹿的身子上。

展示一下

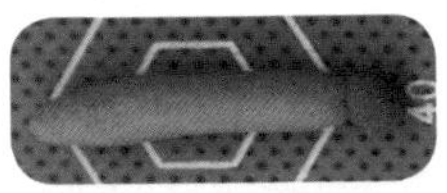

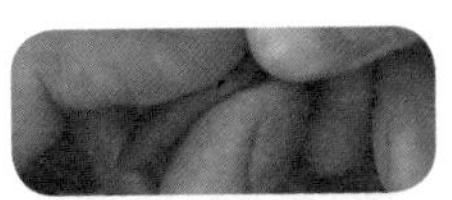

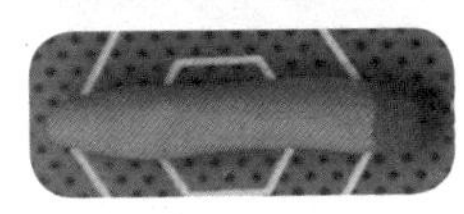

17 用混合黏土揉一个长条，用棕色黏土揉一个小球体。把它们粘在一起并调整形状，作为梅花鹿的腿，用同样的方法做出其他 3 条腿。

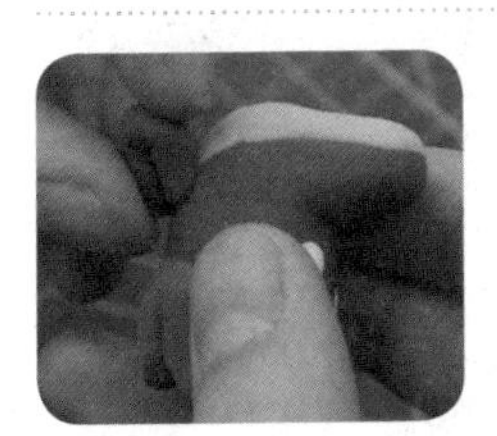

18 将 4 条腿弯曲后粘在梅花鹿身子的两侧。

19 用混合黏土揉出一块稍大的小球体和一块稍小的木色小球体黏土粘在一起，作为梅花鹿的尾巴。接着调整好形状，粘在梅花鹿的身后。

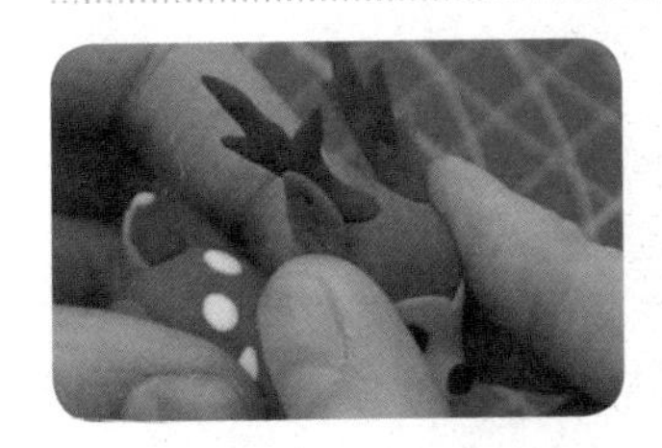

20 给梅花鹿的身子加上制作好的头部。

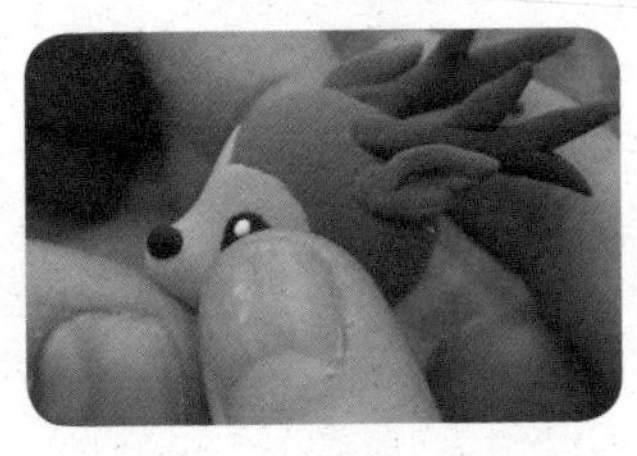

21 用一小点白色黏土做出高光并贴在梅花鹿的眼睛上。

完成

准备好工具和黏土了吗？

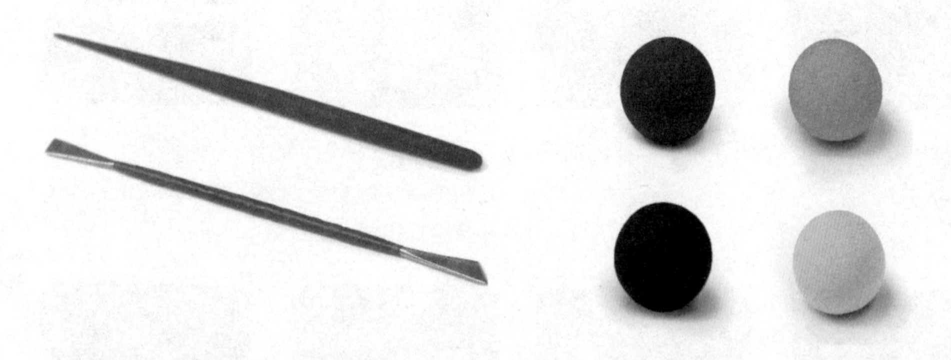

所需工具和黏土

狮子

现在就大显身手吧！

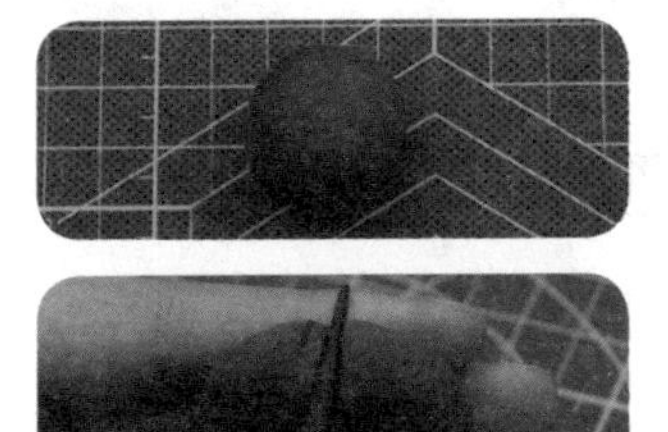

01 揉一块深褐色球体黏土，适当按压成饼状。用锥形木棒压出一个凹槽，然后用手把黏土捏成心形，作为狮子的鬃毛。

展示一下

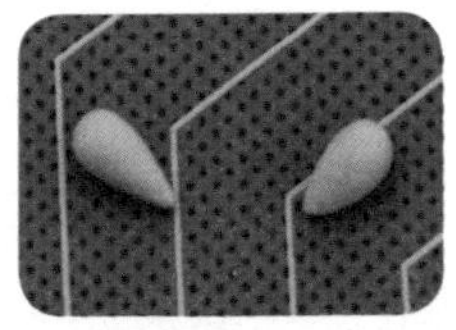

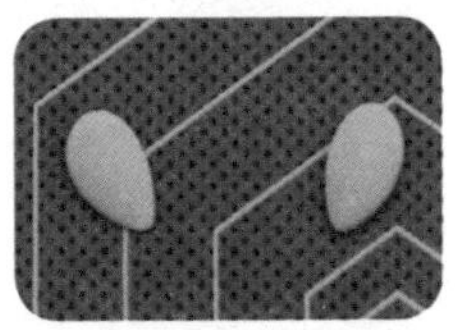

02 揉一块稍小的土黄色球体黏土作为狮子的头部。

03 用土黄色黏土捏两个水滴形并压扁作为狮子的耳朵。用浅粉色黏土捏两个稍小的水滴形并压扁，将浅粉色扁片重叠在耳朵上面。

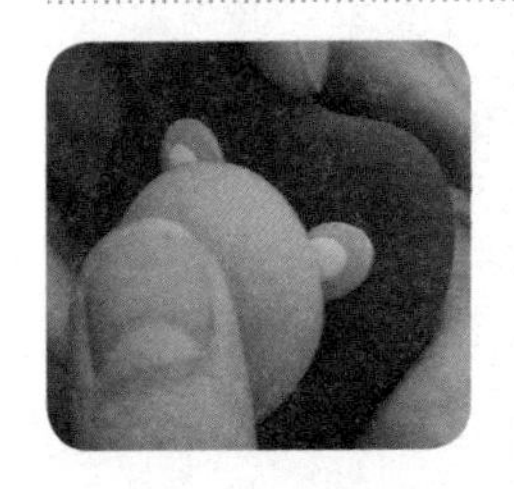

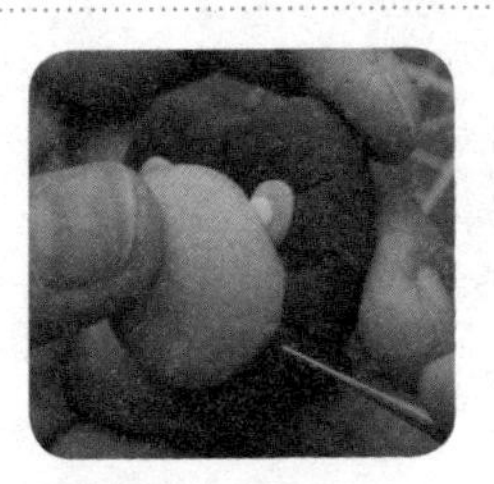

04 将狮子的耳朵以及头部贴在鬃毛上面，并使用大铲型抹刀勾出狮子鬃毛的纹理。

05 揉 3 块小的黑色球体黏土，分别作为狮子的眼睛和鼻子，将眼睛粘在狮子的面部。

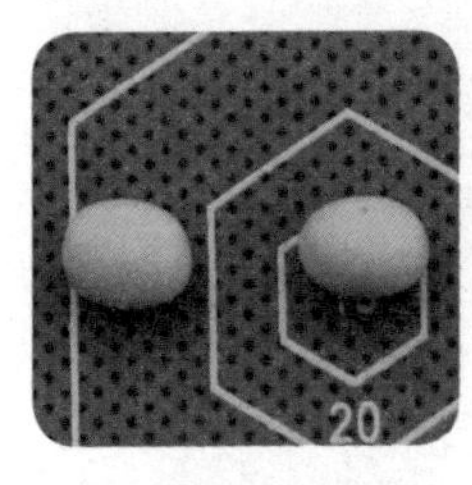

06 揉两块土黄色椭圆形黏土作为胡子，粘在狮子鼻子下方的位置后适当按压，给狮子添加上鼻子，并贴上用黑色黏土做的霸气的眉毛。

展示一下

07 揉一块土黄色的球体黏土并捏成水滴形，作为狮子的身子，要确保身子底部平整、立得住。

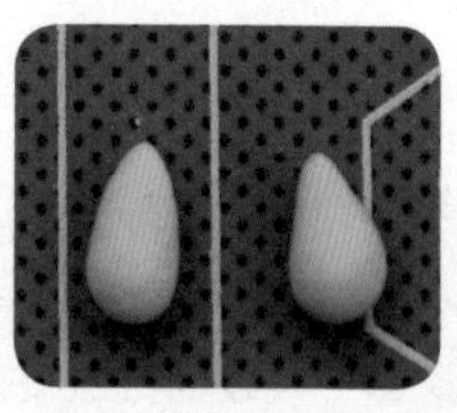

08 把一块土黄色黏土捏成两个水滴形，作为狮子的爪子，并把爪子粘在狮子身子的底部。

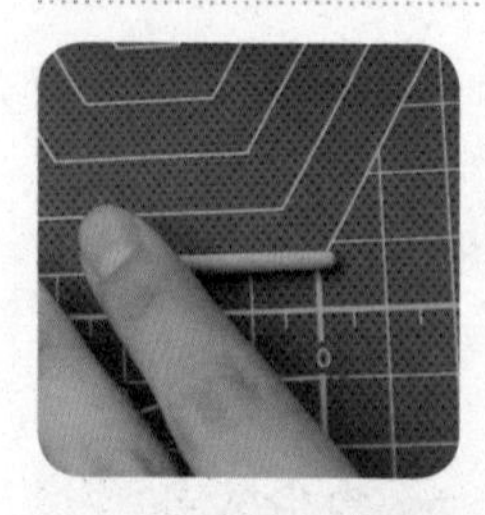

09 搓一块土黄色长条黏土作为狮子的尾巴，揉一块深褐色球体黏土并压成水滴形，作为尾尖上的绒毛。

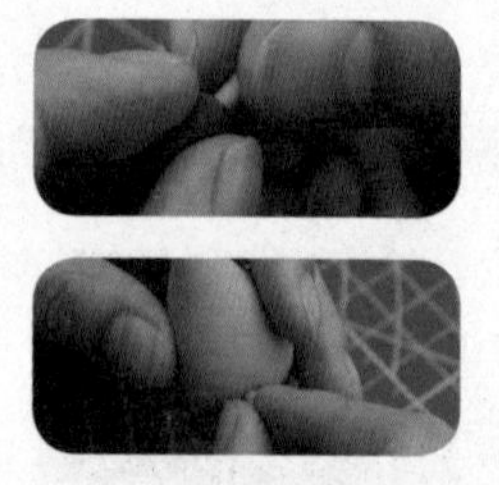

10 将狮子的尾巴及尾尖上的绒毛粘在一起，然后把它们粘到狮子的身子上。

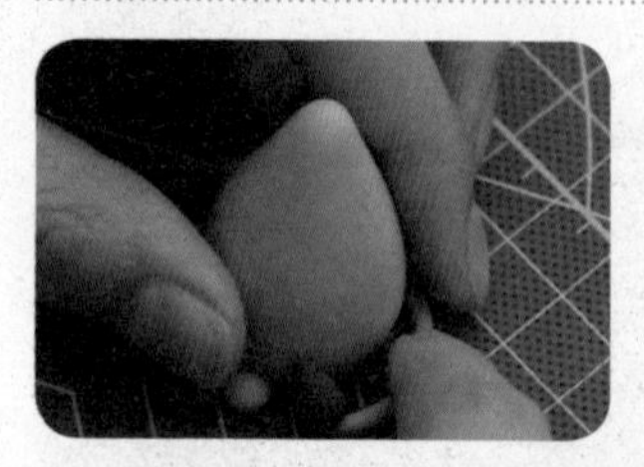

11 调整狮子的身子和狮子尾巴的弯度，确保狮子可以站立。

展示一下

12 给狮子的身子加上制作好的头部。

完成

展示一下

准备好工具和黏土了吗？

所需工具和黏土

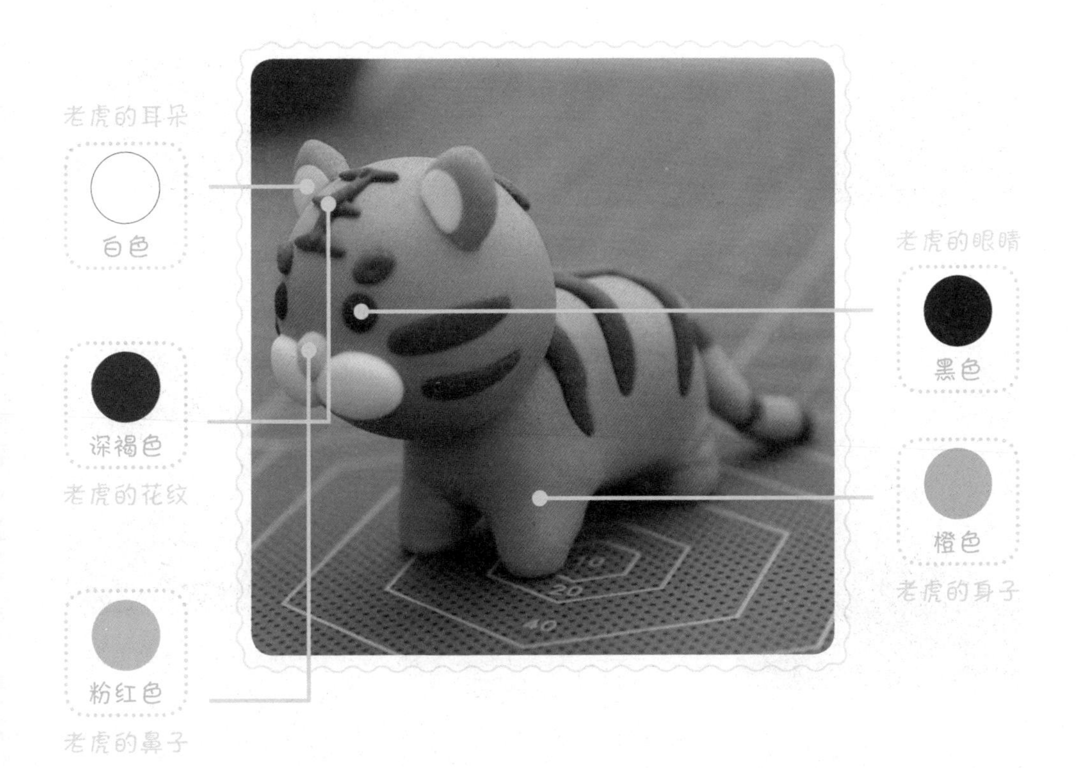

现在就大显身手吧！

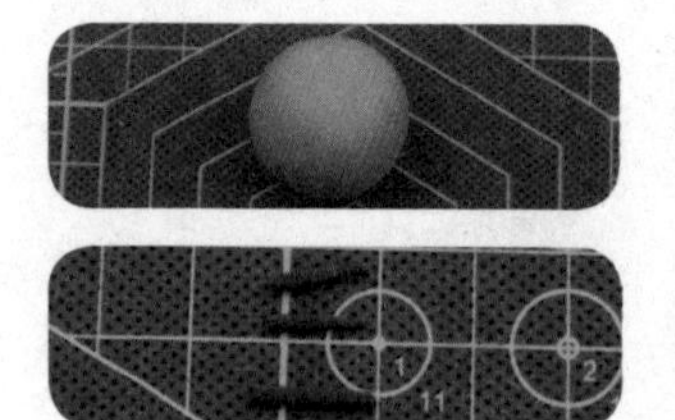

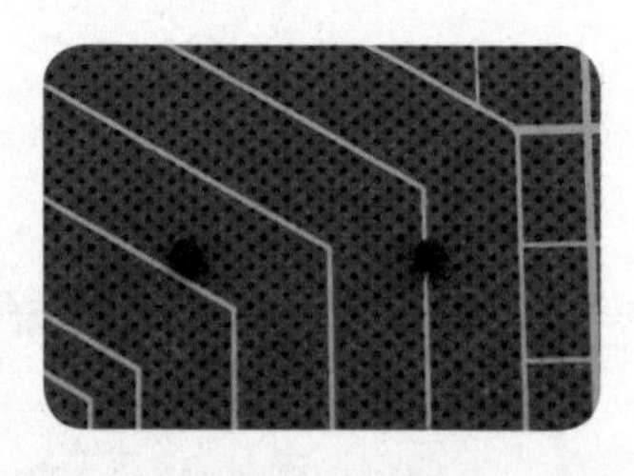

01 揉一块橙色球体黏土作为老虎的头部，再搓 4 块深褐色长条黏土粘在老虎面部的两侧。

02 用黑色黏土揉两个小球体作为眼睛，并把眼睛贴在老虎的脸上。

展示一下

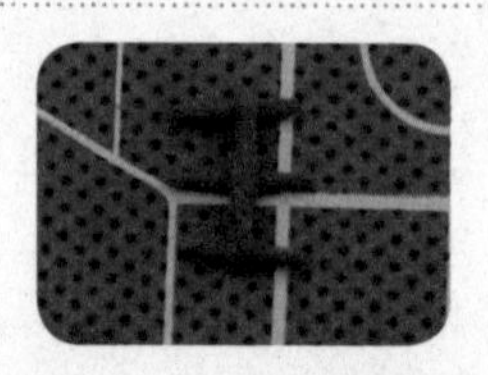

03 用深褐色黏土搓 4 个长条并把它们拼成“王”字，再用深褐色黏土搓两个小椭圆形作为眉毛，然后将这些部分粘在老虎的脸上。

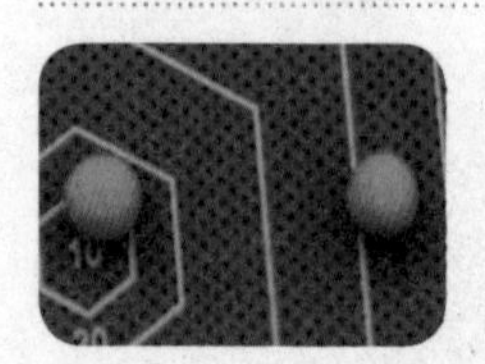

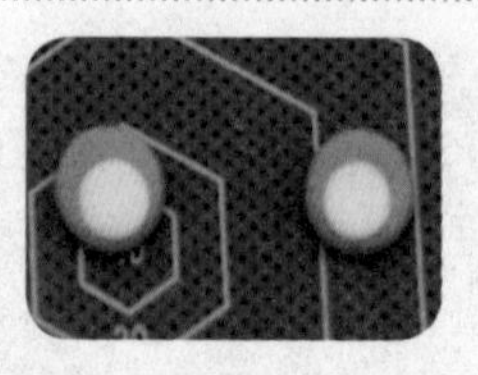

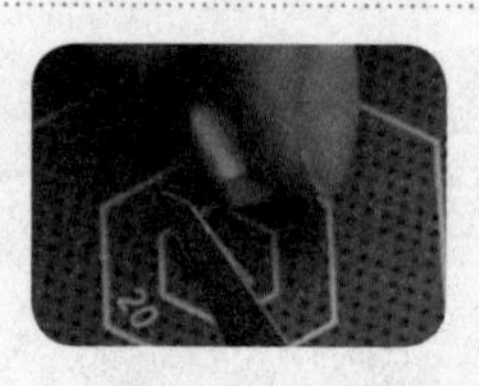

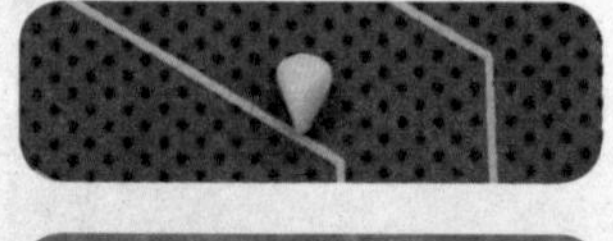

04 揉两块橙色球体黏土和两块白色球体黏土，把它们压扁后叠加在一起。将多余部分用刻刀裁掉，这样老虎的耳朵就制作好了。

05 将老虎的耳朵贴在头部上方的两侧。

展示一下

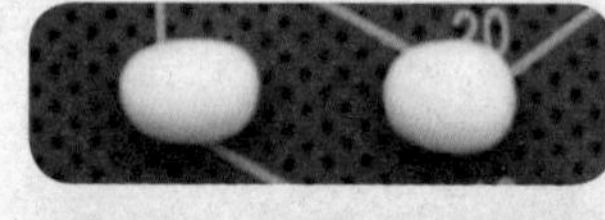

06 揉两块白色椭圆形黏土，把它们压扁并作为胡子粘在眼睛下方。

07 揉一块粉色水滴形黏土并粘在白色胡子的上方。

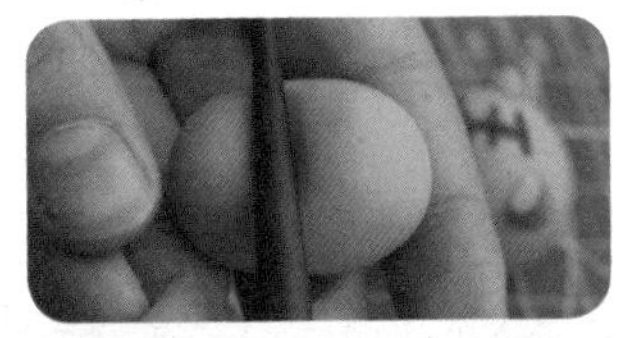
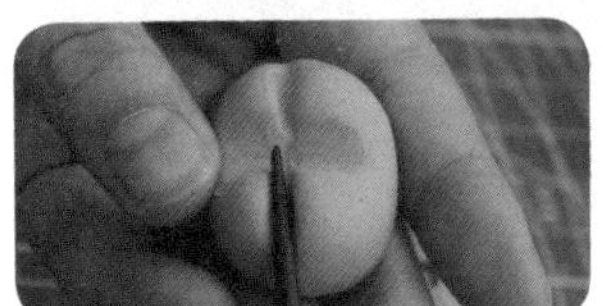
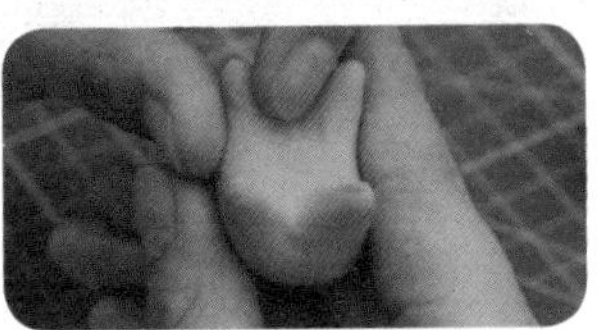

08 取一块橙色黏土揉成一个大球体，再用手揉成椭圆形作为老虎的身子。用锥形木棒对老虎身子的底部进行横向及纵向按压，直到压出凹槽。凭借凹槽来定好老虎四肢的位置，再用手完善，捏出老虎的四肢。

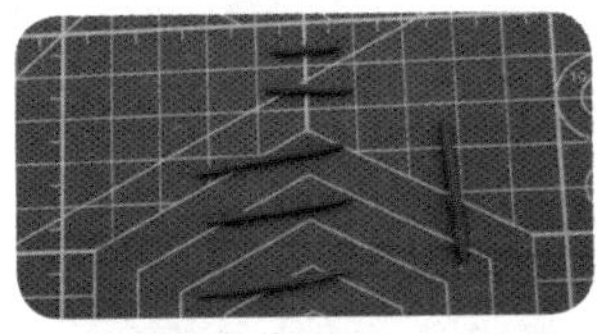
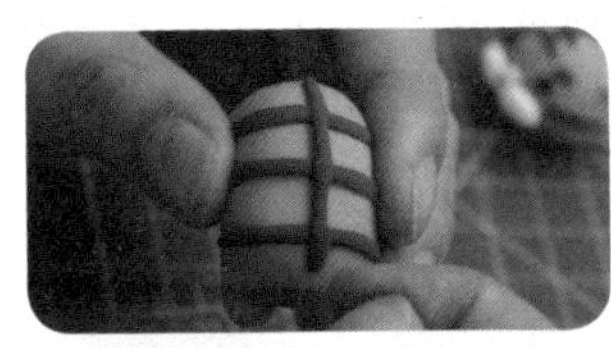

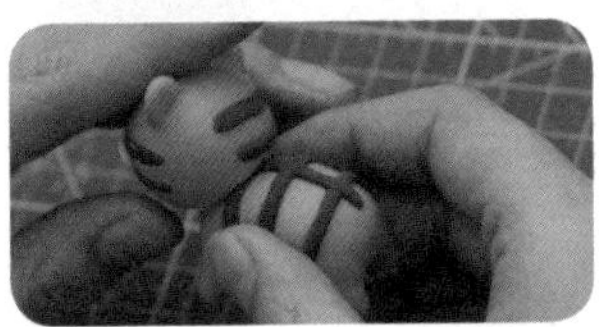

09 用深褐色黏土搓出 4 条较细的长条和两条较粗的短条。把 3 条较细的长条横向贴在老虎背上，把一条较细的长条纵向贴在老虎背上，把两条较粗的短条贴在老虎的后脑勺处。最后把老虎的头部和身子粘在一起。

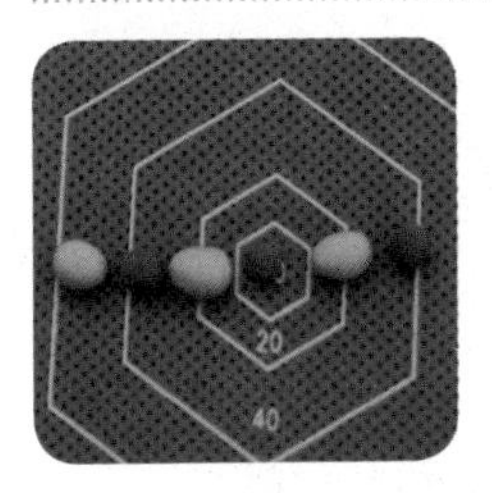
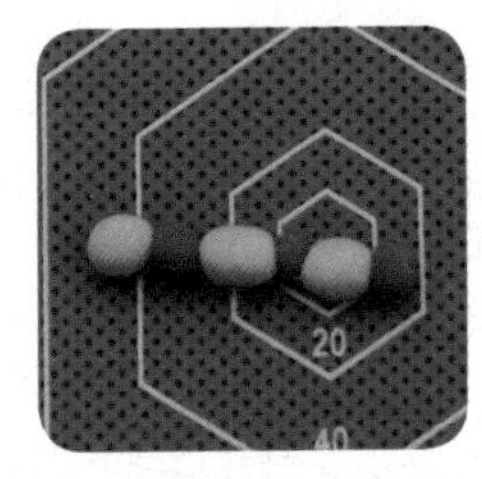
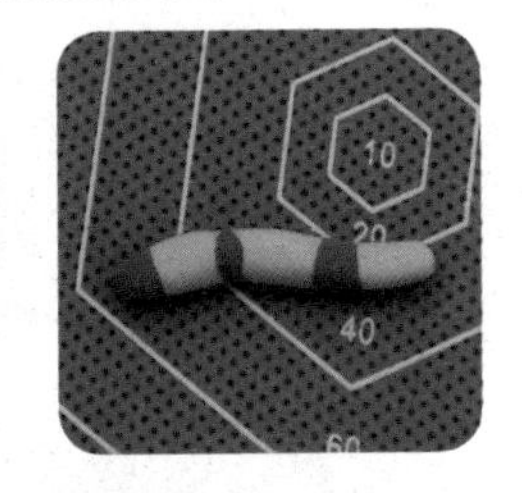
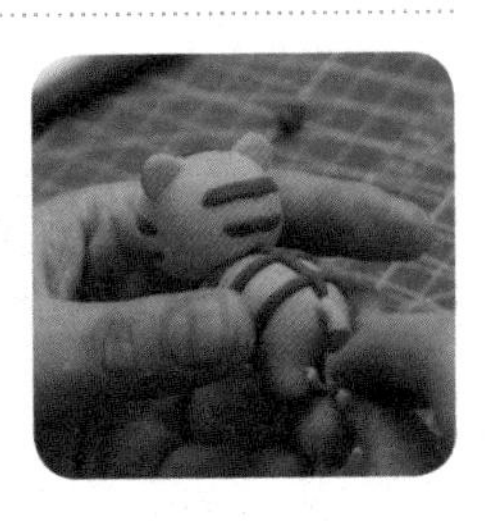

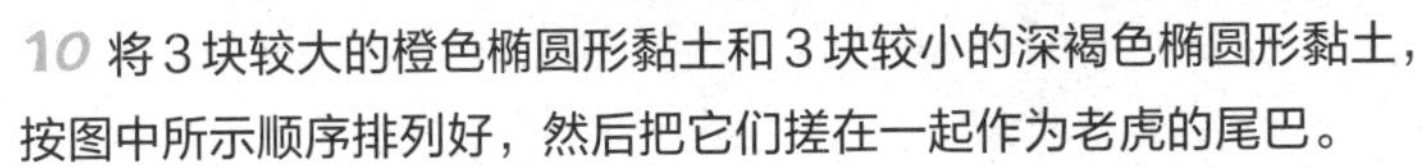

10 将 3 块较大的橙色椭圆形黏土和 3 块较小的深褐色椭圆形黏土，按图中所示顺序排列好，然后把它们搓在一起作为老虎的尾巴。

11 给老虎的身子添上尾巴，并将尾巴调整出稍微弯曲的样子。

完成

展示一下

准备好工具和黏土了吗？

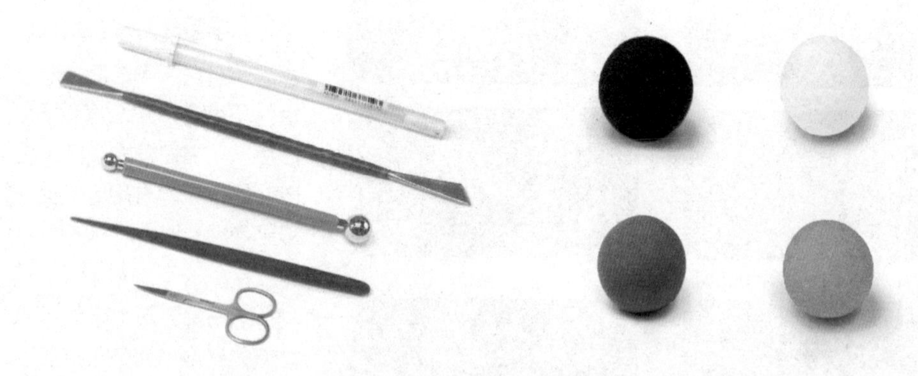

所需工具和黏土

狐狸

现在就大显身手吧！

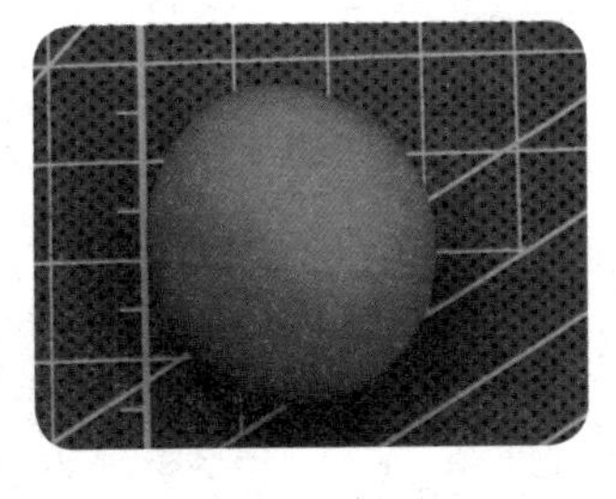

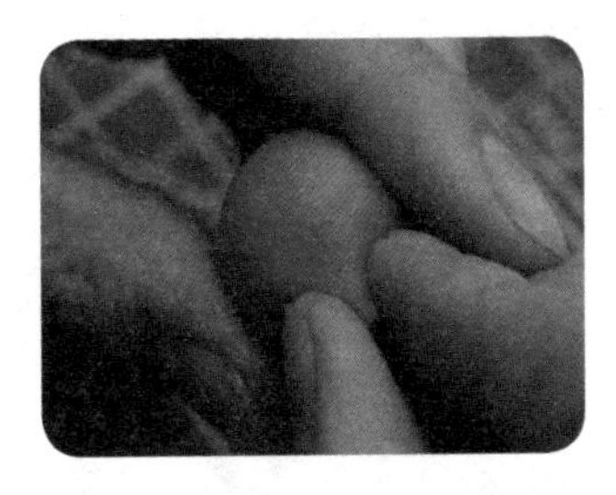

01 用橘色黏土捏一个稍大的球体，用土黄色黏土捏一个较小的球体，将两种颜色的黏土混合在一起。

02 取一部分混合好的黏土揉一个球体，作为狐狸的头部，并用手捏出狐狸面部两侧的鬓毛。

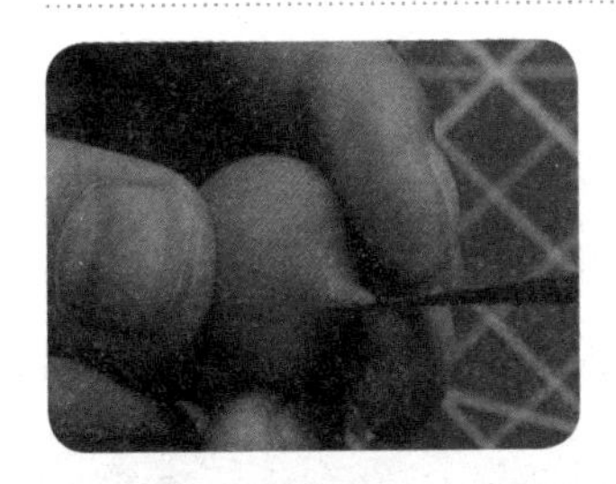

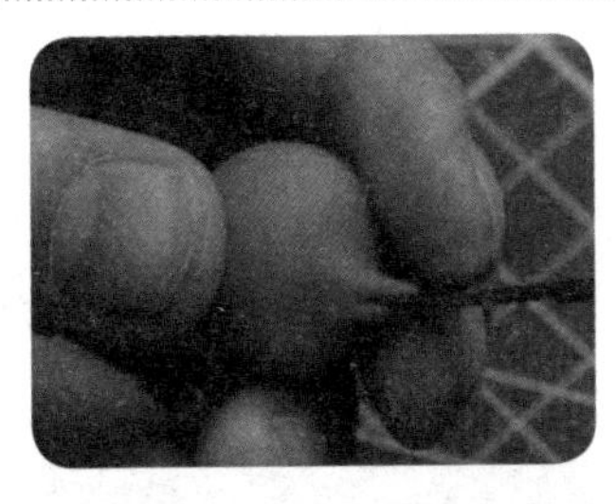

03 用剪刀轻轻剪出狐狸面部两侧毛发的分叉，注意不要剪断，留出纹理即可。

展示一下

04 揉一块白色球体黏土，再捏成水滴形，把它粘在狐狸面部的鼻子预留区域。

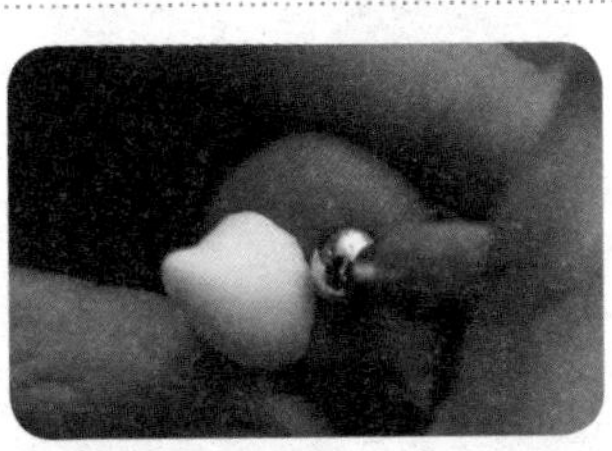

05 使用不锈钢丸棒在狐狸的面部按压，压出狐狸的眼窝。

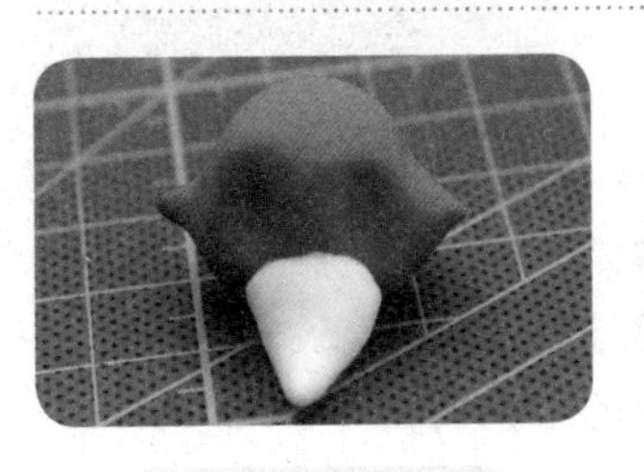

展示一下

换个角度看看

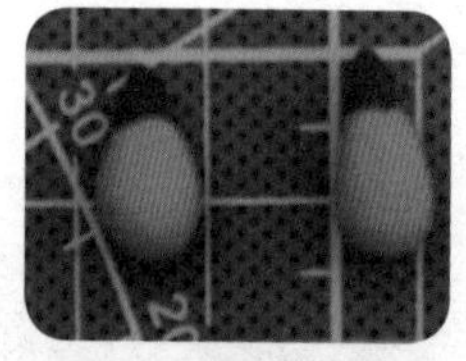
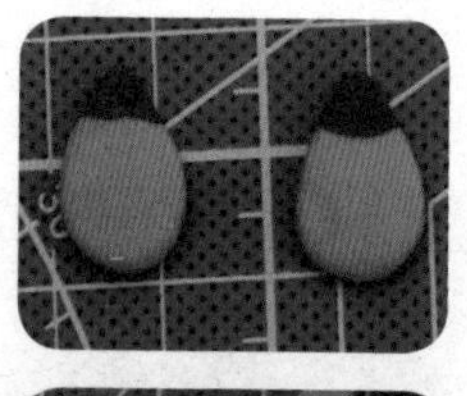
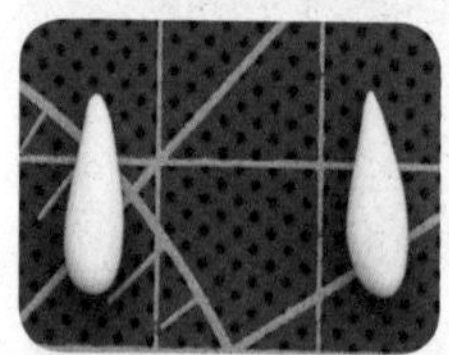

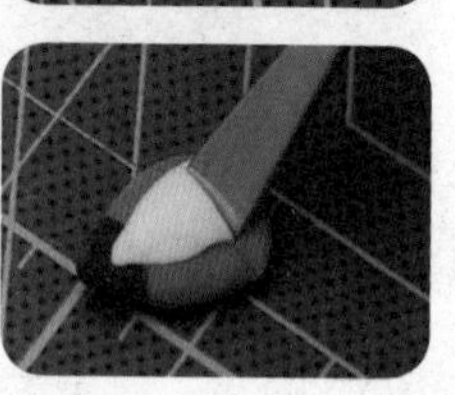
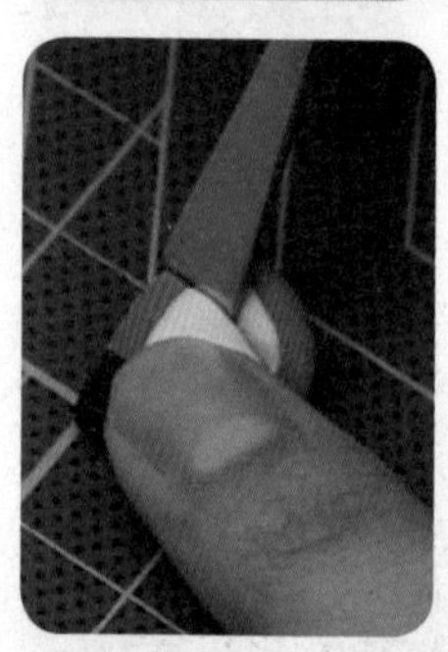

06 (1) 用混合黏土揉两个稍大的球体，用黑色黏土揉两个较小的球体。

(2) 将颜色不同的球体黏土贴在一起并做成水滴形。

(3) 压扁水滴形黏土，作为狐狸的耳朵。

(4) 捏两块白色水滴形黏土。

(5) 将白色水滴形黏土贴在耳朵中间。

(6) 用大铲型抹刀将多余部分切掉。

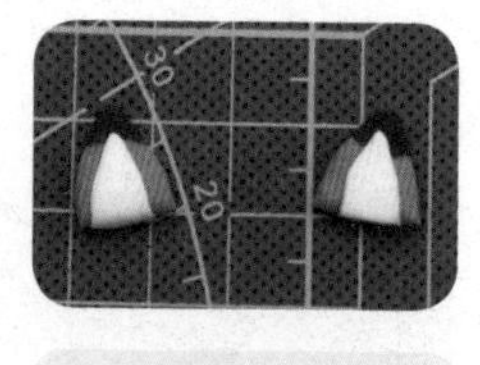
展示一下

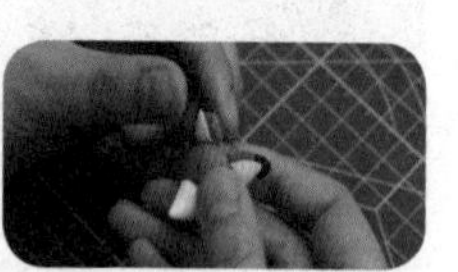
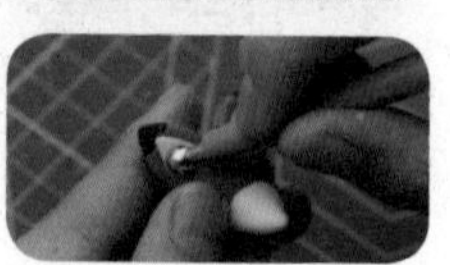

07 给狐狸的头部加上耳朵，用不锈钢丸棒按压耳朵，使耳朵有一定弧度。

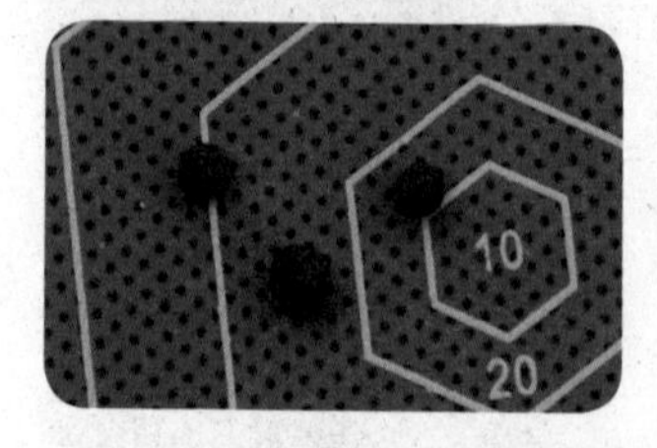

08 揉 3 块黑色小球体黏土作为狐狸的两只眼睛和鼻子，并给狐狸的头部加上眼睛及鼻子。

展示一下

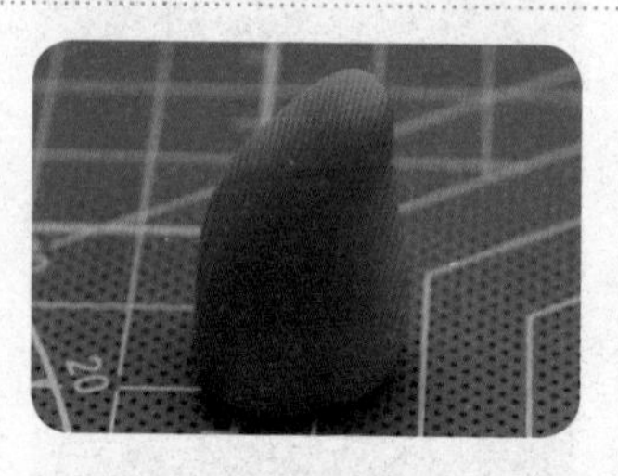

09 用混合好的黏土揉一个球体作为狐狸的身子，并把它捏成厚实的水滴形。将身子较细的那一端微微弯曲，把身子底部在桌面上压平，使狐狸之后能立在桌子上。

展示一下

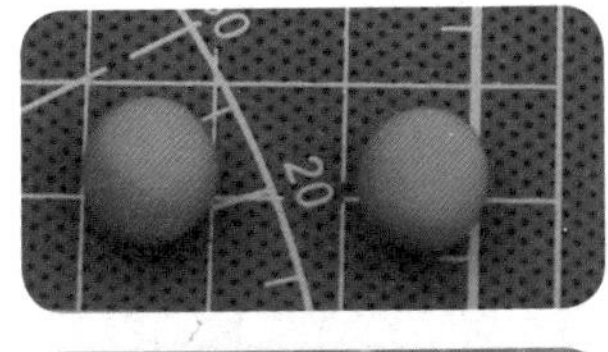

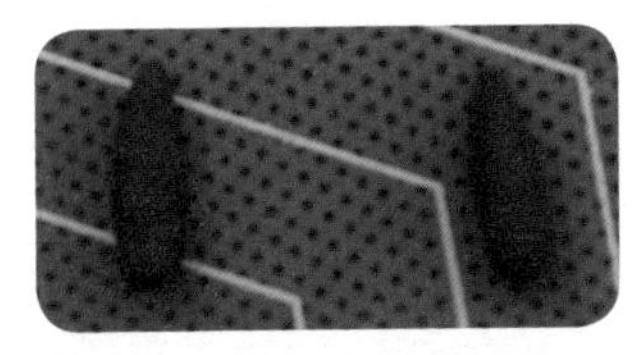

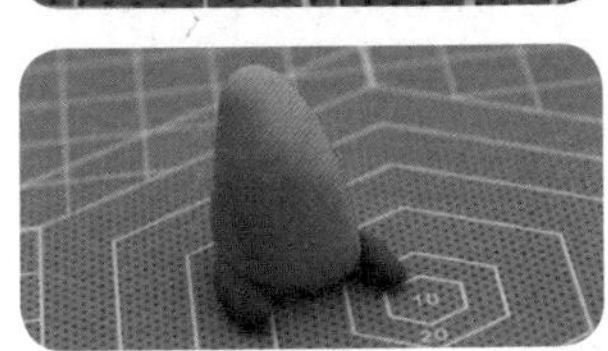

10 用混合黏土揉两个球体并捏成椭圆形，作为狐狸的两条后腿；用黑色黏土揉两个球体并捏成水滴形，作为狐狸后腿的两只爪子。给狐狸的身子底部加上制作好的两只爪子。并在两只爪子的上面加上制作好的两条后腿。

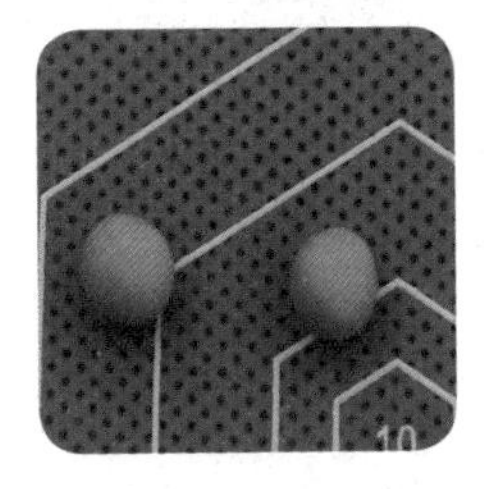

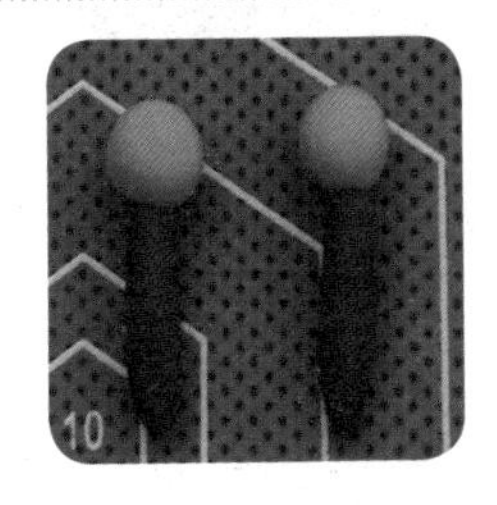

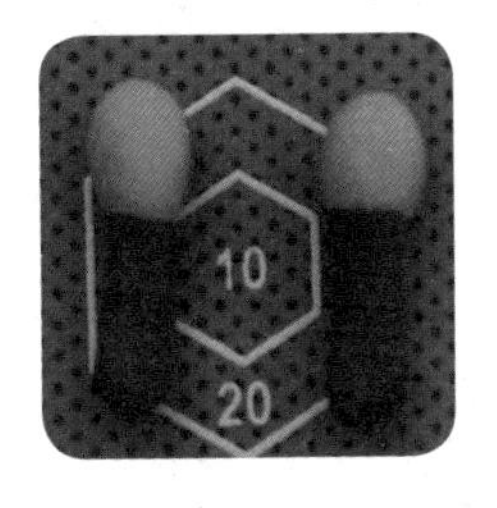

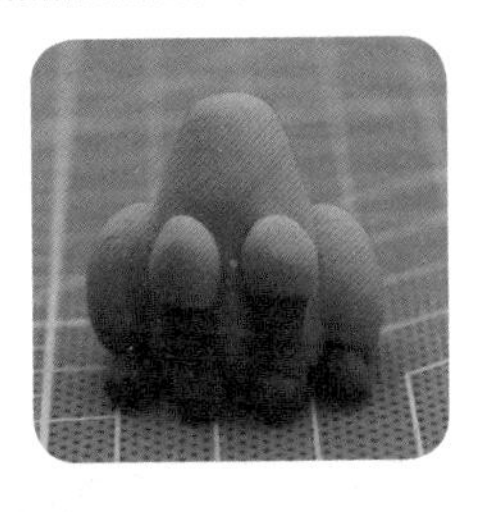

11 用混合黏土揉两个小球体作为狐狸的前腿，再加上两块稍长的黑色长条黏土作为狐狸的前爪，将两者贴在一起并捏出爪子。

12 把两条前腿粘在狐狸身子的前面。

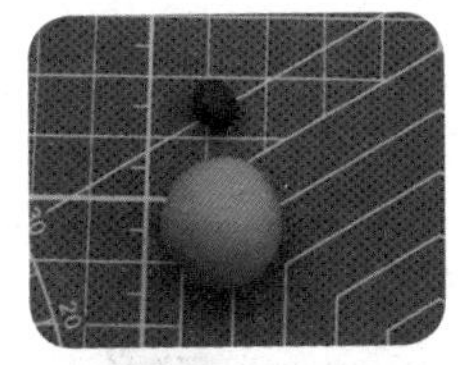

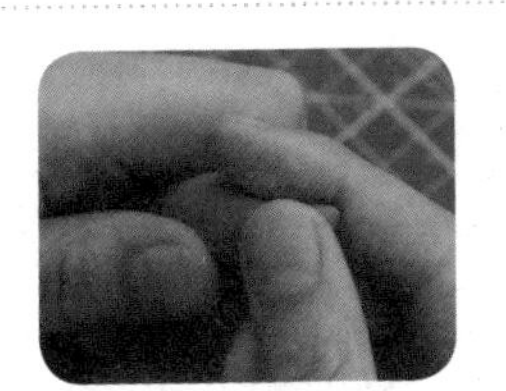

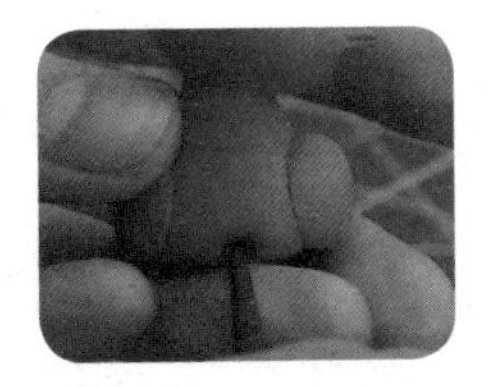

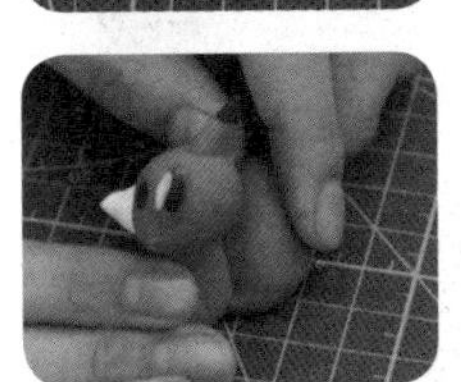

13 把狐狸的头部和身子粘在一起。用混合黏土揉一个球体，用黑色黏土揉一个小一些的球体，把它们贴在一起并捏出一个菱形作为狐狸的尾巴，黑色的一端是尾尖。用锥形木棒在狐狸身后戳出一个洞，用于连接尾巴和身体，将尾巴粘好后再调整一下尾巴的弯度。

14 用高光笔给狐狸的眼睛加上高光。

完成

展示一下

准备好工具和黏土了吗？

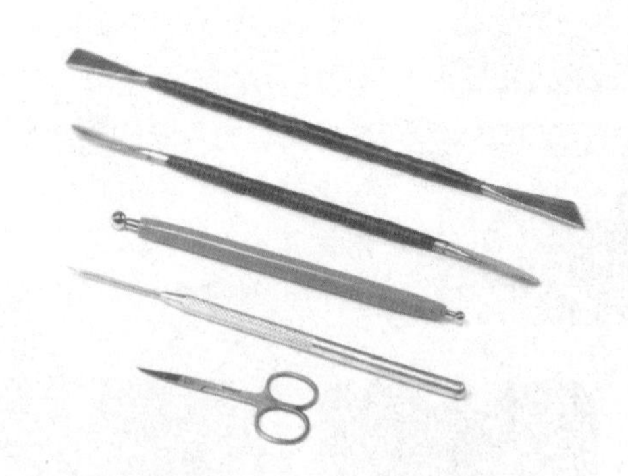

所需工具和黏土

袋鼠的身子

棕色 + 土黄色

袋鼠的眼睛

黑色

棕色 +

土黄色 +

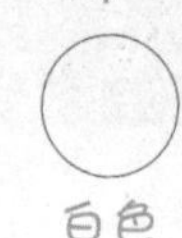

白色

袋鼠的肚子

现在就大显身手吧！

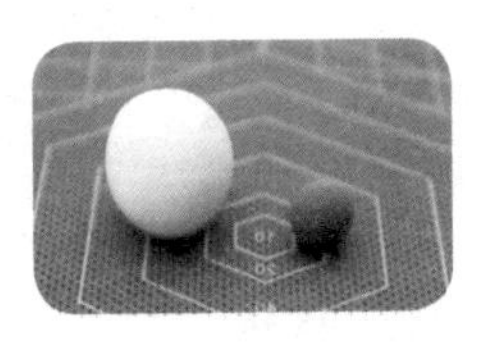

01 揉一块稍大的土黄色球体黏土和一块稍小的棕色球体黏土，将两种颜色的黏土混合在一起。

02 用白色黏土揉一个稍大的白色球体，用上一步中的混合黏土揉一个稍小的球体，将两种颜色的黏土混合在一起。

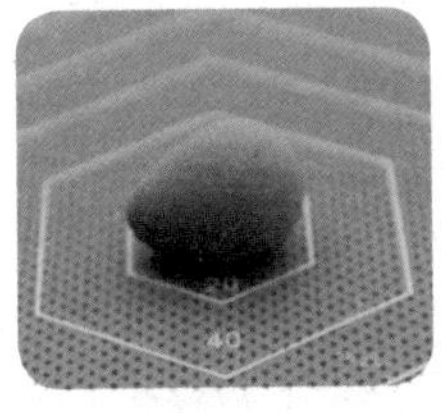

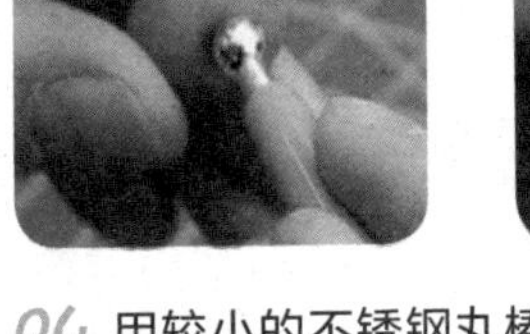

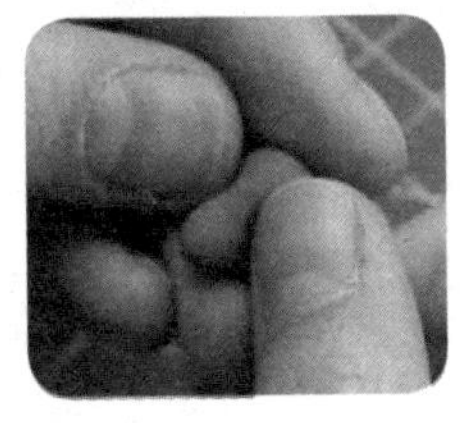

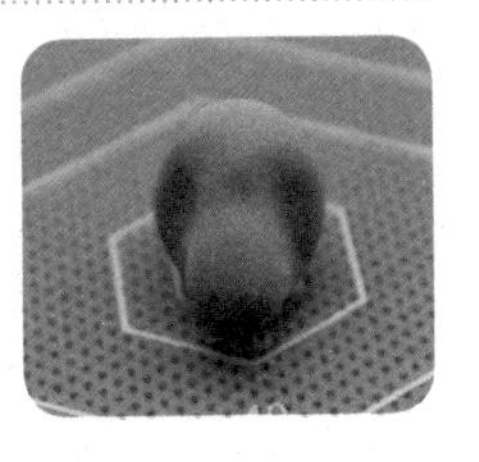

03 取一些第一步中混合好的黏土揉一个水滴形，作为袋鼠的头部。

04 用较小的不锈钢丸棒压出袋鼠的两个眼窝，接着调整袋鼠整个头部的形状。

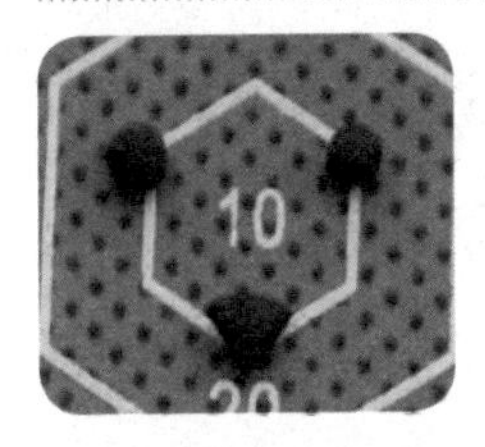

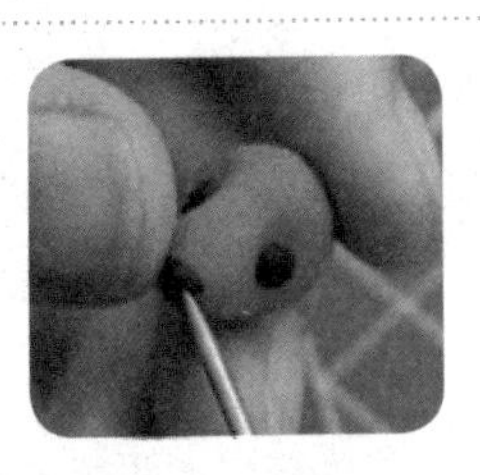

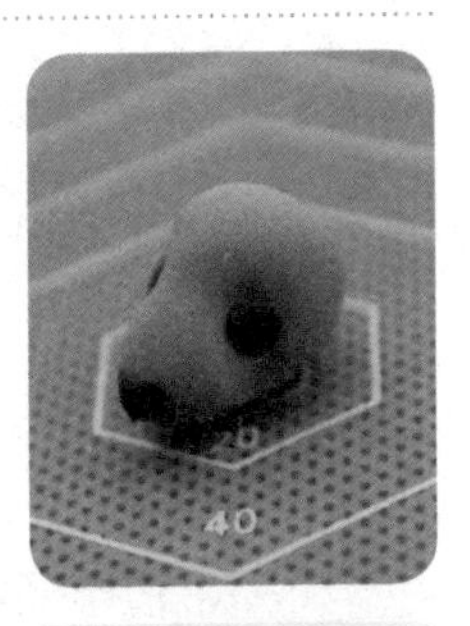

展示一下

05 捏两块黑色球体黏土和一块黑色倒三角黏土，分别作为袋鼠的眼睛和鼻头。用造型针将眼睛贴在袋鼠的眼窝处，将鼻头贴在袋鼠的鼻子上。

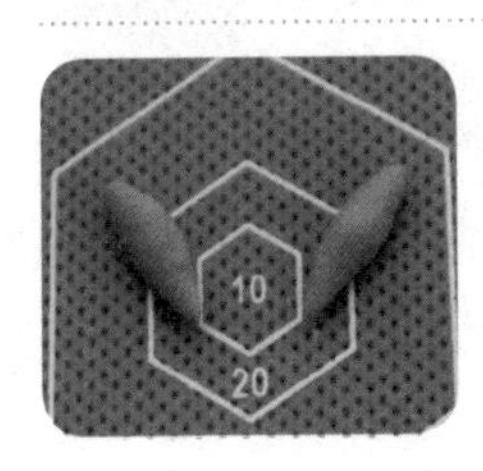

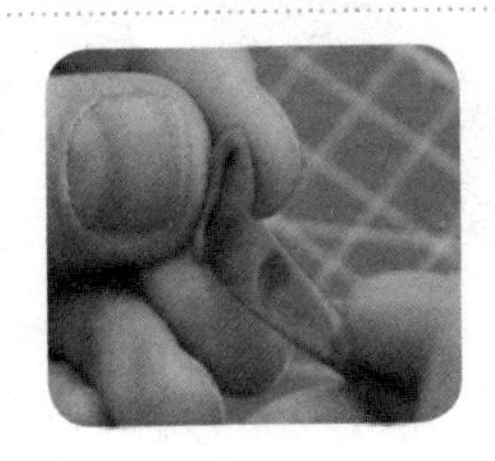

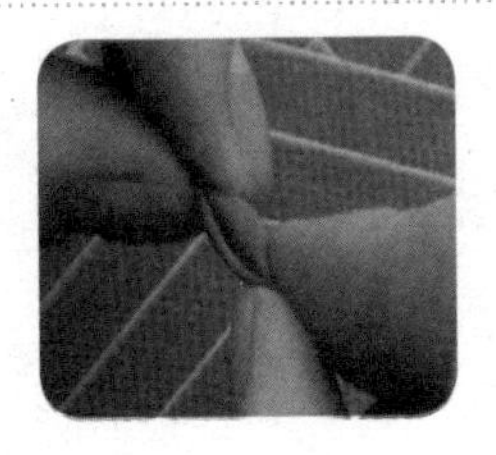

06 用第一步中混合好的黏土揉两个菱形作为袋鼠的耳朵，用大勺型抹刀刻出耳朵内部的轮廓，再将耳朵的两端捏长、捏尖一些。

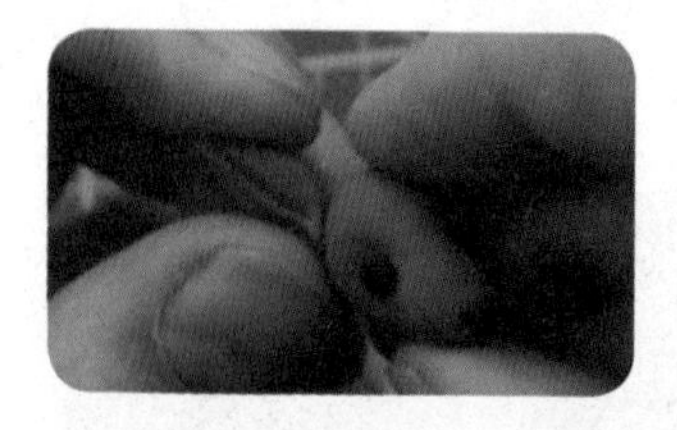

07 将做好的袋鼠耳朵粘在袋鼠头部顶端的两侧，注意耳朵与头部的比例。

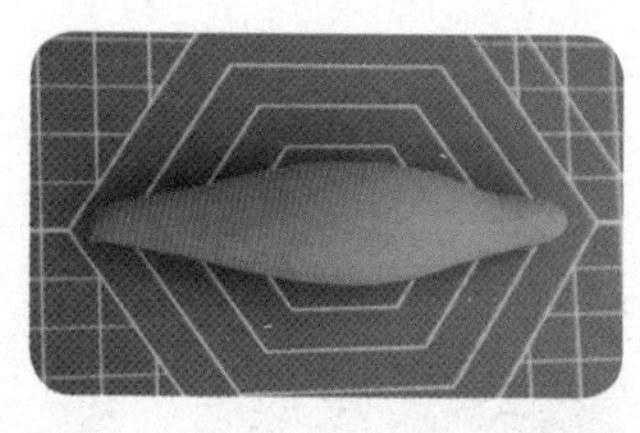

08 用第一步中混合好的黏土揉一个较大的菱形，作为袋鼠的身子。

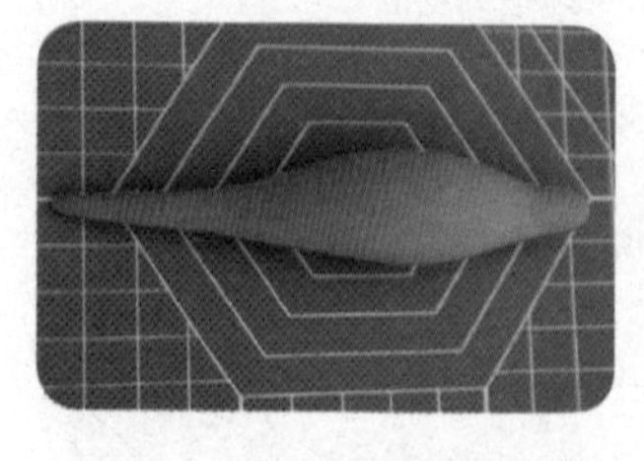

09 用手继续在袋鼠的身子上捏出袋鼠的尾巴及脖子的大概形状。

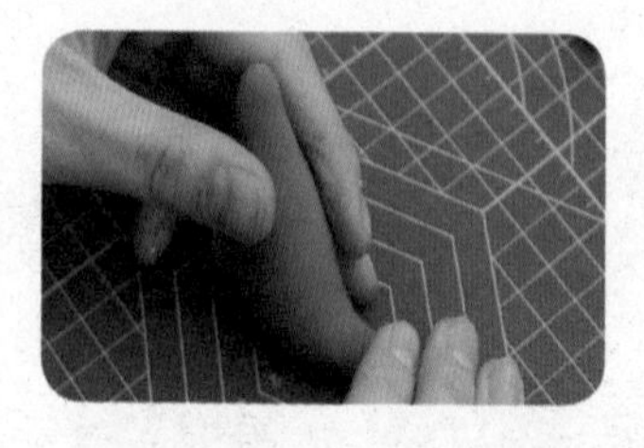

10 将袋鼠的身子立起来，调整尾巴。

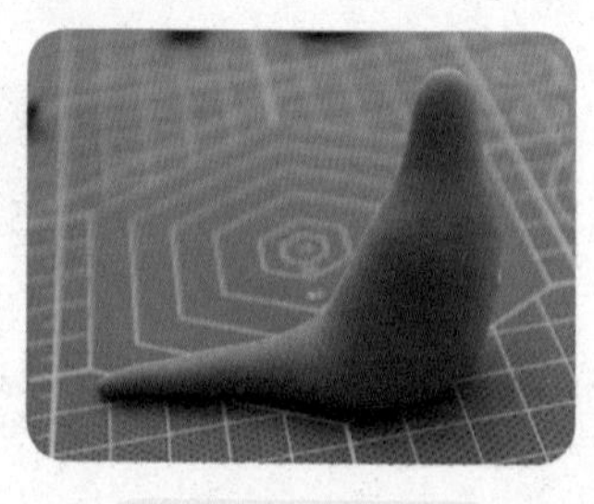

展示一下

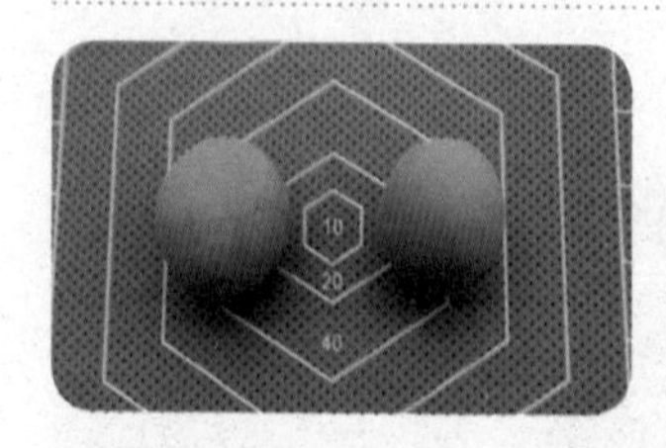

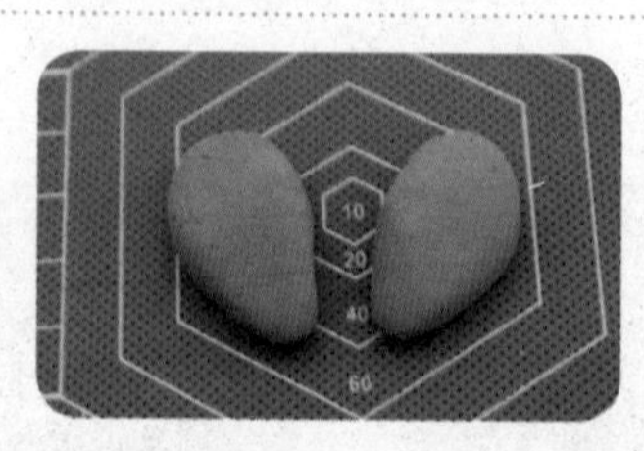

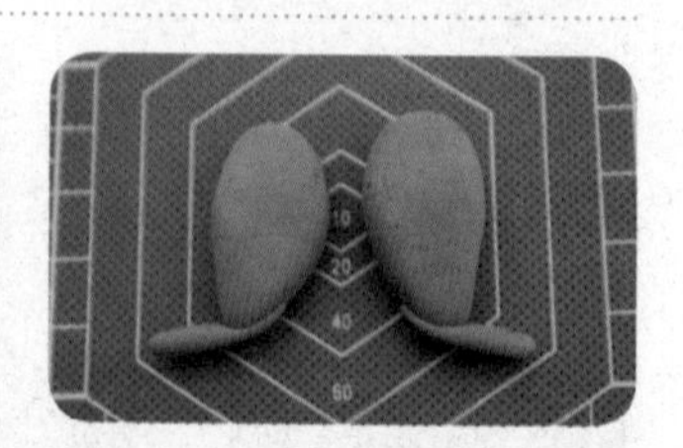

11 用第一步中混合好的黏土揉两个球体并压扁，捏成上宽下窄的水滴形。再用第一步中混合好的黏土搓两个长条，粘在水滴形黏土的底部，作为袋鼠的两条大腿和脚。

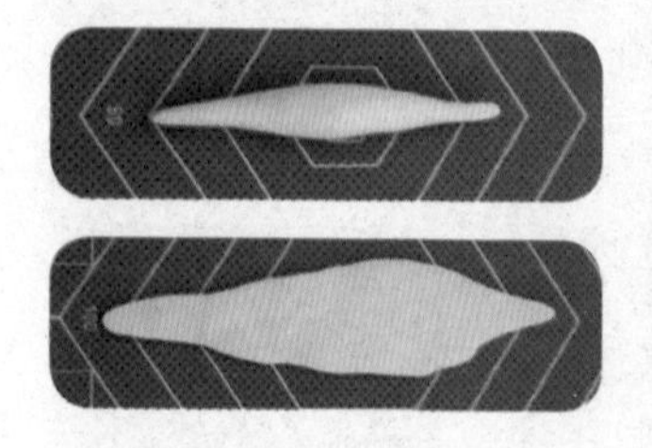

12 用第二步中混合好的黏土揉一个菱形，作为袋鼠的肚皮，用手捏扁后的肚皮面积与袋鼠身体正面的面积相近。

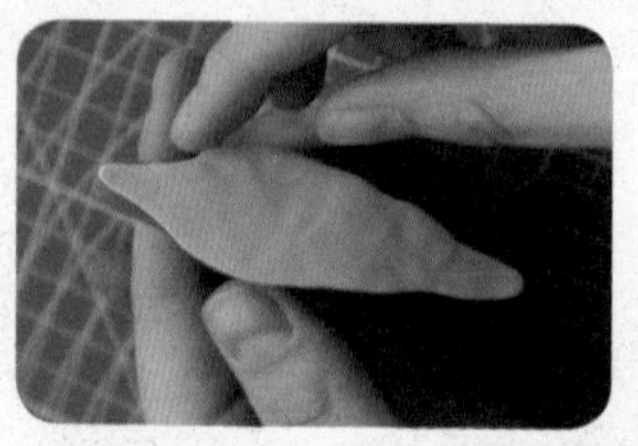

13 将上一步中制作好的袋鼠肚皮贴在袋鼠身子的底部，并用手进行适当按压和调整。将肚皮完全按照身子的轮廓和身子紧紧贴合在一起，贴合时注意肚皮是否平整，有没有褶皱。

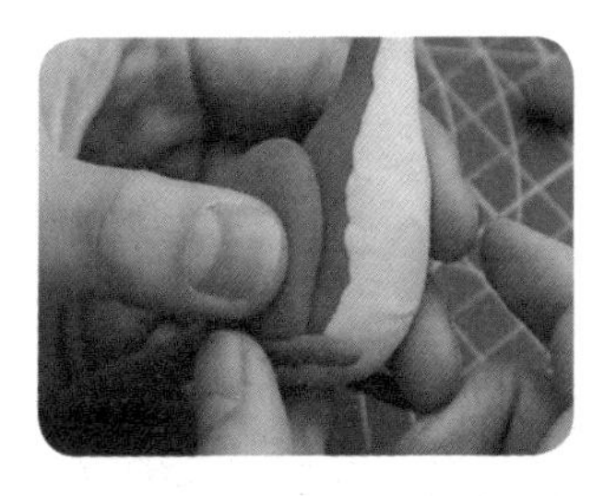

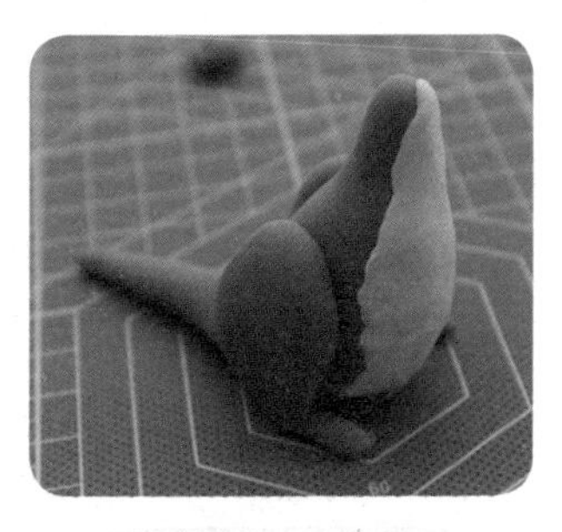

14 将做好的大腿和脚粘在袋鼠身子的两侧，调整袋鼠腿部的位置，以确保袋鼠可以站立。

展示一下

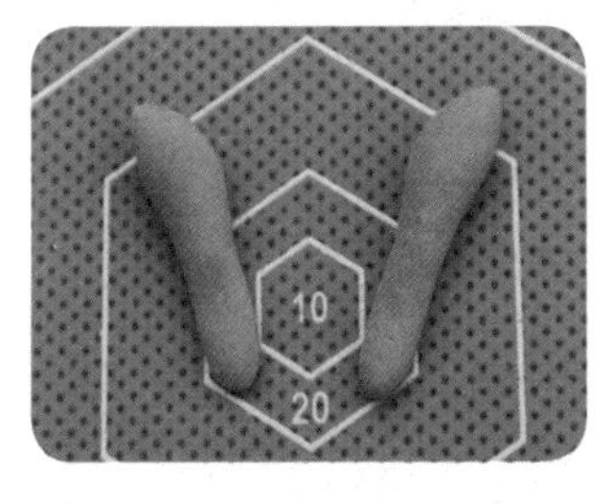

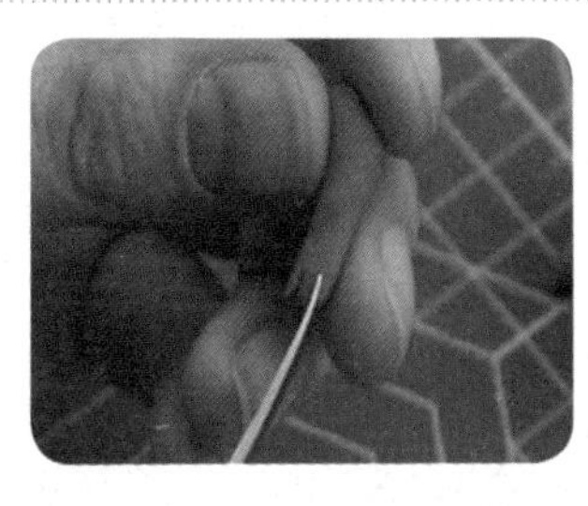

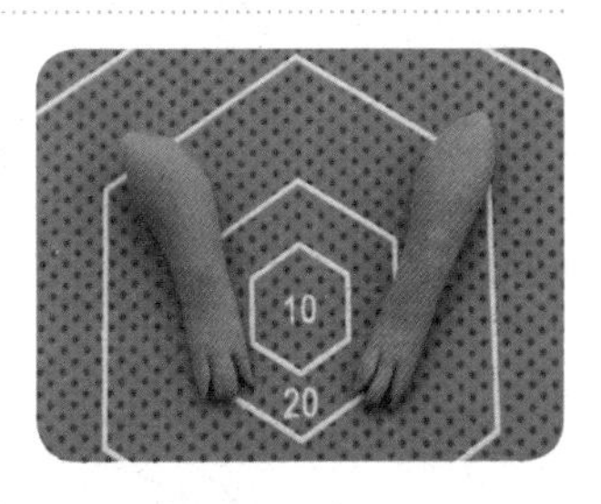

15 取一块第一步中混合好的黏土，搓成两个上粗下细的长条，作为袋鼠的手臂。用剪刀在手臂偏细的一端剪出袋鼠的小手，用同样的方法做出另一只手臂。

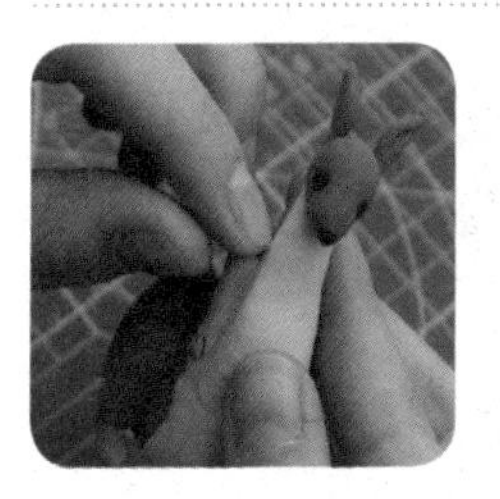

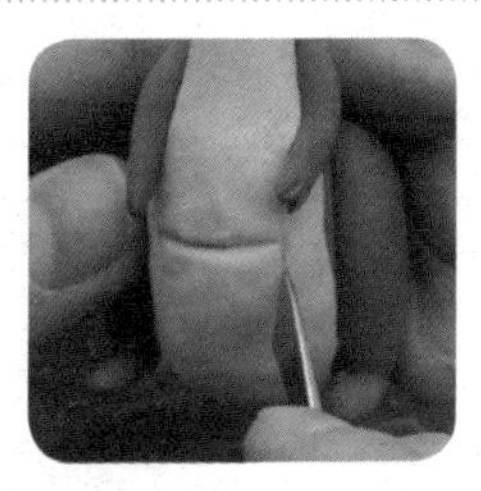

16 把袋鼠的头部和身子粘在一起。将两只手臂粘在袋鼠身子的两侧，并使用大铲型抹刀在袋鼠的肚皮上刻出育儿袋的轮廓。

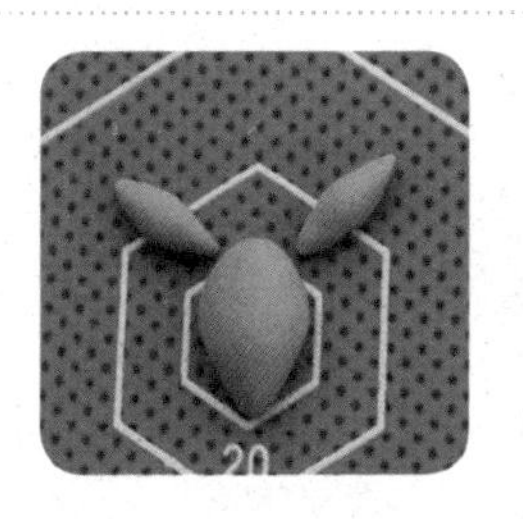

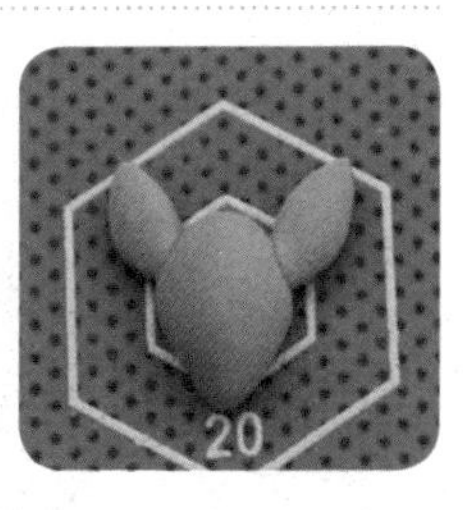

17 用第一步中混合好的黏土揉两个稍小的菱形和一个稍大的水滴形，把它们粘在一起后适当压扁，作为小袋鼠的头部。

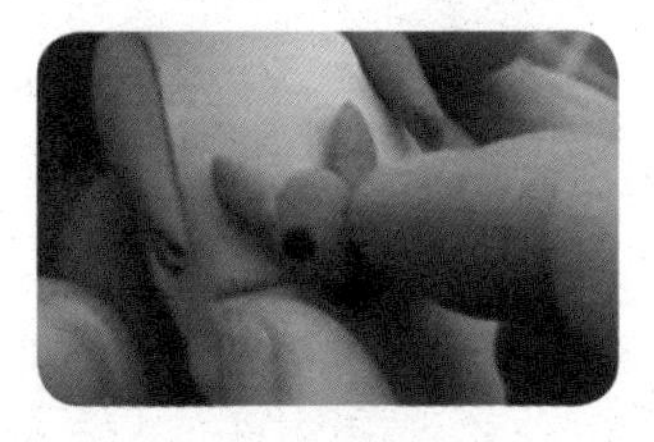

18 用黑色黏土揉 3 个小球体，分别作为小袋鼠的小眼睛和小鼻子。把它们贴在小袋鼠的面部，并把小袋鼠的头部粘在袋鼠妈妈的育儿袋上面。

完成

准备好工具和黏土了吗？

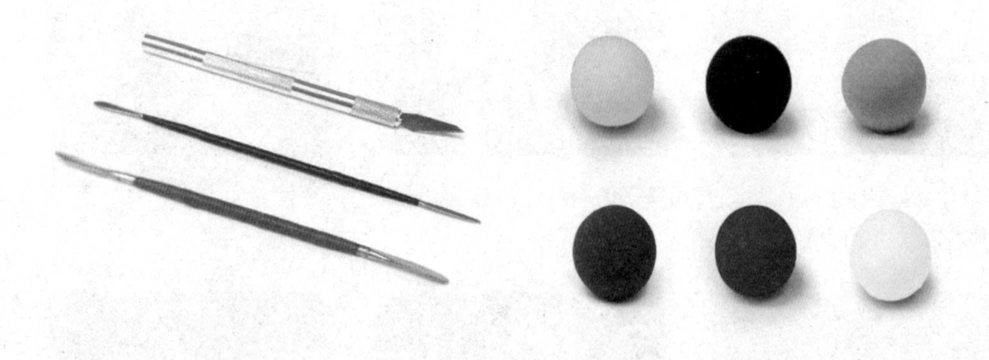

所需工具和黏土

小熊

现在就大显身手吧！

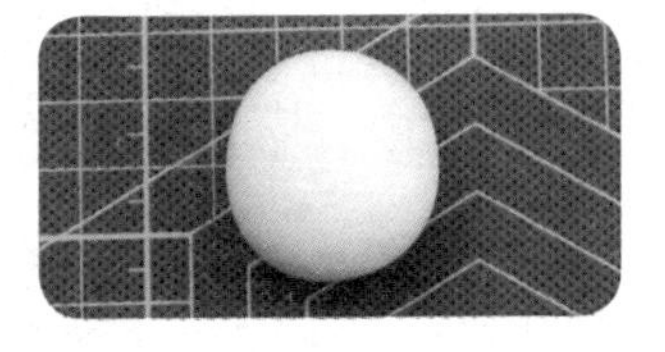

01 用白色黏土揉一个稍大的球体，用米黄色黏土捏一个较小的球体，将两种颜色的黏土混合在一起。

02 取一部分混合好的黏土揉成椭圆形，作为小熊的头部。

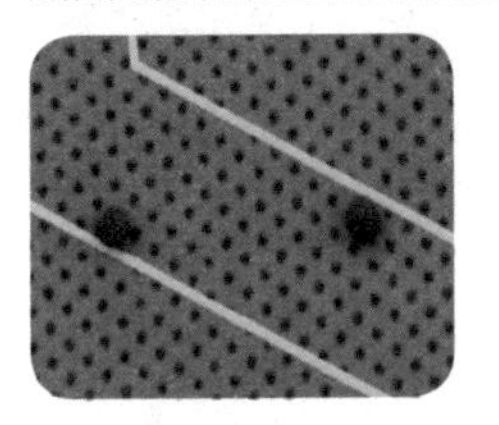

03 揉两块极小的黑色球体黏土作为小熊的眼睛，在小熊头部适当的位置贴上眼睛。

04 用白色黏土揉一个小球体并压扁，作为小熊的鼻子，把鼻子贴在头部正下方。

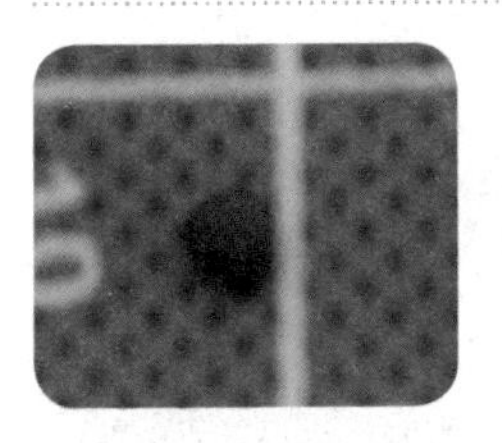

05 揉一块比眼睛大一点的棕色小球体黏土作为鼻头，将小熊的鼻头粘在鼻子靠上一点的位置。

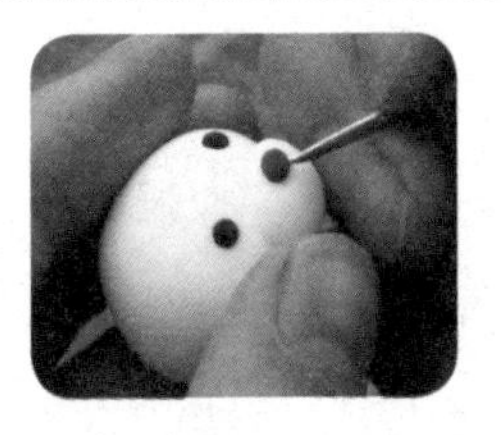

06 使用小勺型抹刀在小熊鼻子下方刻三瓣嘴出来。

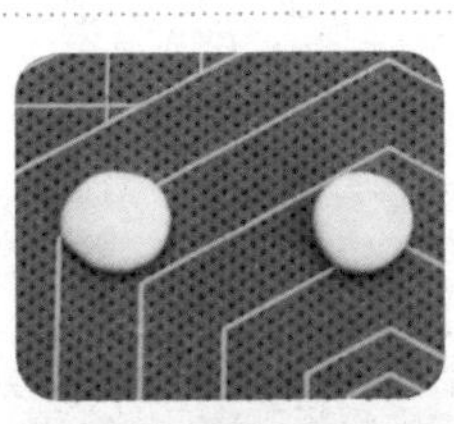

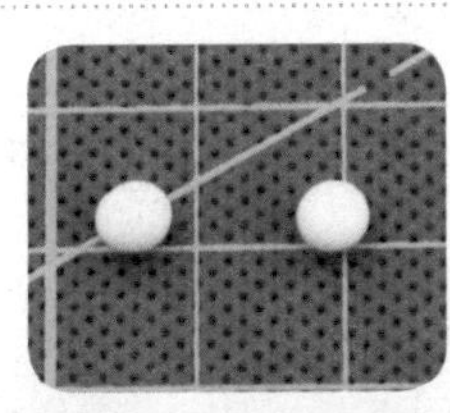

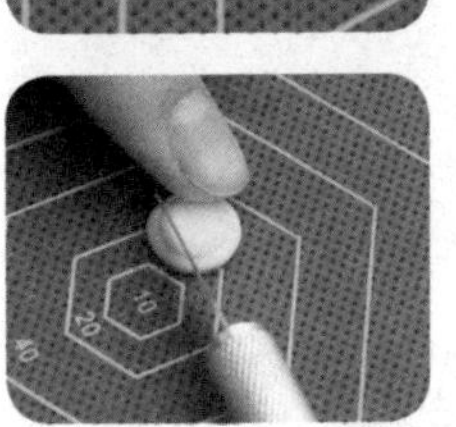

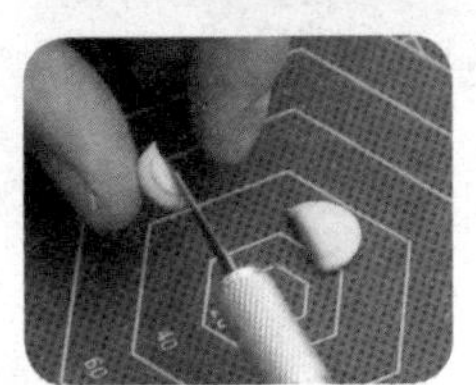

07 用第一步中混合好的黏土揉两个椭圆形并压扁，作为小熊的耳朵。再将两块稍小的白色椭圆形黏土重叠在耳朵上，用刻刀将其裁成半圆形，然后给小熊的头部加上做好的耳朵。

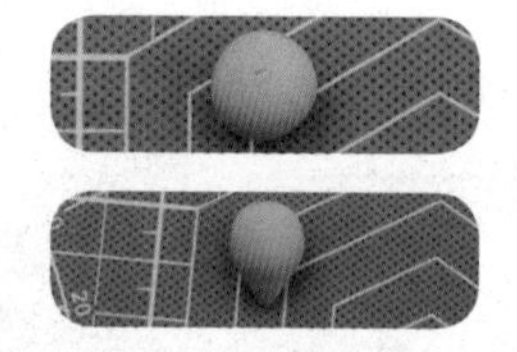

08 将较多的粉红色黏土和少量的品红色黏土混合在一起，用混合黏土捏一个球体。在球体黏土底部捏一个小尖，用大勺型抹刀在黏土圆润的那一端的中心压出一个凹陷，再用手调整出爱心的形状。

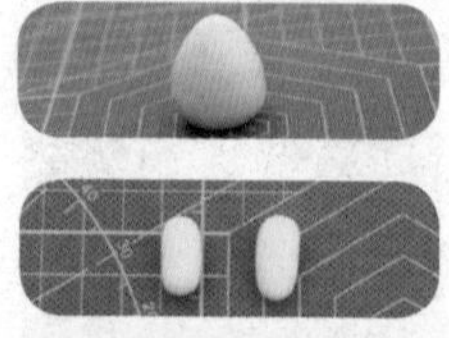
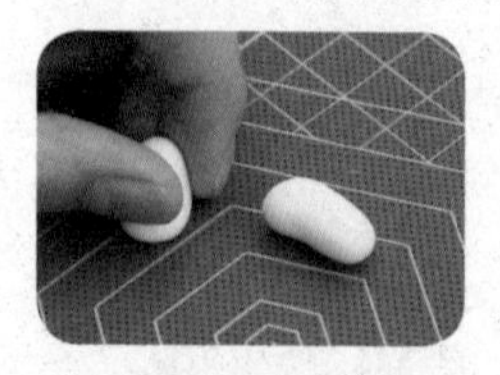
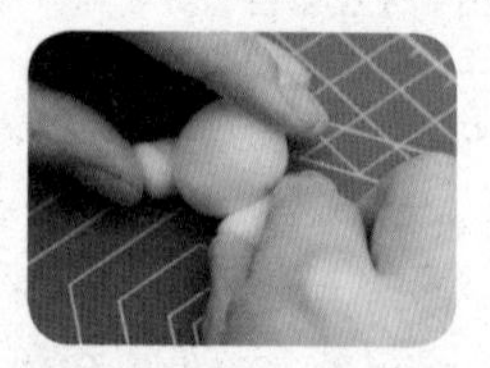
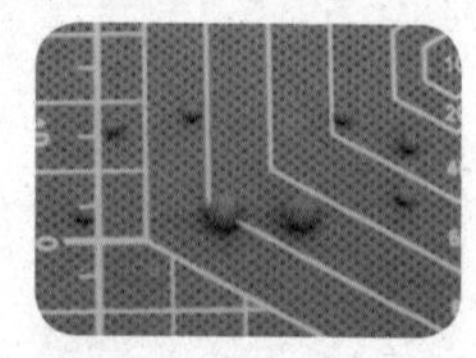

09 用第一步中混合好的黏土捏出一个大水滴形和两个较小的椭圆形。用大水滴形黏土作为小熊的身子，把两块椭圆形黏土的一端捏出弧度作为小熊的腿。把小熊的腿粘在身子两侧，并保持坐姿。用棕色黏土揉 6 个小球体和两个大球体，把它们用刻刀压扁，分别贴在脚心处作为小熊的脚垫。

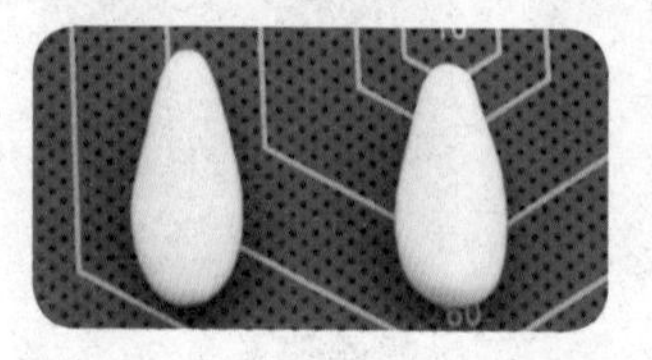

10 用第一步中混合好的黏土捏两个稍大一些的、圆润的水滴形作为胳膊，然后粘在小熊身子两侧。

展示一下

11 把之前制作的爱心形黏土加上去，让小熊的两只手抱住爱心形黏土。

12 给小熊的身子加上制作好的头部。

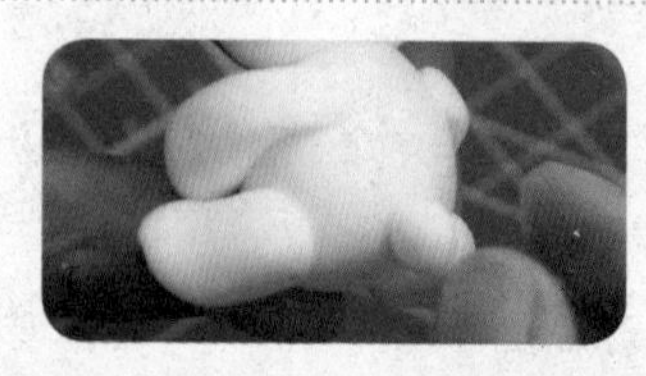

13 最后用第一步中混合好的黏土揉一个小球体，作为小熊的尾巴，把尾巴粘在小熊身子上的适当位置。

完成

第三章

禽鸟类动物制作

准备好工具和黏土了吗？

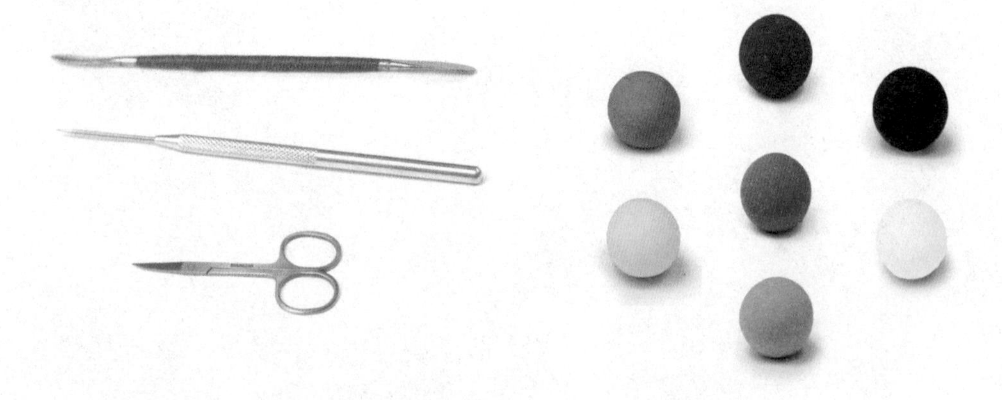

所需工具和黏土

母鸡和小鸡

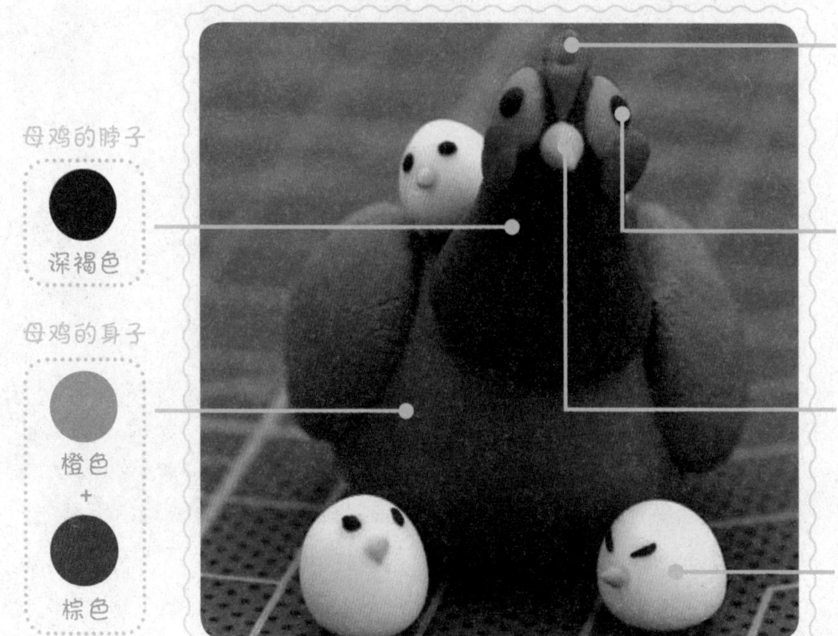

母鸡的鸡冠

橘色

母鸡的眼睛

黑色

母鸡的嘴巴

粉红色

米黄色

小鸡的身子

现在就大显身手吧！ 

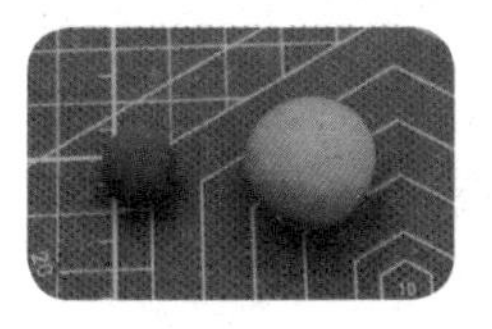
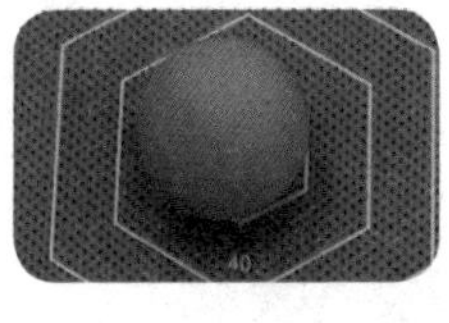

01 揉一块稍大的橙色球体黏土，和一块较小的棕色球体黏土，将两种颜色的黏土混合在一起。

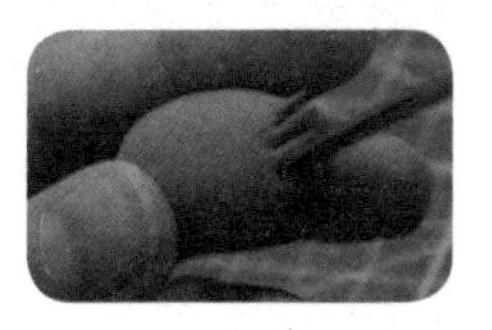

02 取一部分混合好的黏土揉成椭圆形，作为母鸡的身子。在身子上捏出一个向上扬的小尖，然后用剪刀剪出母鸡的尾羽。

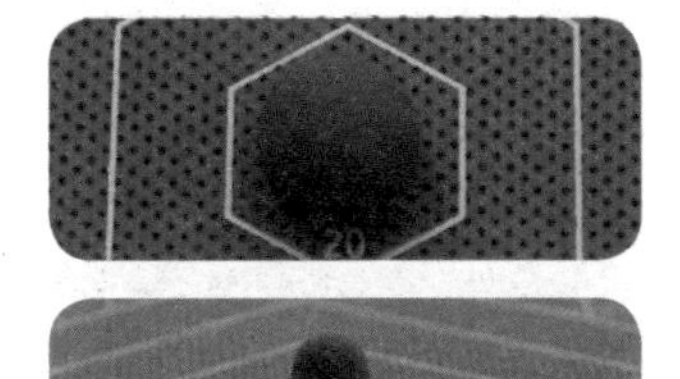
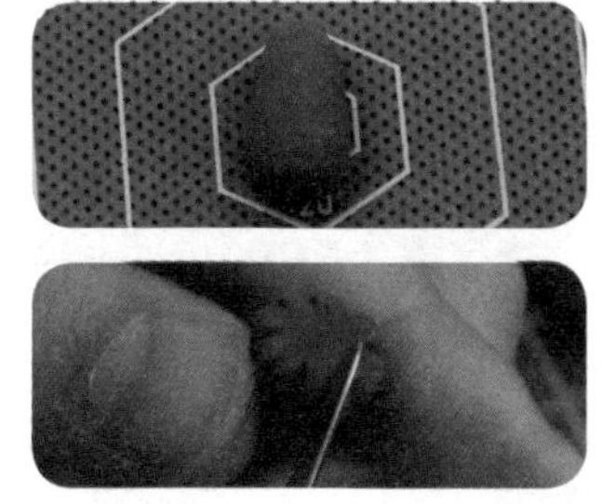

03 将一块深褐色黏土揉成球体，再捏成上窄下宽的椭圆形，作为母鸡的头部。把较宽的那一头在桌面压平，再用大勺型抹刀在底部平面的边缘压出一圈凹陷。

04 把母鸡的头部粘在之前做好的母鸡的身子上。

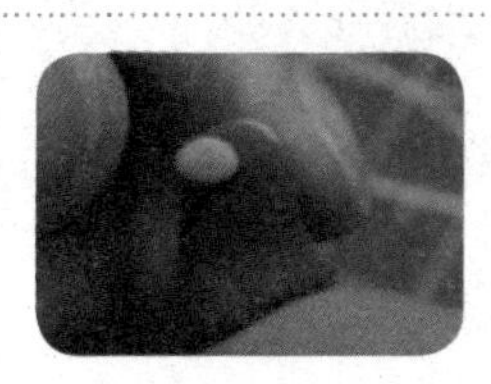

05 取一块橙色黏土，用手揉成两个椭圆形并粘在母鸡头部两侧，作为母鸡的眼眶。

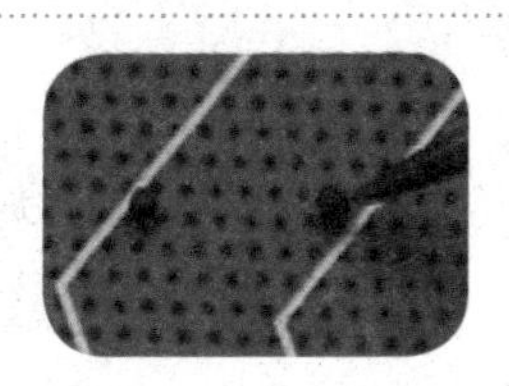
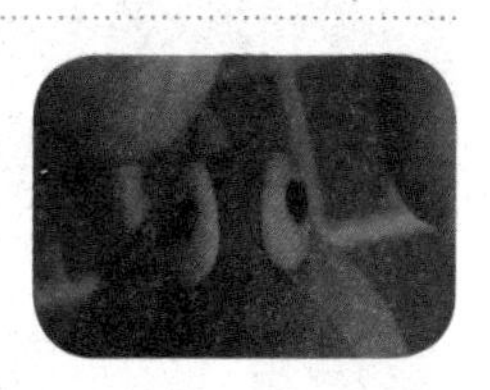

06 取一块黑色黏土，用手揉成两个小球体，作为母鸡的眼珠，用造型针把它们粘在母鸡的眼眶上。

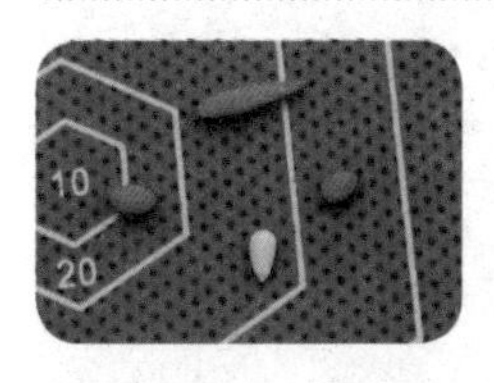

07 用橘色黏土搓出一个小小的长水滴形作为鸡冠，用粉红色黏土搓出一个小水滴形作为嘴，再用橘色黏土搓出两个小椭圆形。将两块小椭圆形黏土压扁后粘在母鸡脸颊的两侧，把鸡冠粘在母鸡的头顶并捏出凸起，最后把嘴粘在两眼之间。

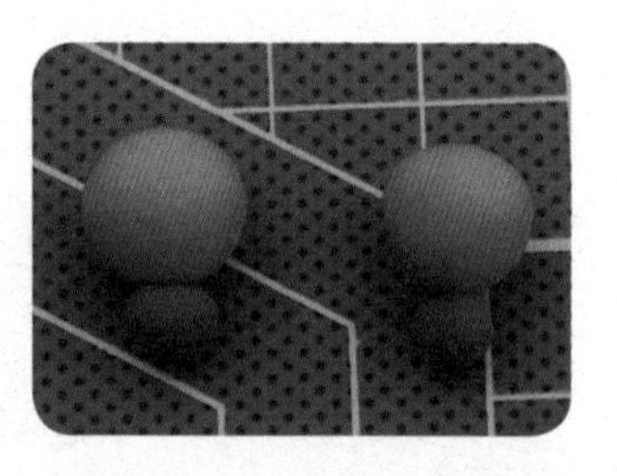

08 用大勺型抹刀给鸡冠压出一些凹陷，使鸡冠从侧面看呈波浪形。

展示一下

09 取部分混合黏土揉成两个球体，并分别和一块棕色小球体黏土粘在一起。

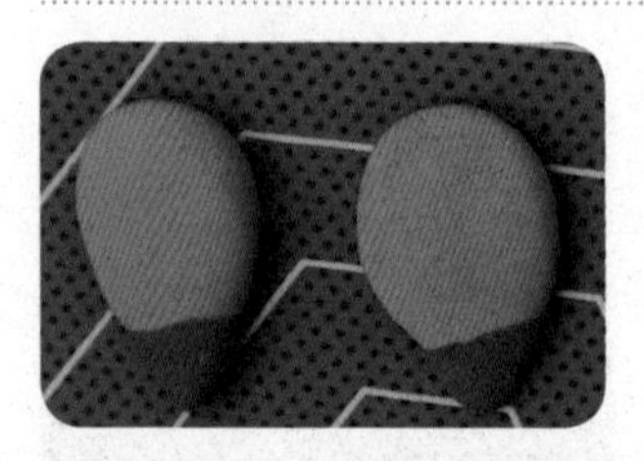

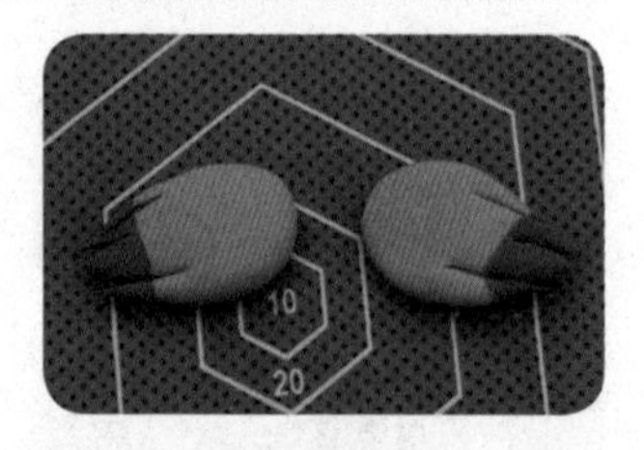

10 将两对粘在一起的球体黏土压扁，注意让颜色分布均匀。将它们捏成扁的水滴形，作为母鸡的翅膀，接着用剪刀剪出翅膀的分叉。

11 把翅膀粘在母鸡身子的两侧。

展示一下

12 用黄色、黑色和粉色黏土做出几只小鸡放在母鸡身旁和背上。

完成

展示一下

准备好工具和黏土了吗？

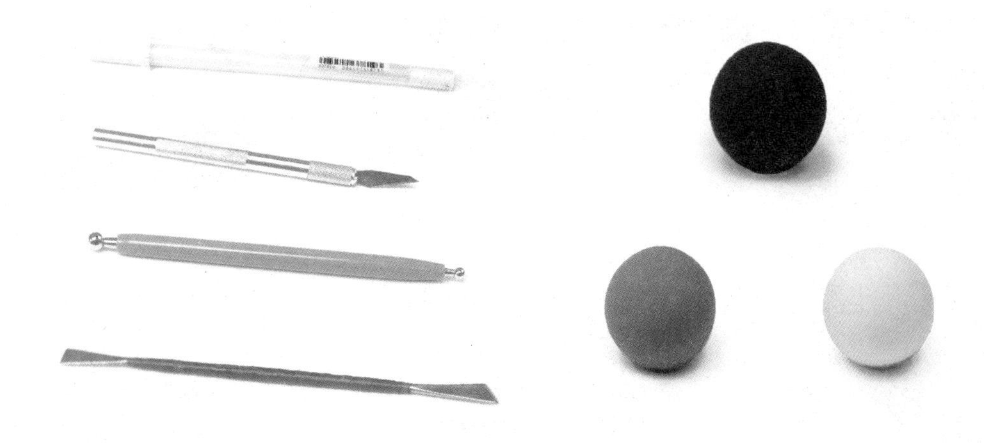

所需工具和黏土

鸭子

现在就大显身手吧！

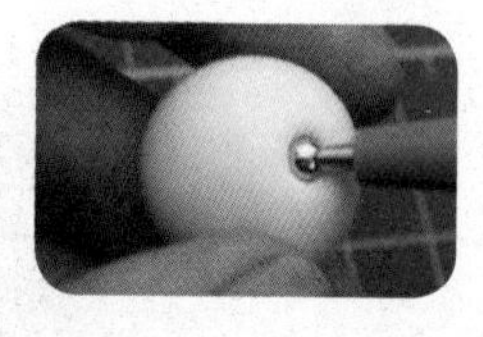

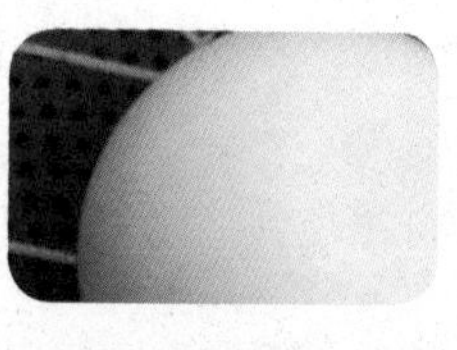

展示一下

01 用黄色黏土捏一个小球体作为鸭子的头部，使用不锈钢丸棒压出眼窝的轮廓。

02 揉两块黑色小球体黏土作为眼睛并把它们贴在眼窝的轮廓上。

03 捏一块黄色椭圆形黏土作为鸭子的身子，适当压扁鸭子的身子，用手在屁股位置捏出鸭子的尾巴。

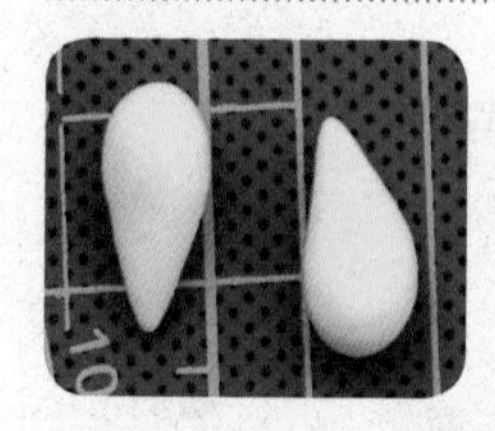

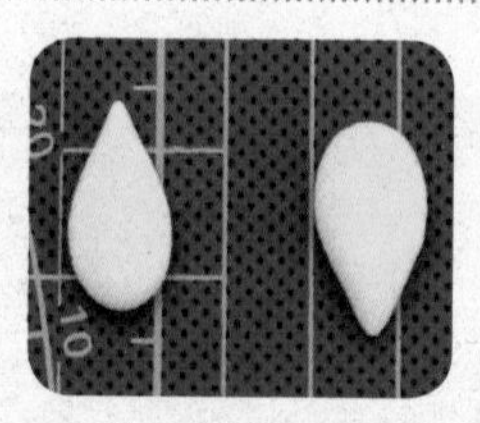

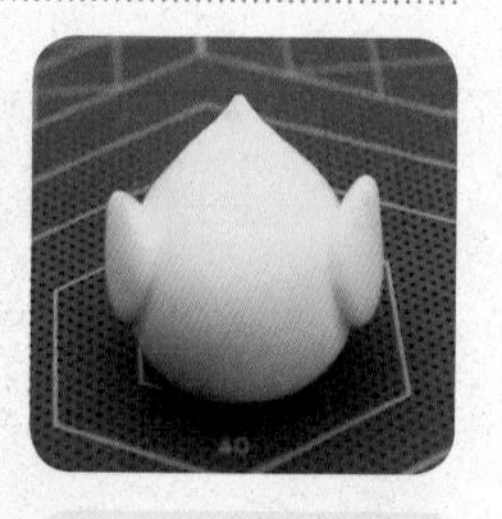

展示一下

04 揉两块黄色水滴形黏土作为鸭子的翅膀，将一对翅膀压平且保持一定的厚度，把它们贴在鸭子身子的两侧。

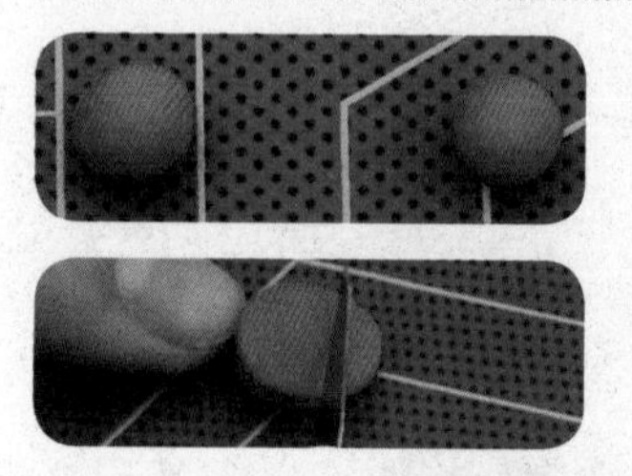

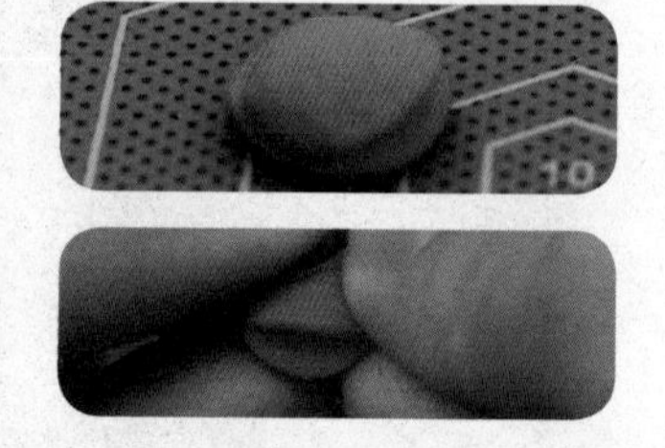

05 揉两块大小不一的橘色小球体黏土并压扁，注意压扁后黏土的大小不一样。大的黏土作为下嘴唇，小的黏土作为上嘴唇，上嘴唇叠在下嘴唇上面，用刻刀切除多余的部分并捏出嘴的弧度。

展示一下

06 在双眼的下方贴上鸭子的嘴，用手进一步调整鸭子的嘴型并用大铲型抹刀压实嘴与头部的接缝处。

07 把鸭子的头部与身子粘在一起。

08 用高光笔给鸭子的眼睛点上高光。

完成

展示一下

换个角度看看

准备好工具和黏土了吗？

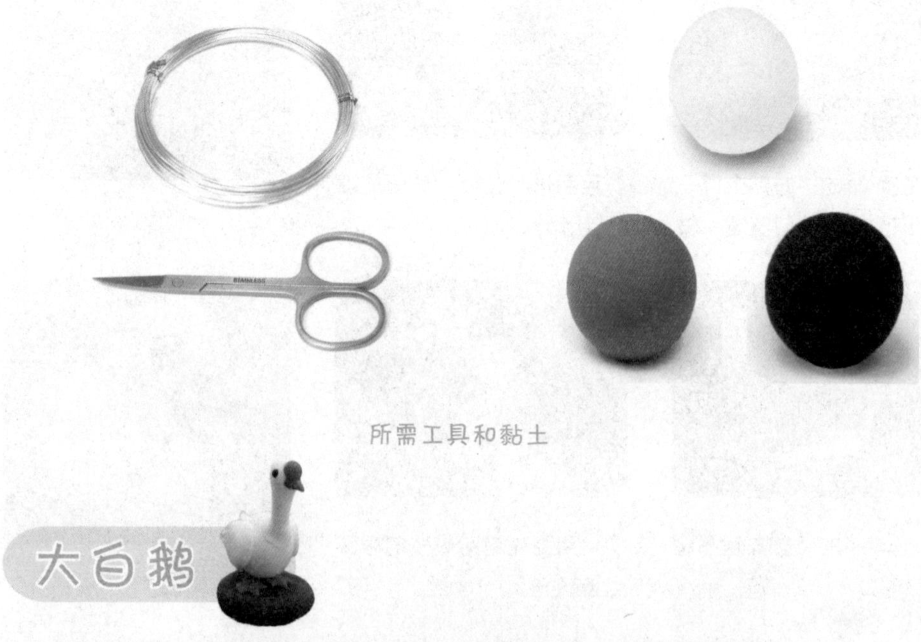

所需工具和黏土

大白鹅

现在就大显身手吧！

01 用白色黏土揉一个球体作为大白鹅的身子，用手捏出大白鹅的尾巴，并用剪刀剪出大白鹅的尾羽。

02 揉两块白色水滴形黏土并压扁，作为大白鹅的翅膀，用剪刀剪出翅膀羽毛的分叉。

展示一下

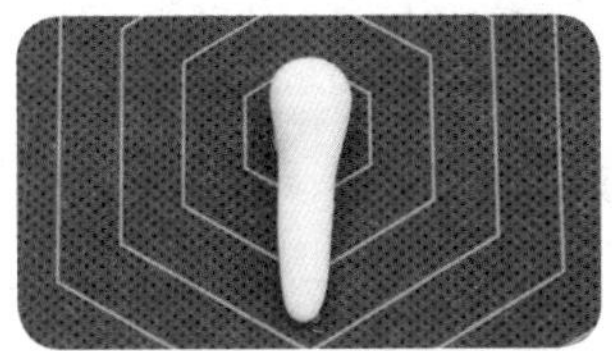

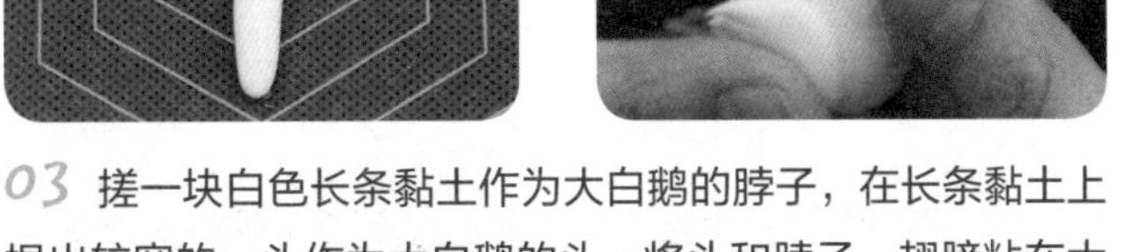

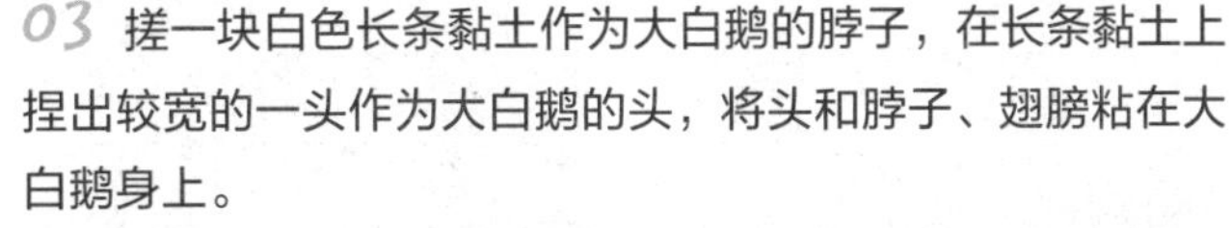

03 搓一块白色长条黏土作为大白鹅的脖子，在长条黏土上捏出较宽的一头作为大白鹅的头，将头和脖子、翅膀粘在大白鹅身上。

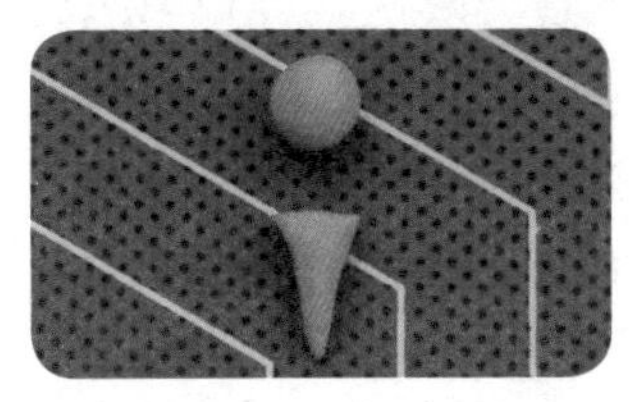

04 用橘色黏土揉一个球体和一个倒三角圆锥，粘在大白鹅头上。

05 揉两块黑色小球体黏土作为大白鹅的眼睛，并粘在大白鹅头部的两侧。

展示一下

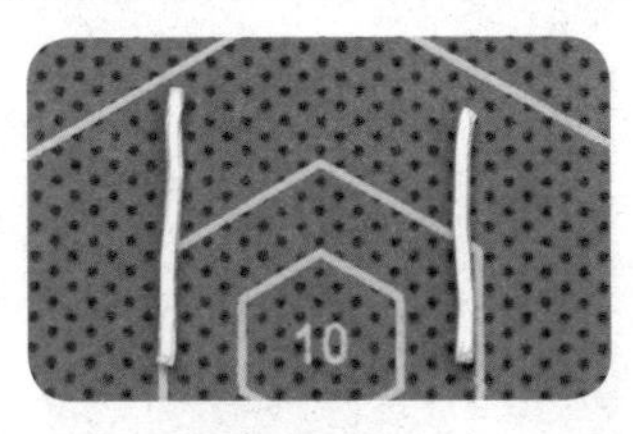

06 准备好两根铝丝，用橘色黏土包裹住铝丝，作为大白鹅的腿。

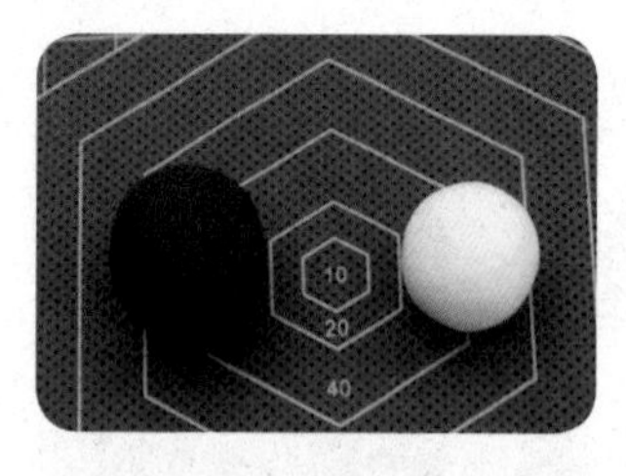

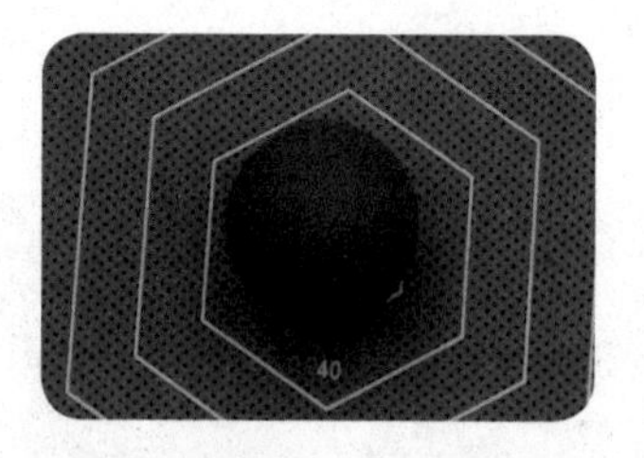

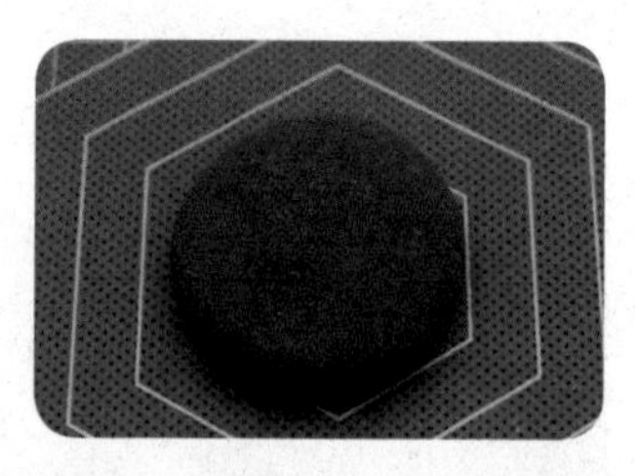

07 揉一块黑色球体黏土和一块白色球体黏土，将两种黏土混合在一起并压扁，作为底座。

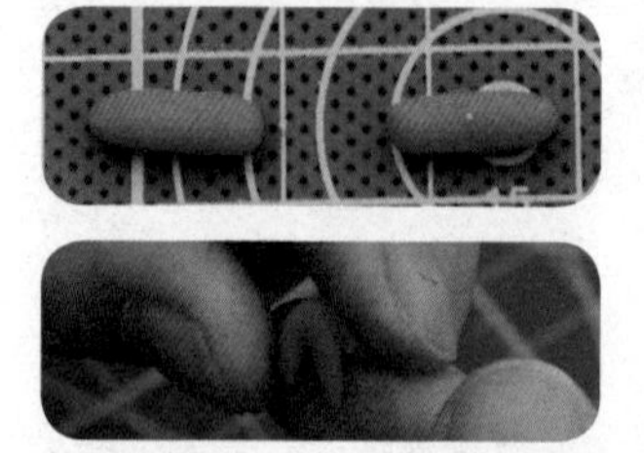
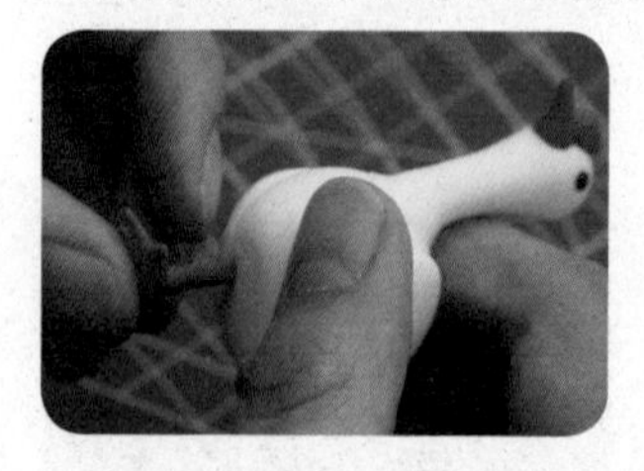
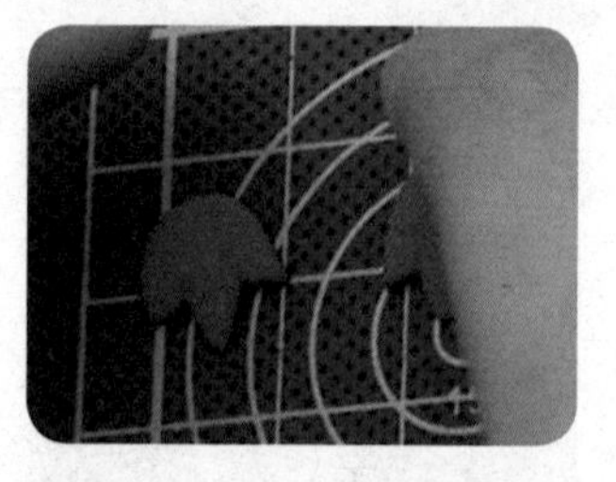

08 捏两块橙色长条黏土，分别将它们分成 3 份。取 3 份黏土粘在一起后捏出脚掌的形状并压扁，用同样的方法做出大白鹅的另一只脚掌。

09 将之前做好的大白鹅的腿插进大白鹅的脚掌中，并确保腿部与脚掌之间的稳定性。

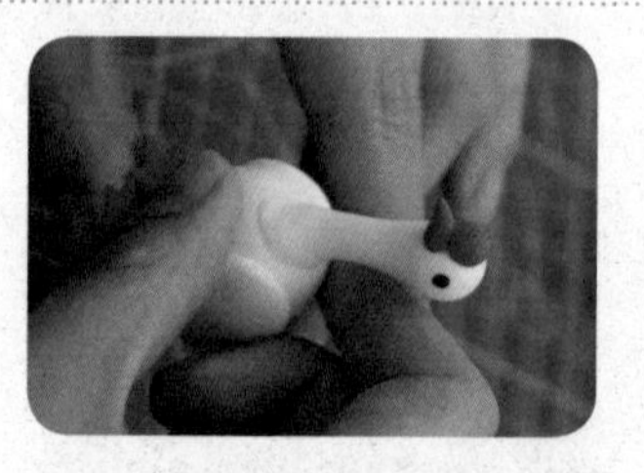

10 将大白鹅的腿与身子粘在一起。

11 确保大白鹅可以站立后，将大鹅的脚掌固定在做好的底座上，并调整底座的平稳性。

完成

展示一下

准备好工具和黏土了吗？

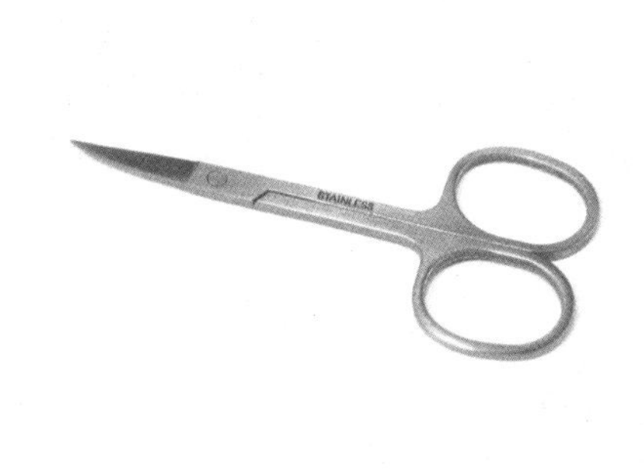

所需工具和黏土

天鹅

黑色

天鹅的眼睛

天鹅的嘴

橘色

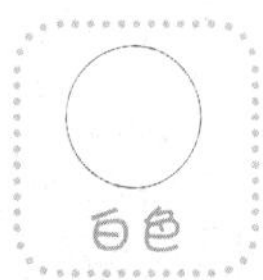

白色

天鹅的身子

现在就大显身手吧！

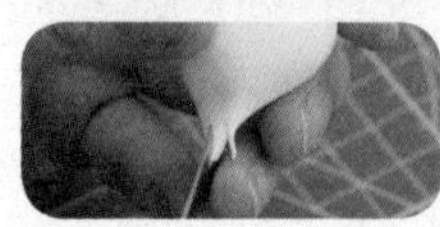

01 捏一块白色椭圆形黏土作为天鹅的身子，用手捏出天鹅的尾巴，并用剪刀剪出有羽毛质感的纹理。

展示一下

02 用白色黏土揉两个大小相等的水滴形并压扁，作为天鹅的翅膀，用剪刀剪出有羽毛质感的纹理。

03 搓一块一边宽一边窄的白色长条黏土，将黏土较宽的一头弯曲作为头，其余部分作为脖子，将头和脖子粘在天鹅的身子上并调整脖子的弯度。

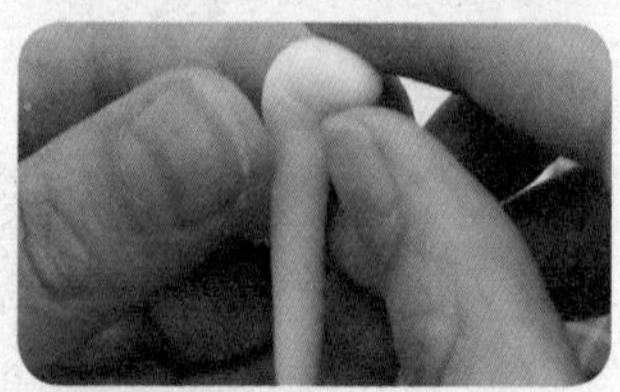

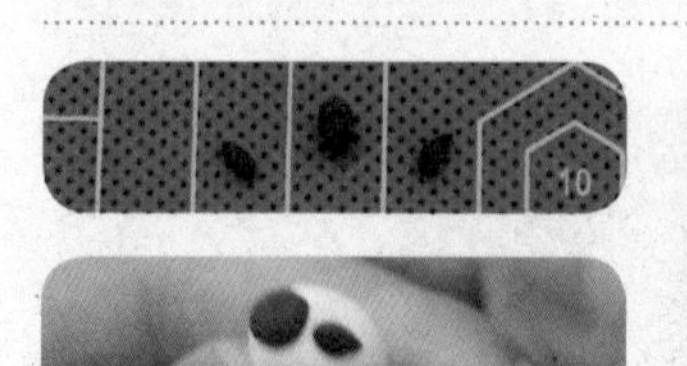
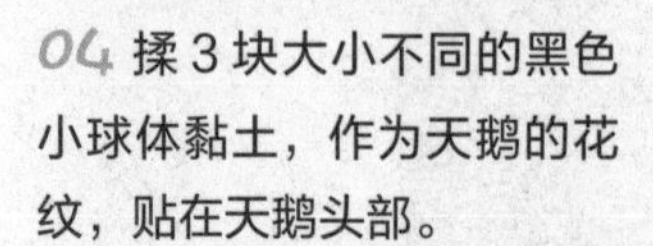

04 揉 3 块大小不同的黑色小球体黏土，作为天鹅的花纹，贴在天鹅头部。

05 在天鹅的花纹附近加上用黑色黏土做的小眼睛。

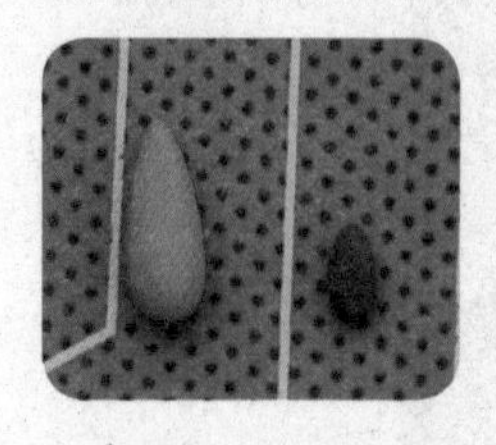
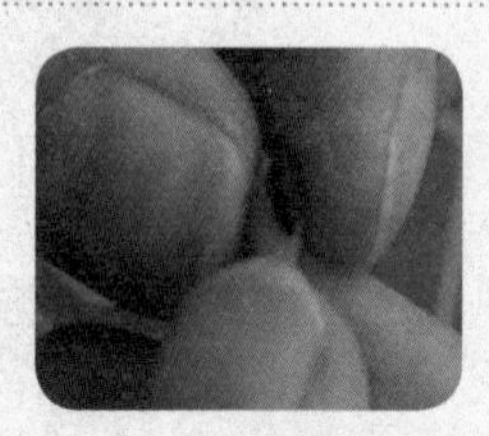

06 揉一块橘色水滴形黏土和一块较小的黑色椭圆形黏土，按照黑色黏土在上，橘色黏土在下的顺序粘好，并贴在天鹅的嘴的位置。

完成

准备好工具和黏土了吗？

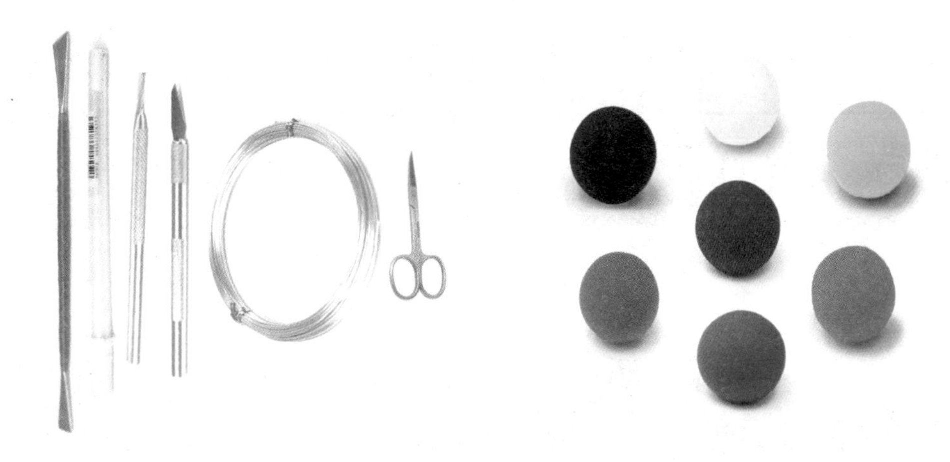

所需工具和黏土

文鸟

文鸟的嘴

红色

黑色

文鸟的头部

深褐色

底座的树干

嫩绿色

底座的草地

文鸟的花纹

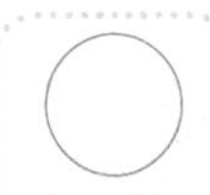

白色

深灰色

文鸟的身子

深褐色

+

灰绿色

文鸟的底部

现在就大显身手吧！

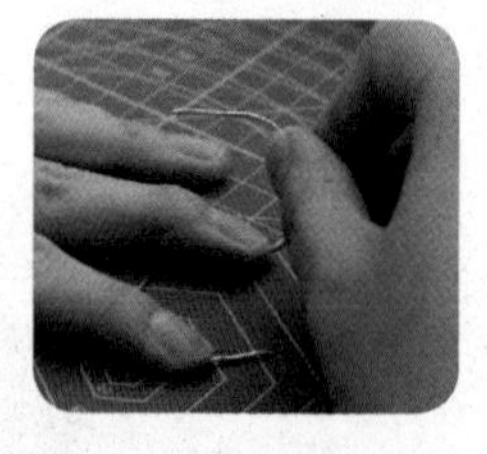
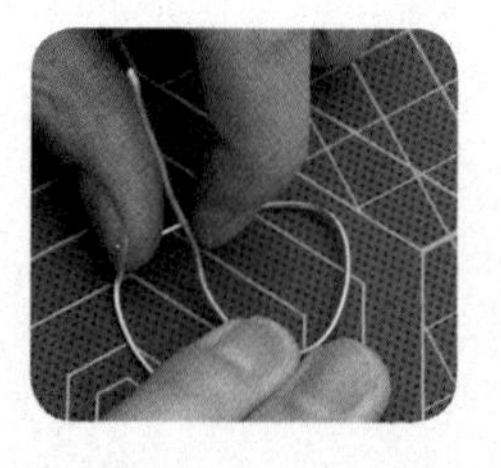

01 将铝丝用手弯曲成图中的样子用以固定底座。

展示一下

02 用嫩绿色黏土捏一个球体并压扁，将压扁的圆饼竖直向下贯穿整条铝丝，用手将上面多余的铝丝掰弯，然后使用七本针刮出草地的质感。

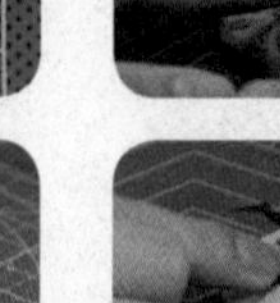

03 取一些深褐色黏土，按照铝丝的路径包裹出一棵小树，再加上树枝以及贴在草地上的树根。

展示一下

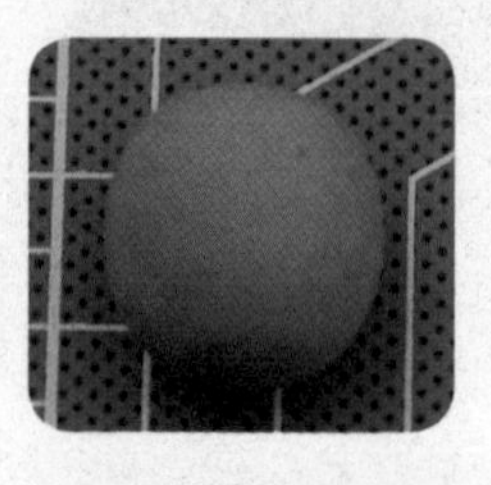

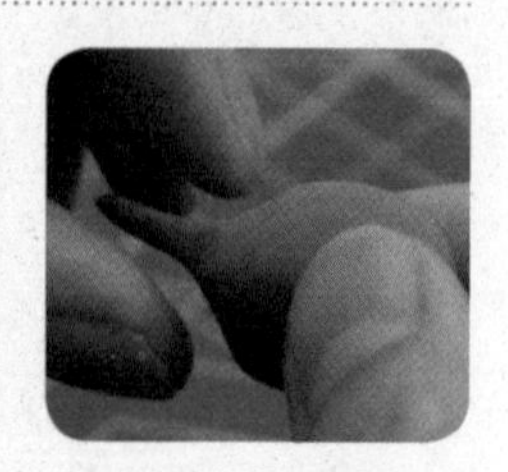

04 用嫩绿色黏土做出装饰用的树叶，并粘在树上。

05 取一块深灰色黏土，揉出一个椭圆形作为文鸟的身子，接着在身子的一端捏出文鸟的尾巴。

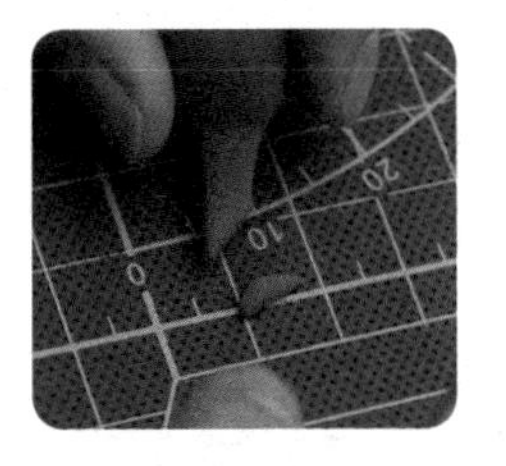

06 用刻刀在尾尖处裁去一小段。

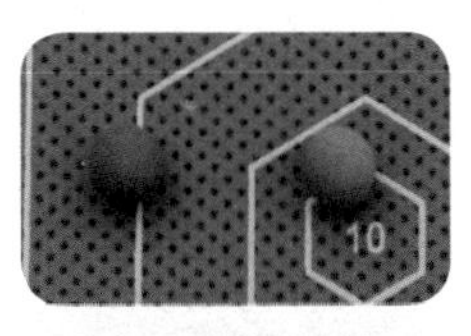

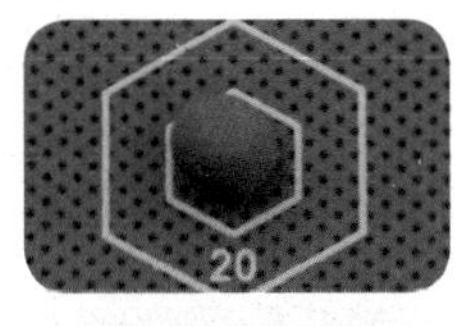

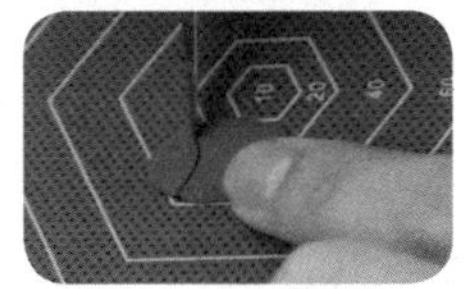

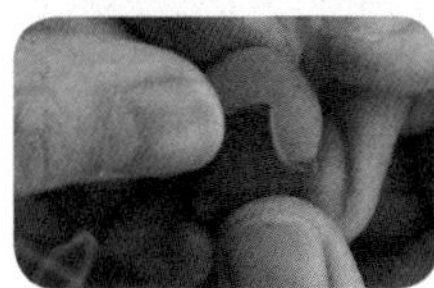

07 把一些深褐色黏土与灰绿色黏土混合在一起，揉成椭圆形后捏扁。用刻刀在扁片黏土上裁出一块弧形缺口后将其粘在身子底部。

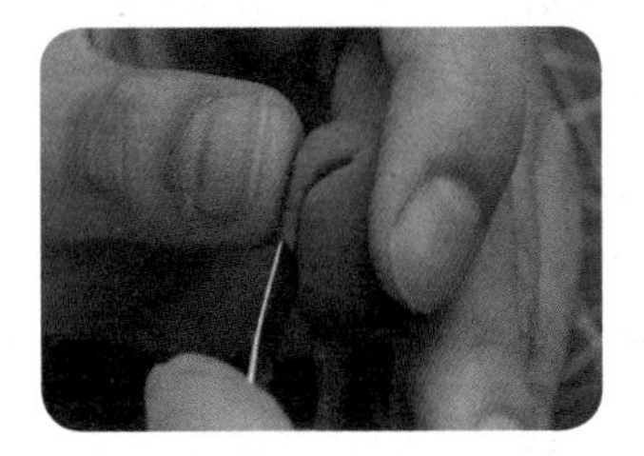

08 用大铲型抹刀在文鸟的身子上划出翅膀的大概位置。

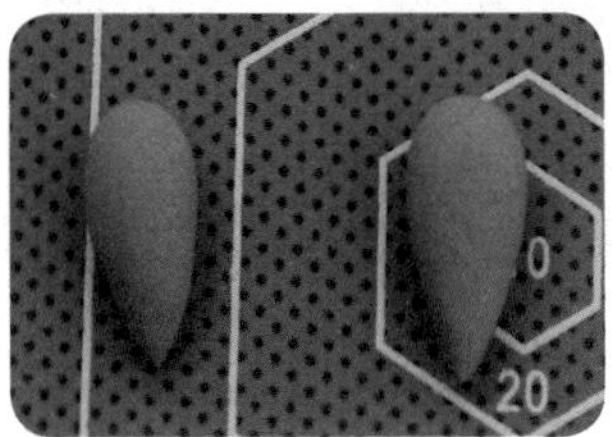

09 取一块深灰色黏土，用手揉成两个水滴形并压扁，作为文鸟的两只翅膀。

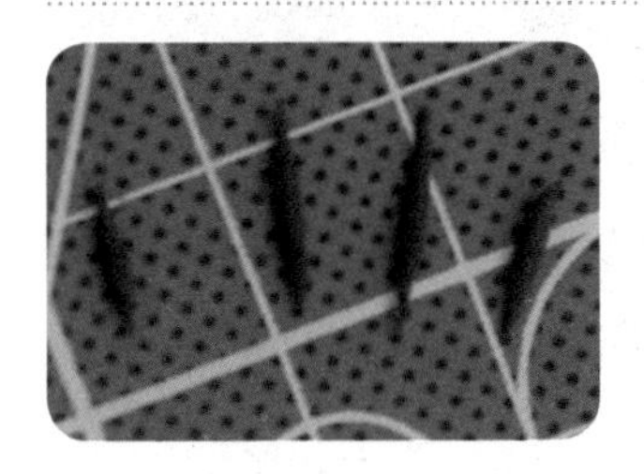

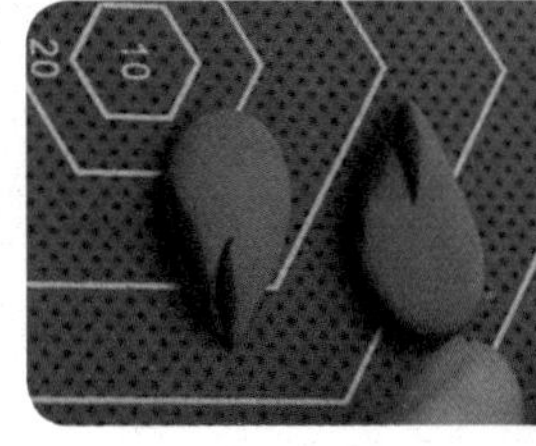

10 取一块黑色黏土，搓出 4 个细长条作为花纹粘在翅膀上。

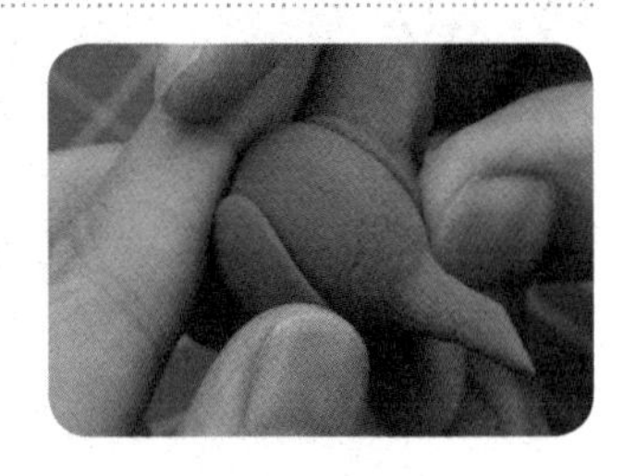

11 给文鸟的身子加上两只翅膀。

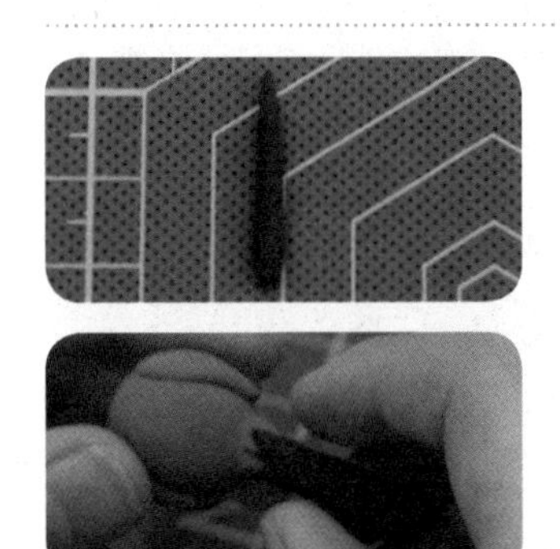

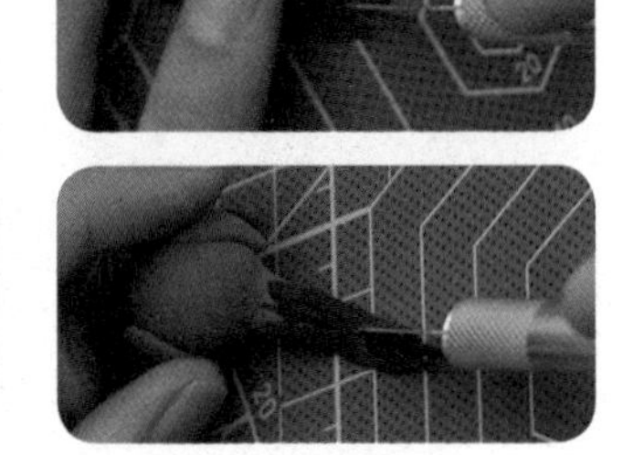

12 搓一块黑色长条黏土并压扁作为文鸟的尾羽，用刻刀在黏土的一端裁出三角形缺口。将尾羽粘在文鸟的尾巴上，用刻刀在尾尖处修剪出分叉，再用刻刀加深尾羽上的纹理。

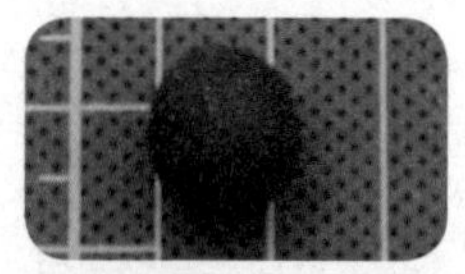
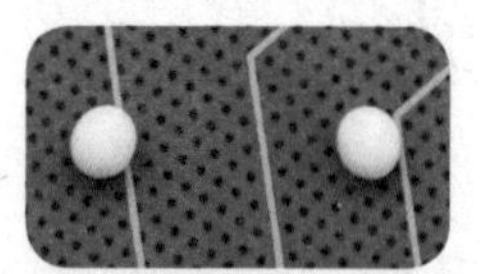
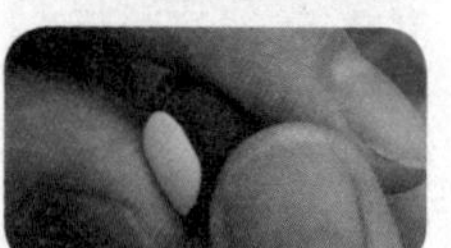

13 揉一块黑色球体黏土和两块白色球体黏土，把白色球体黏土贴在黑色球体黏土两侧，作为文鸟的头部。

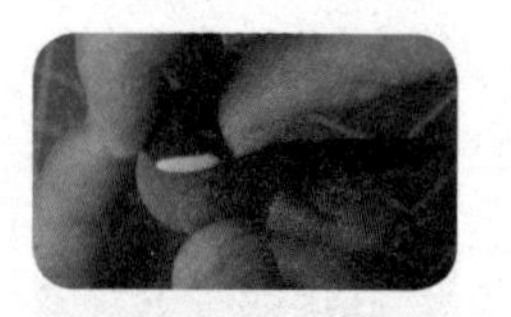

14 把文鸟的头部贴在身子上靠近前方的位置。

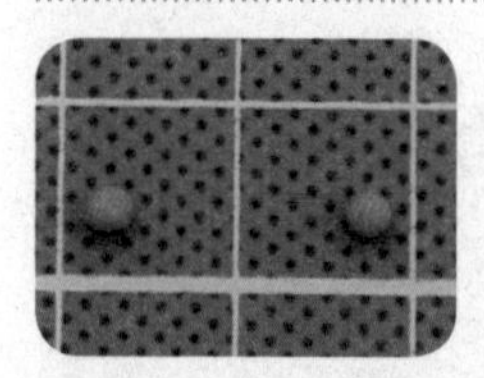
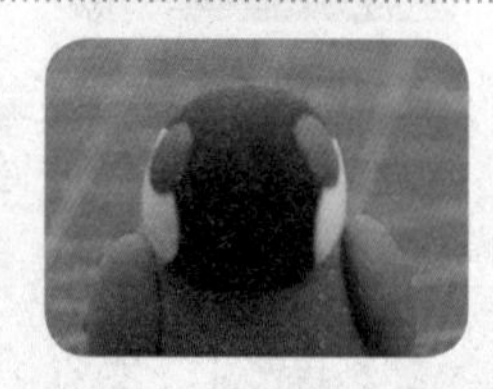

15 揉两块红色球体黏土和两块稍小的黑色球体黏土，把红色黏土贴在头部两侧，把黑色黏土贴在红色黏土上面。

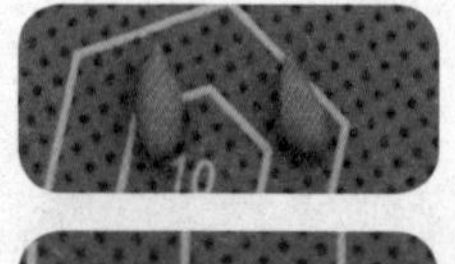
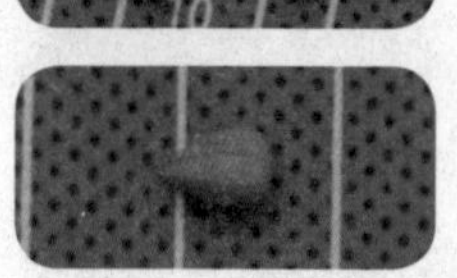

16 揉两块红色水滴形黏土并上下重合粘在一起，作为文鸟的嘴。

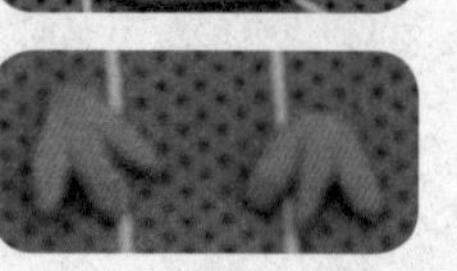

17 搓两块红色长条黏土，把每块长条黏土都裁成3份。分别将3份黏土的一端粘一起，做出两只爪子，将两只爪子粘在身子底部。

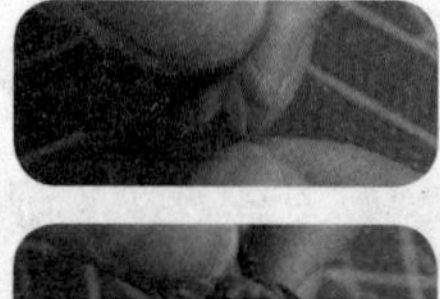
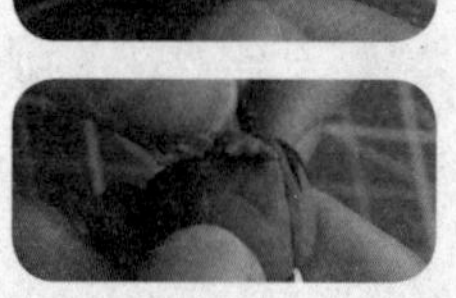

18 将文鸟的嘴粘在头上，并用高光笔给文鸟的眼睛点上高光。

19 把文鸟放在底座上，并调整爪子的弧度。

完成

展示一下

准备好工具和黏土了吗？

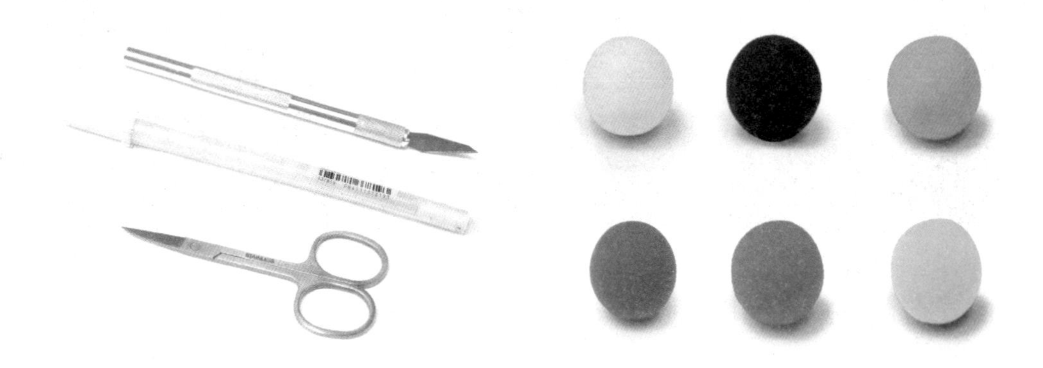

所需工具和黏土

鹦鹉

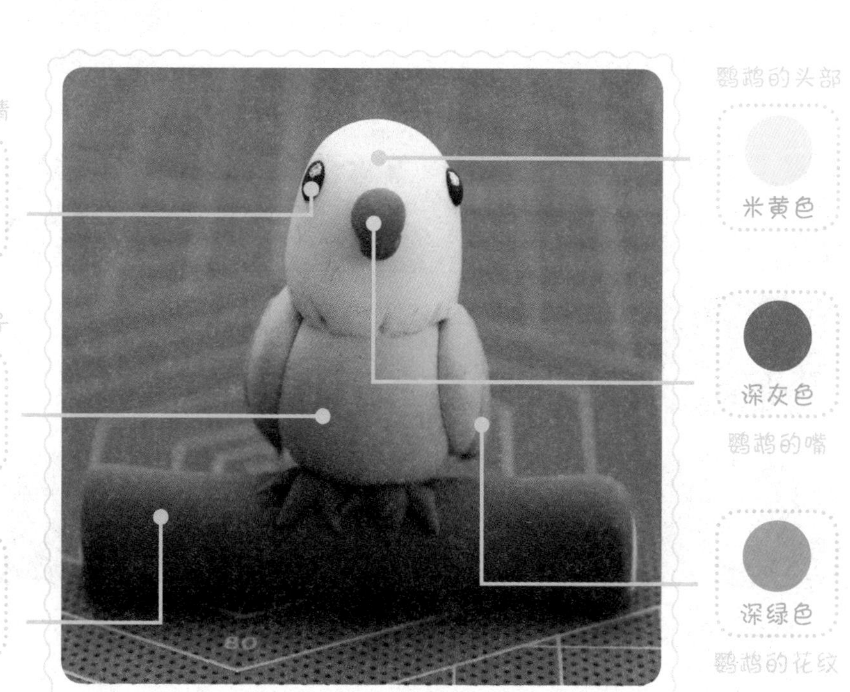

现在就大显身手吧！

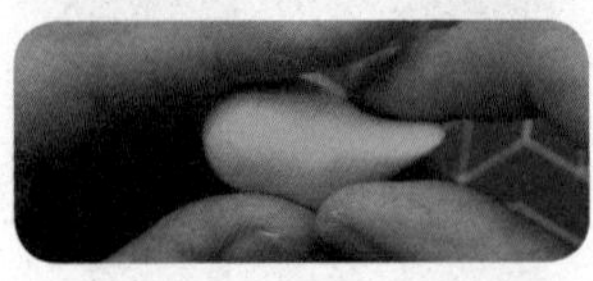

01 揉一块嫩绿色球体黏土作为鹦鹉的身子，并用手捏出尾巴的形状。

02 揉两块嫩绿色水滴形黏土并压扁作为鹦鹉的翅膀，再搓 6 块深绿色细长条黏土粘在翅膀上。

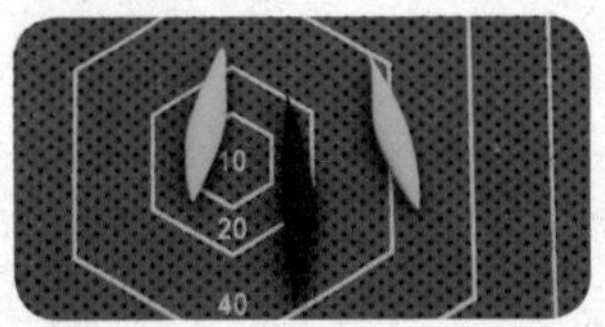

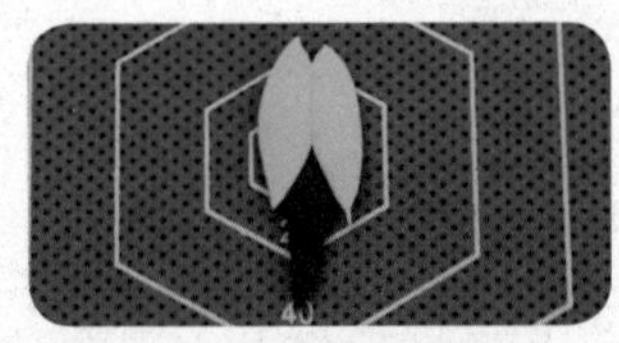

03 取一块深绿色黏土和一块黑色黏土，分别用手搓成两个较短的绿色菱形和一个较长的黑色菱形，把它们全部压扁后粘在一起，作为鹦鹉的尾巴。

04 用嫩绿色黏土捏一个球体作为鹦鹉的身子，并在鹦鹉身子的两侧加上做好的翅膀。

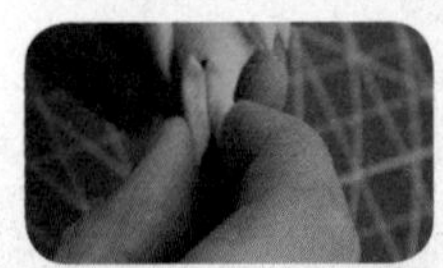

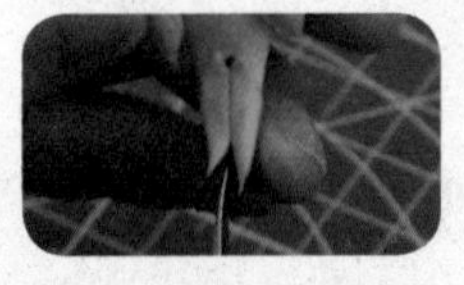

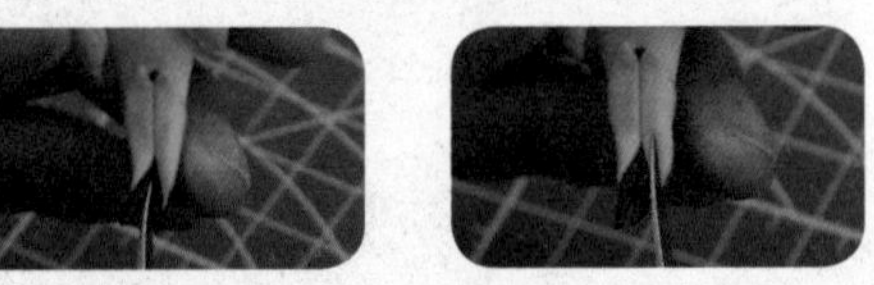

05 把鹦鹉的尾巴粘在身子上，用剪刀剪掉尾尖处的一小部分，再给鹦鹉的尾巴剪出羽毛分叉的效果。

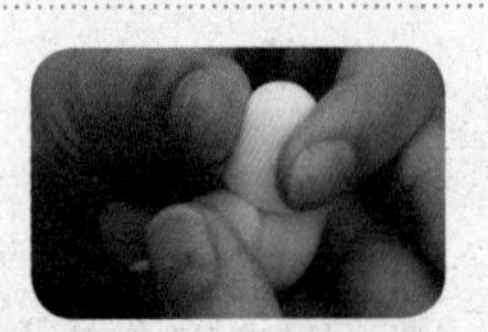

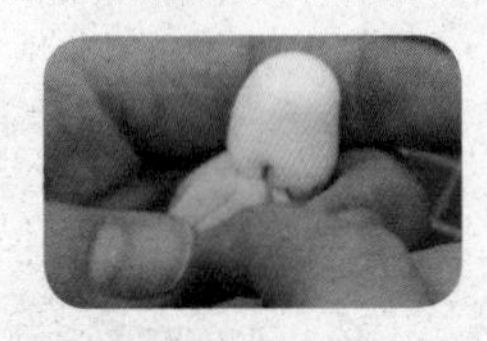

06 用米黄色黏土捏一个球体作为鹦鹉的头部，粘在身子上并调整成椭圆形。使用刻刀在脖子上刻出少许羽毛纹理。

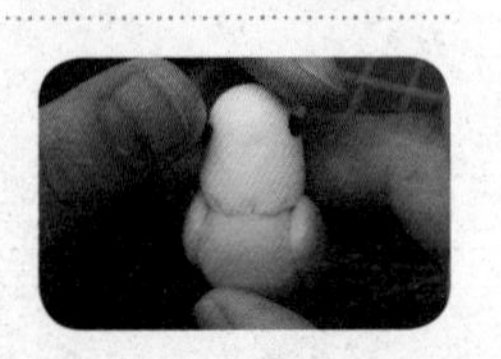

07 给鹦鹉加上两只用黑色黏土做成的小眼睛。

展示一下

08 用深灰色黏土揉两个水滴形，做成嘴的样子并粘在鹦鹉的脸上。

展示一下

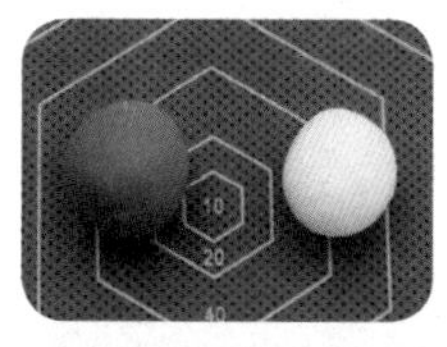

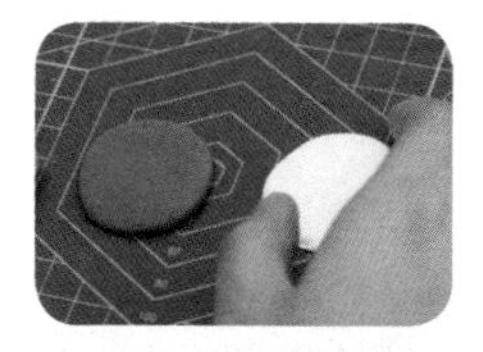

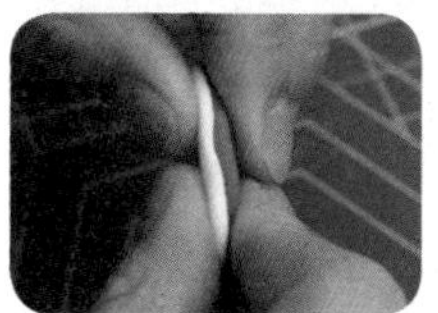

09 分别用灰绿色黏土和米黄色黏土揉出一个球体并压扁，将两片黏土叠在一起压实。

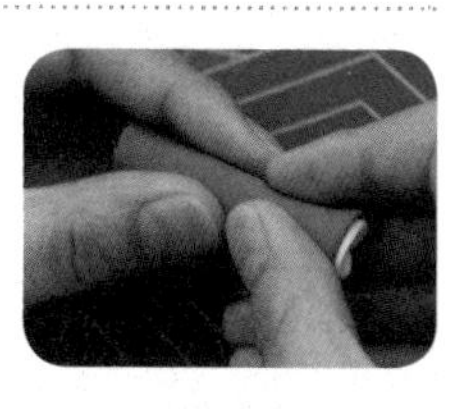

10 将黏土向里卷起，用灰绿色黏土包裹住米黄色黏土，作为鹦鹉的底座。

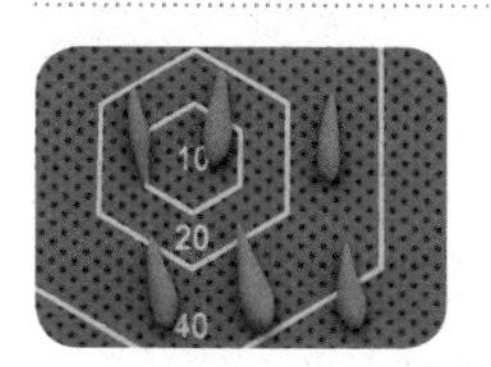

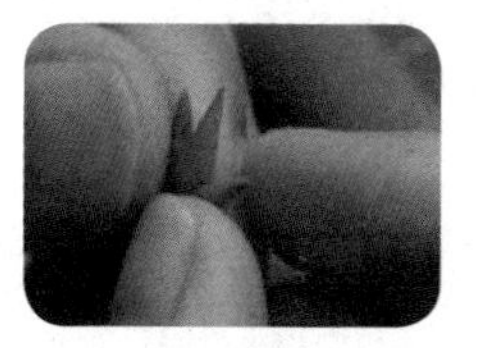

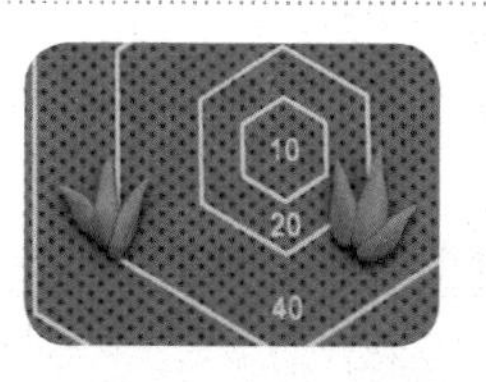

11 揉 6 块深灰色水滴形黏土作为鹦鹉的爪子，将 3 块水滴形黏土略宽的地方贴在一起，一只爪子就制作完成了，用同样的方法做出另一只爪子。

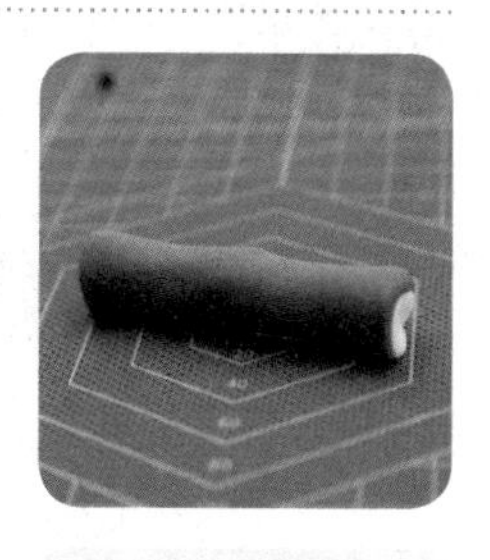

展示一下

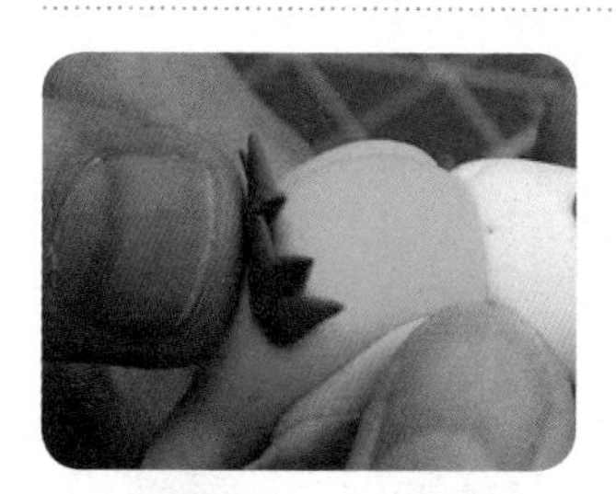

12 给鹦鹉的身子加上两只制作好的爪子。

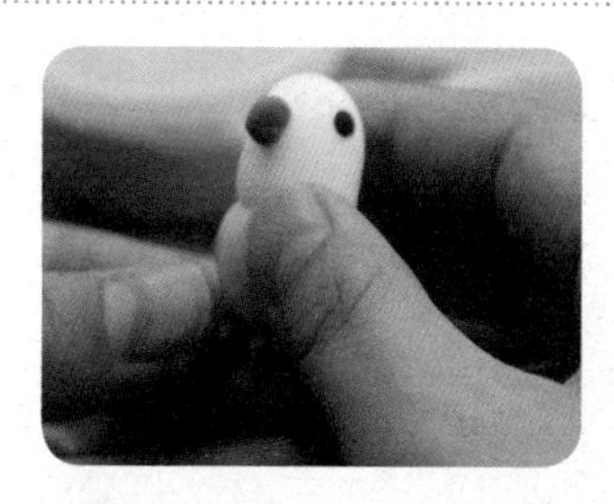

13 给鹦鹉加上之前做好的底座，并调整爪子的弯度。最后，用高光笔给鹦鹉的眼睛点上高光。

完成

准备好工具和黏土了吗？ 

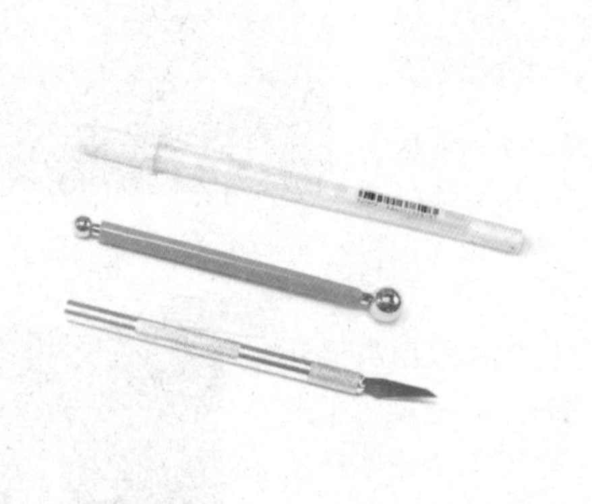

所需工具和黏土

猫头鹰 

现在就大显身手吧！

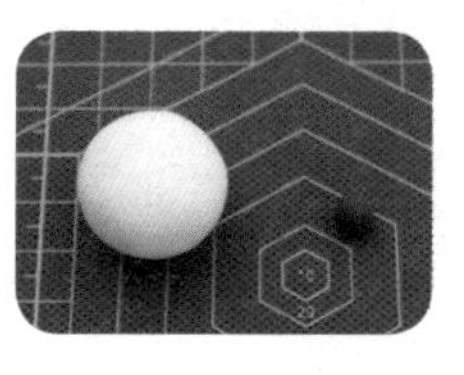

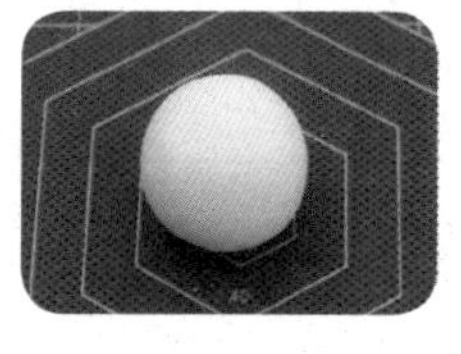

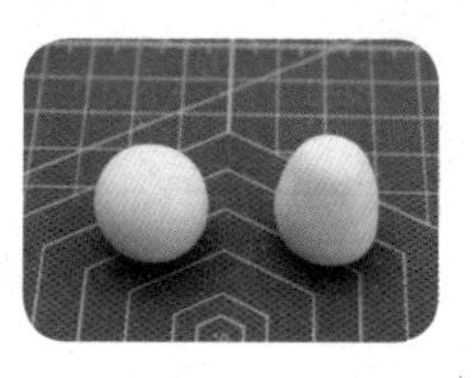

01 用白色黏土捏一个稍大的球体，用棕色黏土捏一个较小的球体，将两种颜色的黏土混合在一起。

02 将混合好的黏土分成一个球体和一个稍大的椭圆形，将球体黏土粘在椭圆形黏土上面，作为猫头鹰的头部和身子。

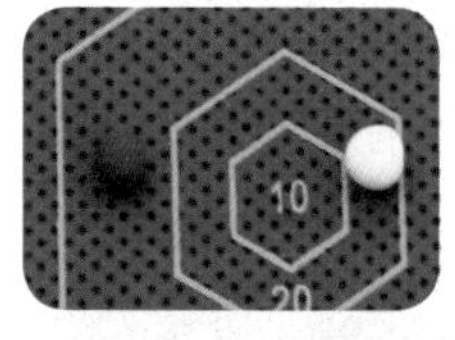

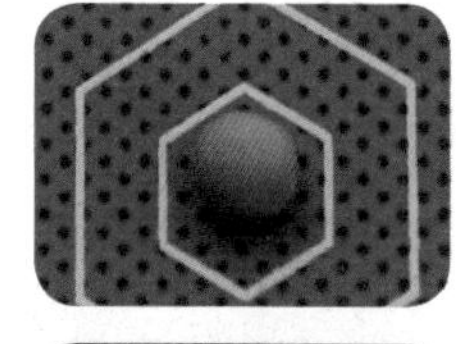

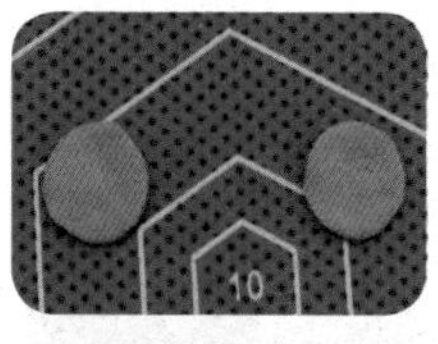

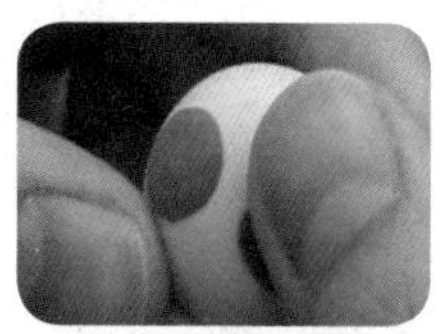

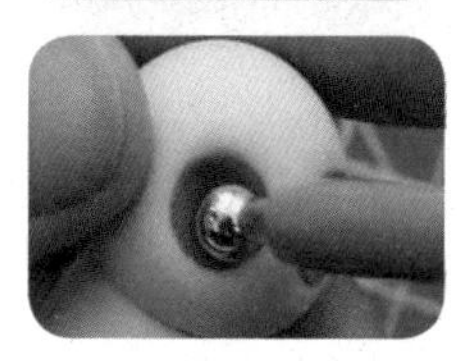

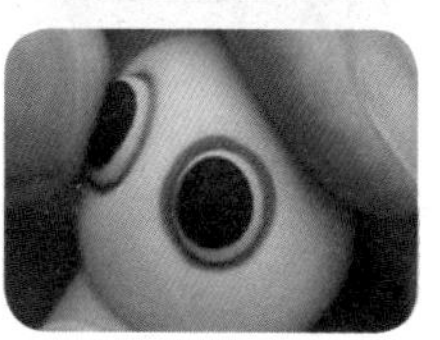

03 揉一块棕色球体黏土和一块白色球体黏土，将两种颜色的黏土混合在一起并压扁，将其贴在猫头鹰的脸上。用不锈钢丸棒做出眼窝，在眼窝位置加上被捏扁的金黄色黏土和黑色黏土。

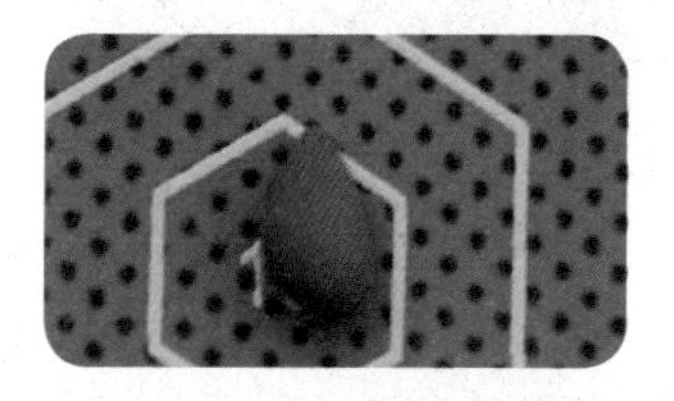

04 揉一块棕色水滴形黏土作为猫头鹰的嘴，将嘴贴在猫头鹰的脸上，适当调节猫头鹰的嘴的弯度。

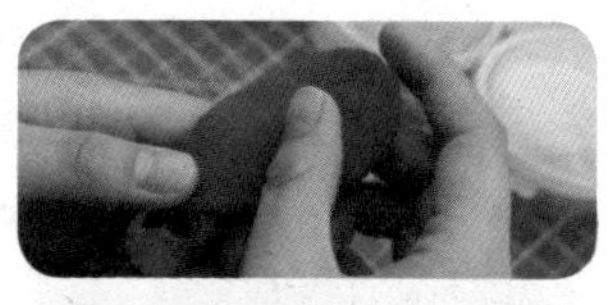

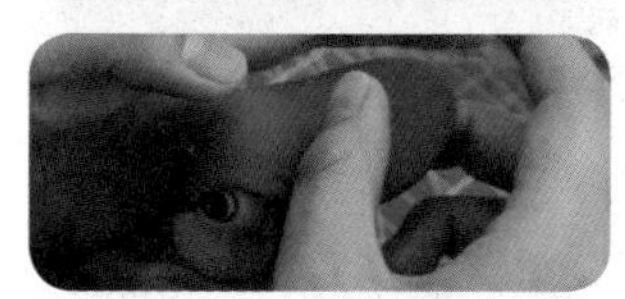

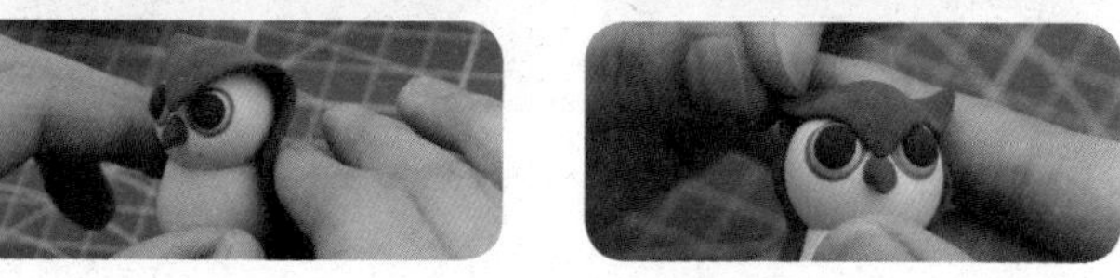

05 揉一块较大的深褐色水滴形黏土并压扁，把它沿着头顶到背后的路径披在猫头鹰的身上，压好扁片与身子的接缝处后，在扁片上面捏出两个小角。

06 用手给猫头鹰捏出可爱的小尾巴。

展示一下

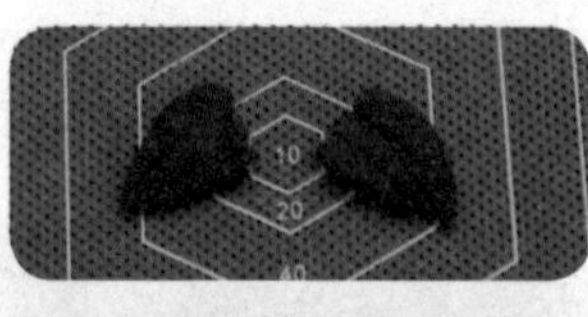

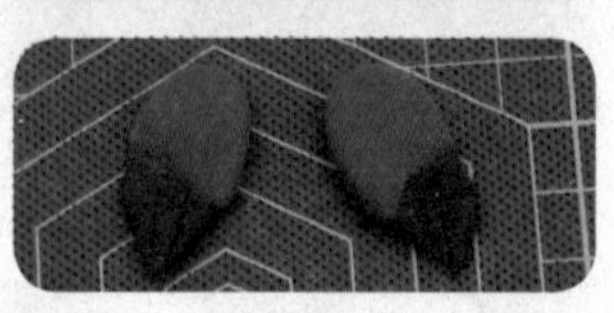

07 揉一块深褐色椭圆形黏土并压扁，使用刻刀把黏土从中间裁成两份。用黑色黏土做 6 个水滴形，按 3 个为一组粘在一起后使用刻刀裁去多余的部分。最后把压扁的黏土和水滴形黏土粘在一起，作为翅膀。

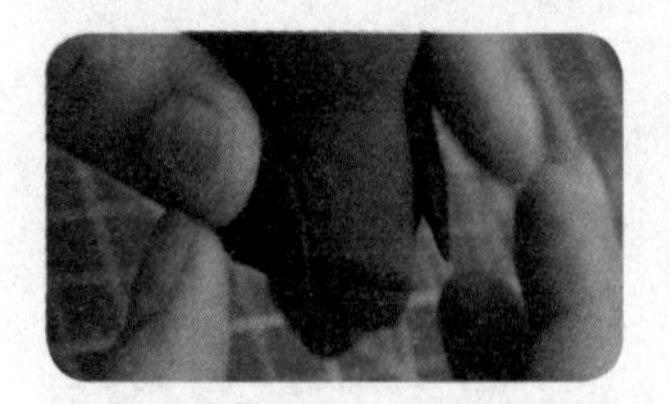

08 给猫头鹰身子的两侧加上两只翅膀。

09 搓多块棕色细条黏土，把它们弯曲后粘在猫头鹰的胸脯上。

展示一下

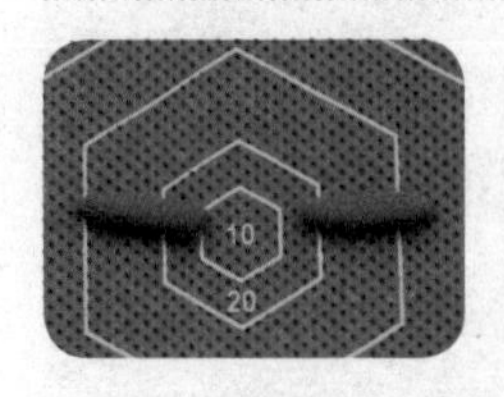

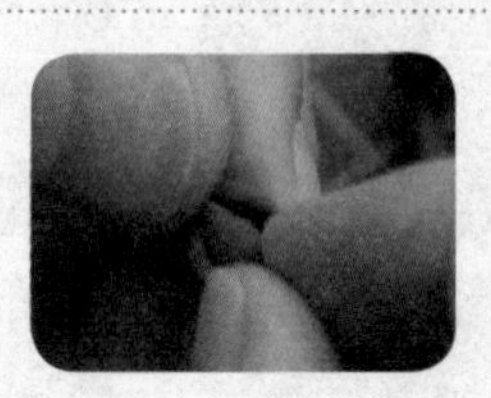

10 搓两块棕色长条黏土并分别将长条黏土切成 3 份，将 3 份黏土的其中一端贴合在一起，这样一只爪子就做好了，用同样的方法做出另一只爪子并粘在猫头鹰身子的底部。最后，用高光笔给猫头鹰的眼睛点上高光。

完成

准备好工具和黏土了吗？

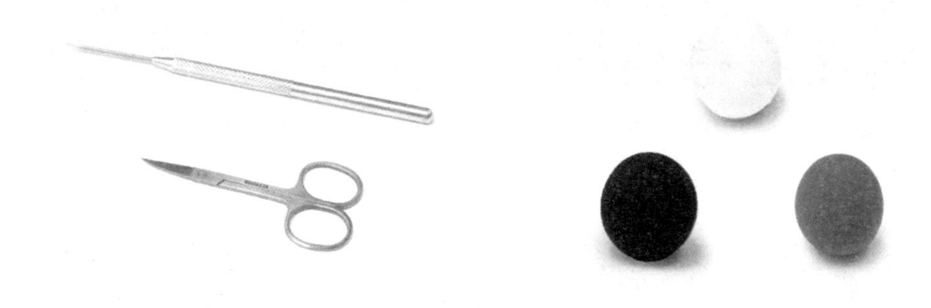

所需工具和黏土

现在就大显身手吧！

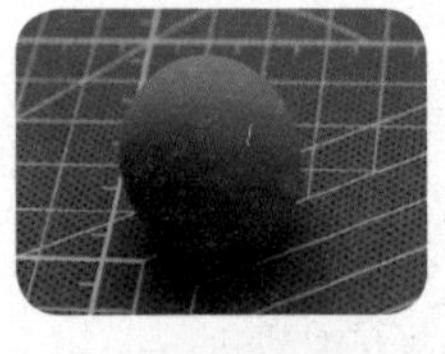

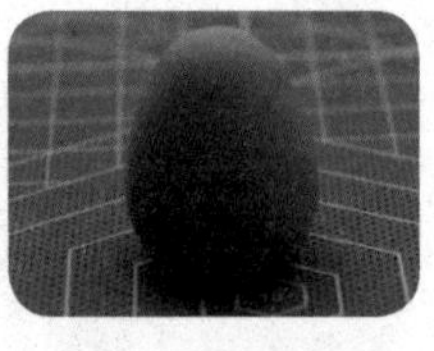

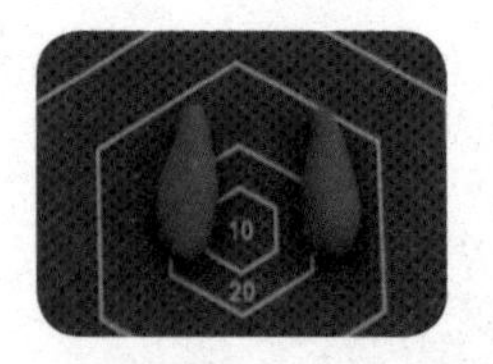

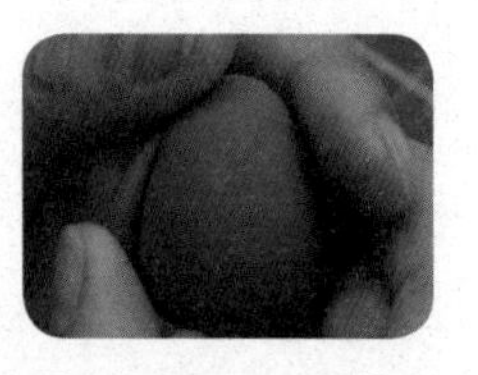

01 用深灰色黏土揉一个球体并捏成椭圆形，作为企鹅的身子。

02 揉两块深灰色水滴形黏土作为企鹅的翅膀，并粘在企鹅身子的两侧。

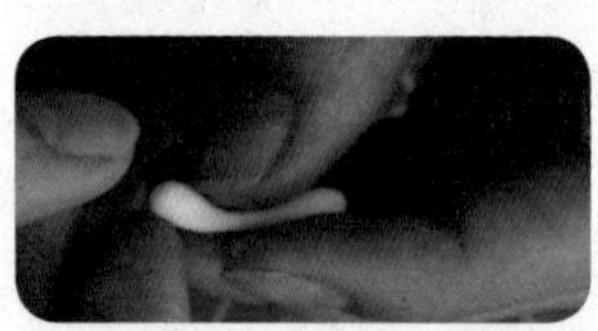

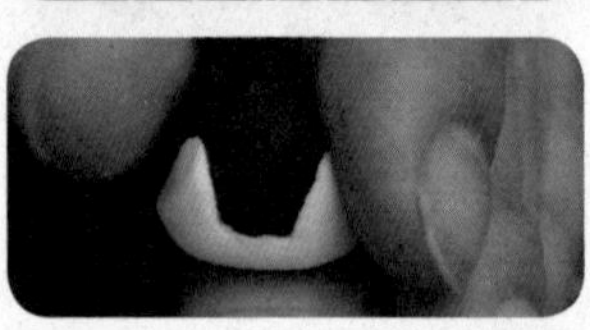

03 揉一块黑色球体黏土，搓一条白色长条黏土，用手把白色长条黏土的中间部分搓细。将白色长条黏土按照“V”的形状粘在黑色球体黏土上面，把白色长条黏土的中间部分贴在黑色球体黏土正面最下方的位置，而白色长条黏土稍宽的两边则分别贴在黑色球体黏土正面中间的位置，并进行适当的压扁，作为企鹅的头部。

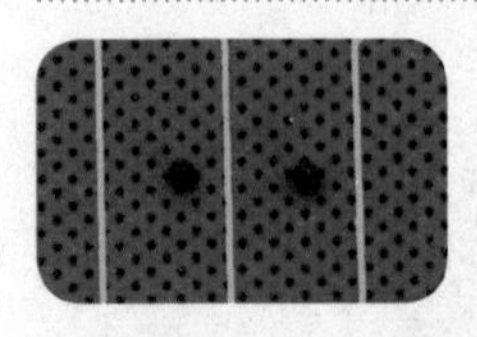

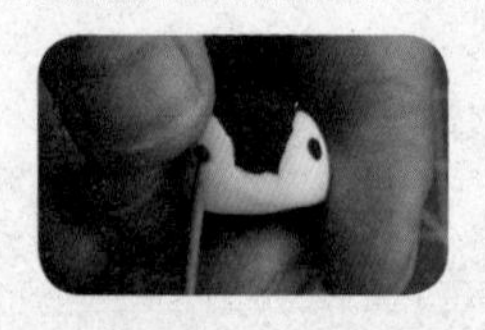

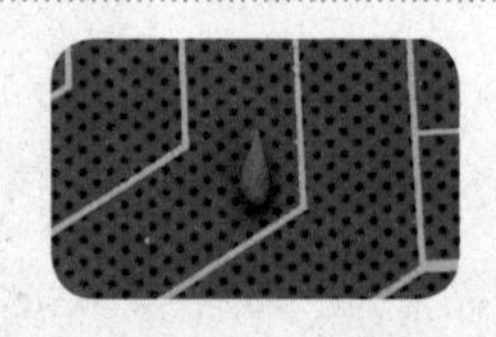

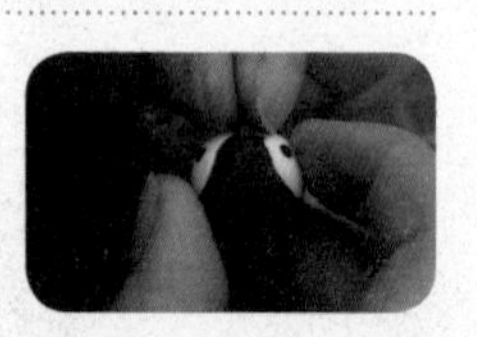

04 揉两个黑色小球体作为企鹅的眼睛，并用造型针将眼睛粘在头部的两侧。

05 用深灰色黏土捏一个水滴形并粘在企鹅的头部，作为企鹅的嘴。

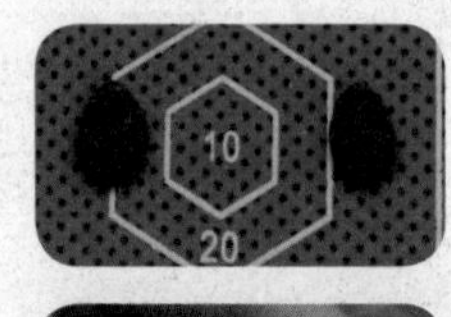

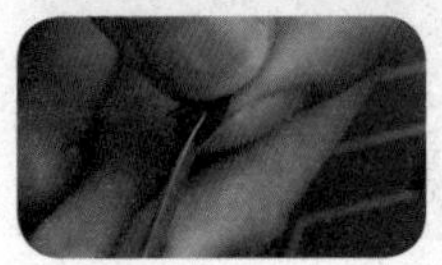

06 揉两块黑色水滴形黏土作为企鹅的脚，用剪刀剪出脚的形状后贴在企鹅身子的底部。

准备好工具和黏土了吗？

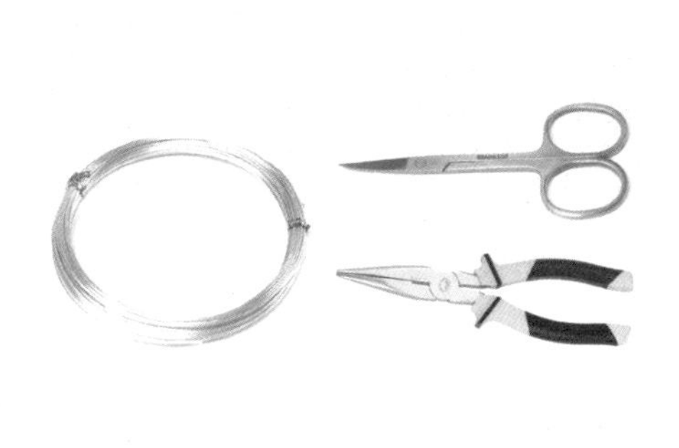

所需工具和黏土

火烈鸟

火烈鸟的身子

蓝色

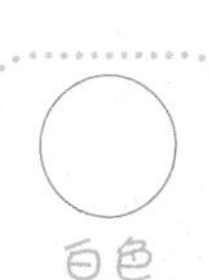

火烈鸟的嘴

火烈鸟的嘴

火烈鸟的嘴

现在就大显身手吧！ 

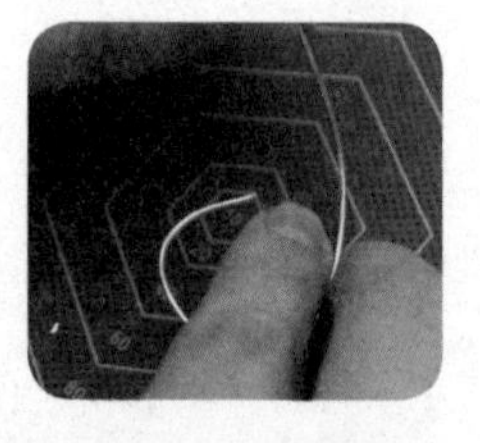

展示一下

01 准备两根长短不一的铝丝，将比较长的那根铝丝的下半部分弯成圆圈。

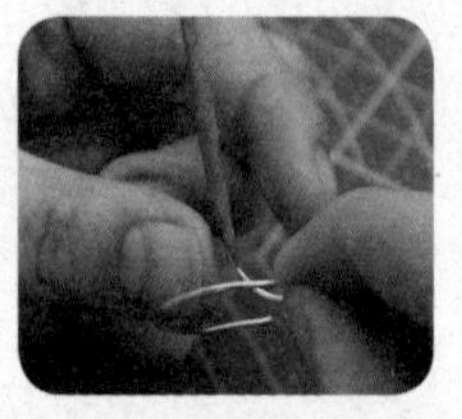
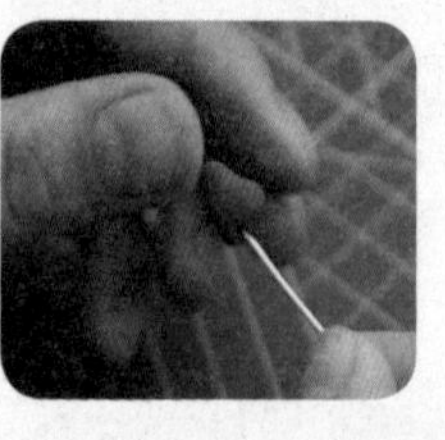

02 揉一块红色球体黏土，将红色球体黏土覆盖在那根长的铝丝的表面，在圆圈处停止覆盖。

03 把红色黏土覆盖在另一根铝丝的表面，并在末尾处粘上一小片红色扁片，这样火烈鸟的两条腿就做好了。

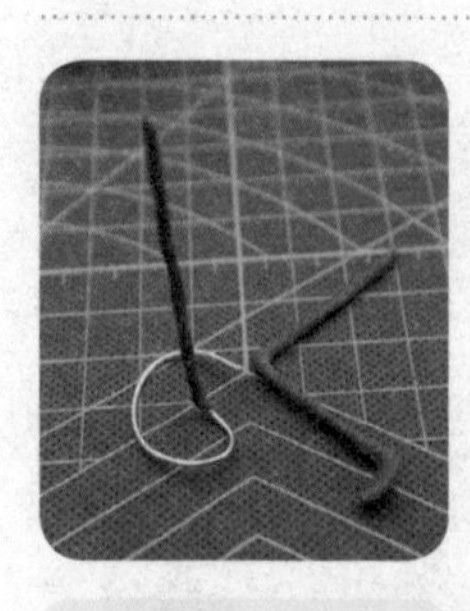

展示一下

04 揉一块粉红色球体黏土作为火烈鸟的身子，并用手做出火烈鸟的尾巴。

展示一下

05 使用剪刀在火烈鸟的尾巴上剪出尾羽，注意在剪的同时调整羽毛的走向。

展示一下

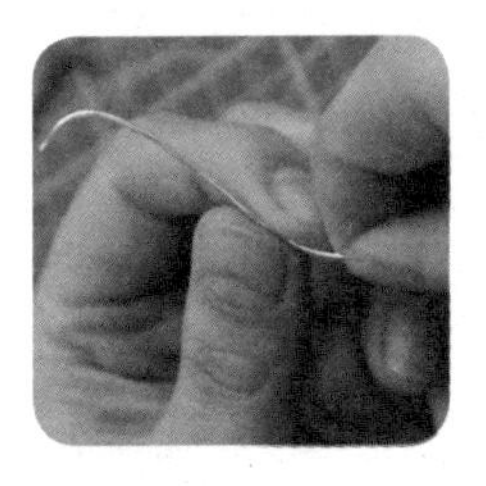

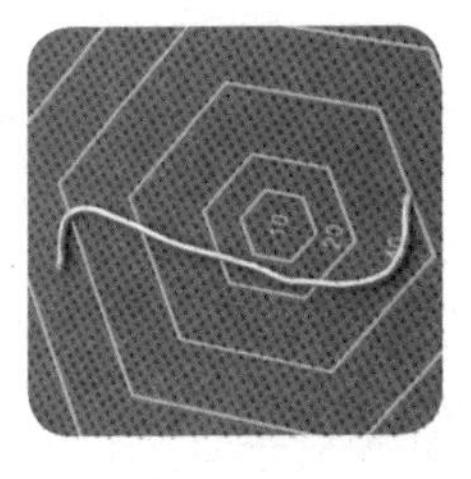

06 用钳子剪出一段铝丝并用手掰成“S”形，作为火烈鸟的头部和脖子的支架。

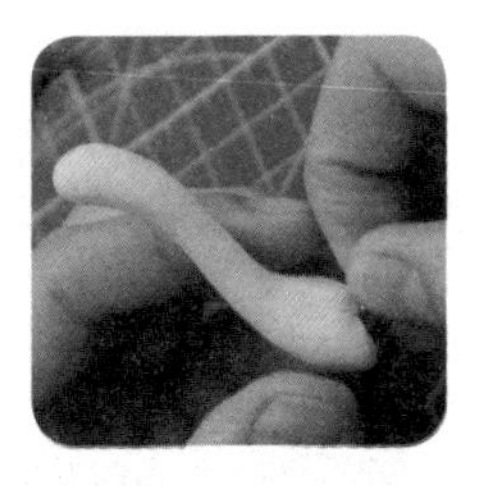

07 把粉红色黏土覆盖在“S”形铝丝的表面并捏出火烈鸟头部和脖子的形状，在末尾处留出一段铝丝。这样火烈鸟的头部和脖子就做好了。

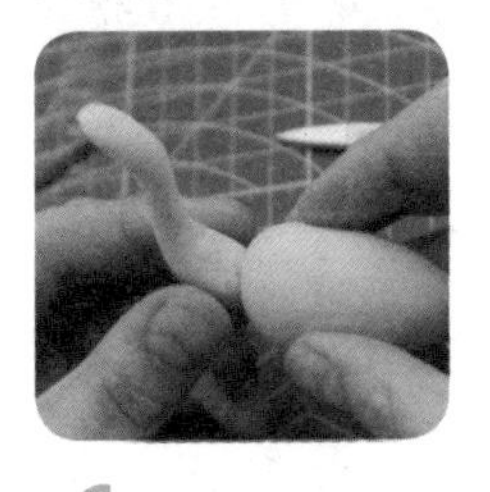

08 将做好的头部和脖子与身子连接起来。

展示一下

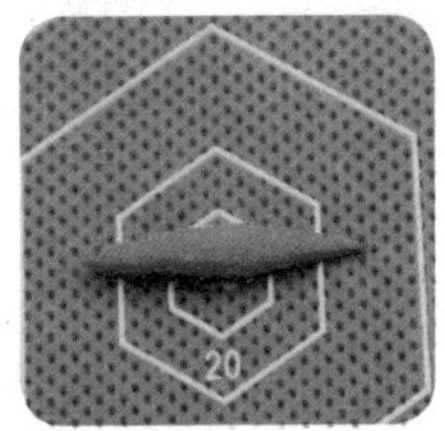

09 将一小点红色黏土搓成菱形，然后将菱形黏土对折两次。

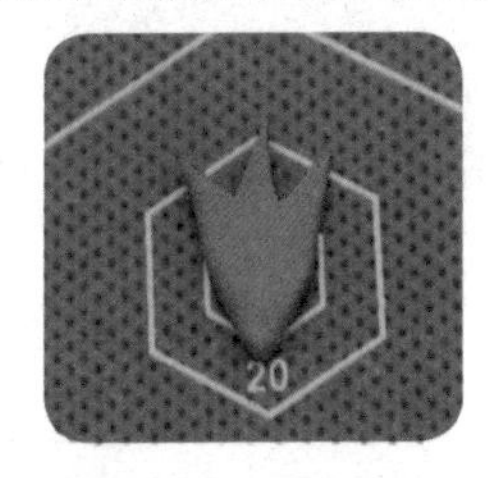

10 对折两次后菱形黏土形成了3个分支，接着将它捏扁，这样火烈鸟的脚蹼就做好了。

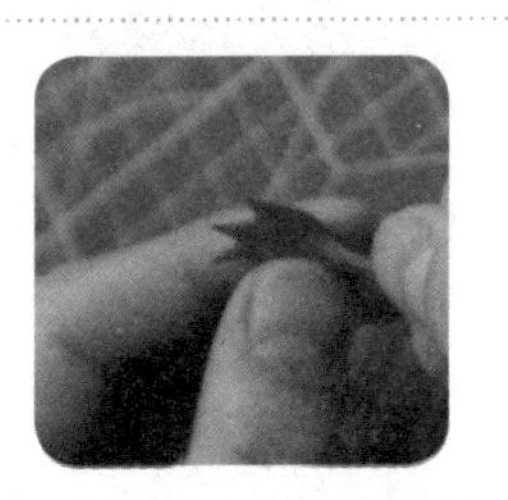

11 将做好的脚蹼粘在那条有红色扁片的腿上，然后再将两条腿接在火烈鸟身上。

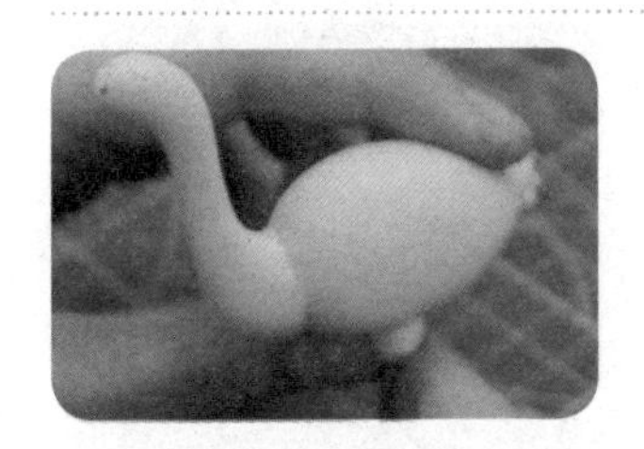

12 再给火烈鸟的腿根处加上两个用粉红色黏土做的大腿。

13 揉一块稍大的蓝色球体黏土并压扁，作为底座。

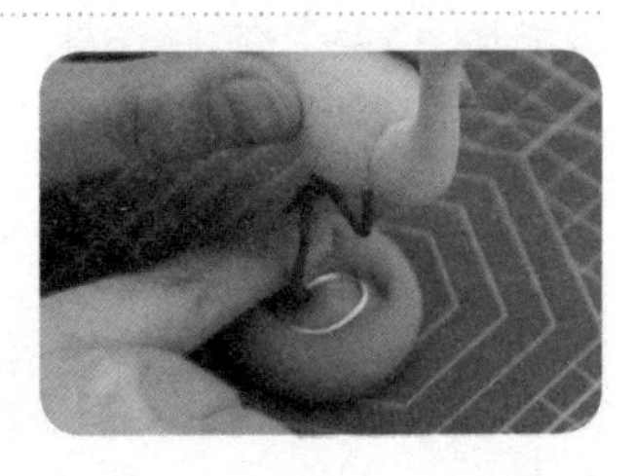

14 将火烈鸟腿上的圆圈紧紧按进底座里面并加以调整。

展示一下

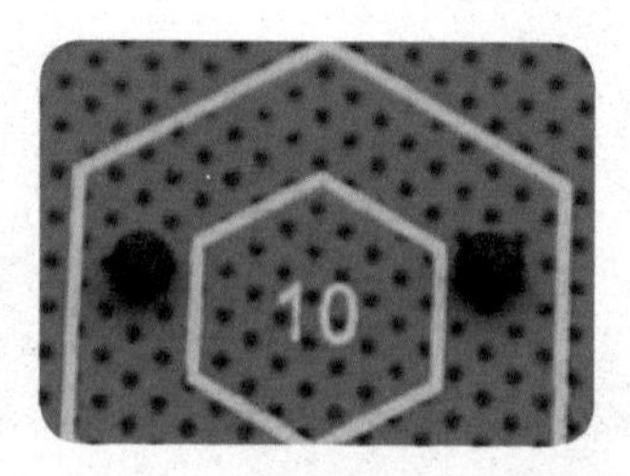

15 将一小块黑色黏土揉成两个小球体，作为火烈鸟的眼睛，将眼睛分别粘在火烈鸟头部的两侧。

16 揉两个粉红色水滴形黏土作为火烈鸟的翅膀。

17 压扁火烈鸟的翅膀，并用剪刀剪出火烈鸟翅膀上的羽毛。

展示一下

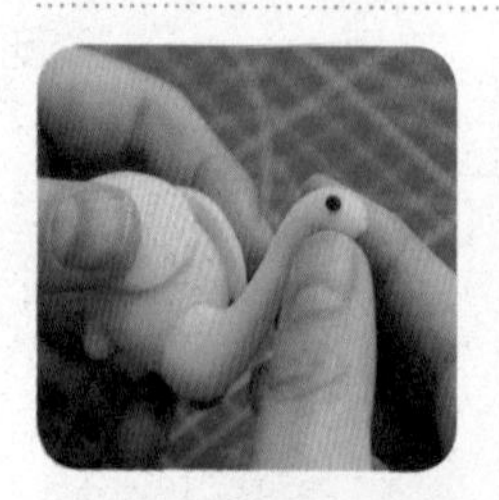

18 将火烈鸟的翅膀粘在身子的两侧。

19 将一块白色球体黏土、一块红色球体黏土和一块黑色水滴形黏土粘在一起，先捏成一个接近圆锥的形状，然后再捏成一个弯弯的尖角形，作为火烈鸟的嘴。

20 将做好的嘴粘在火烈鸟的头部。

完成

展示一下

准备好工具和黏土了吗？

所需工具和黏土

巨嘴鸟

现在就大显身手吧！

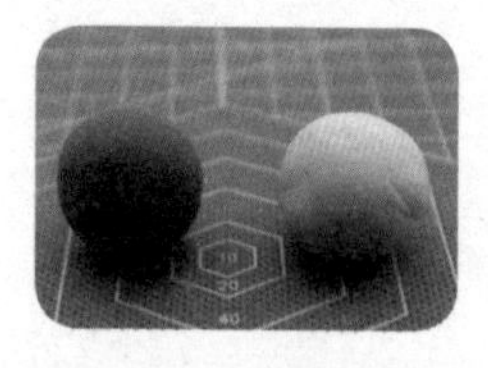

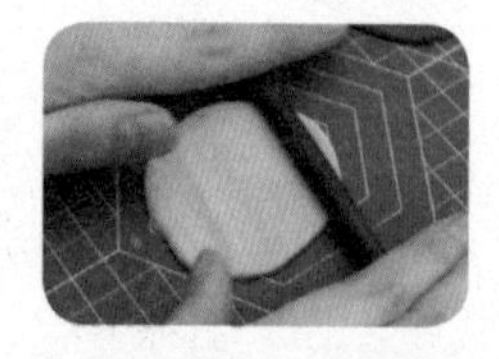

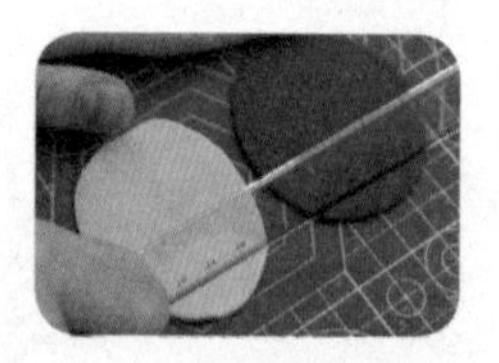

01 揉一块深褐色球体黏土和一块木色球体黏土。

02 使用锥形木棒的中间部分擀平两个球体黏土，并用尺子将两个扁片切成长方形。

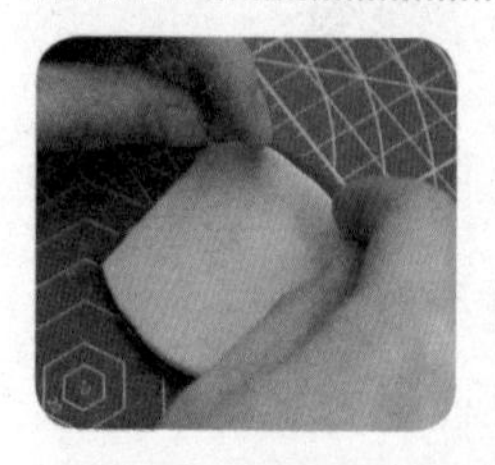

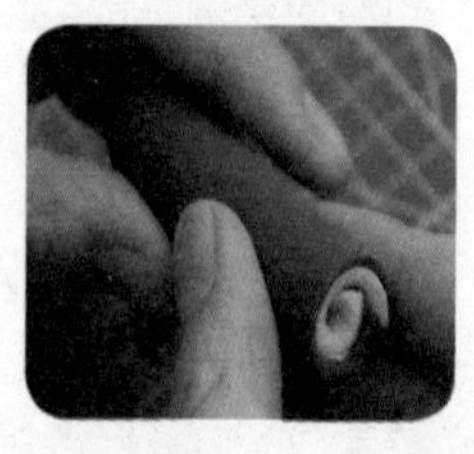

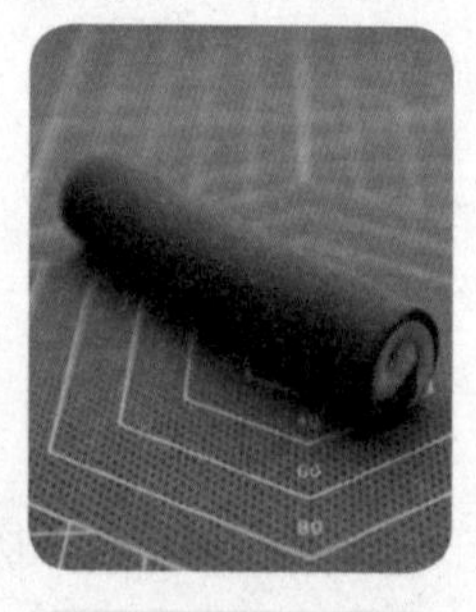

03 将木色扁片盖在深褐色扁片的上面，注意木色扁片的面积要小于深褐色扁片的面积 。

04 将两个扁片的一端向内卷起，做出树桩的形状。

展示一下

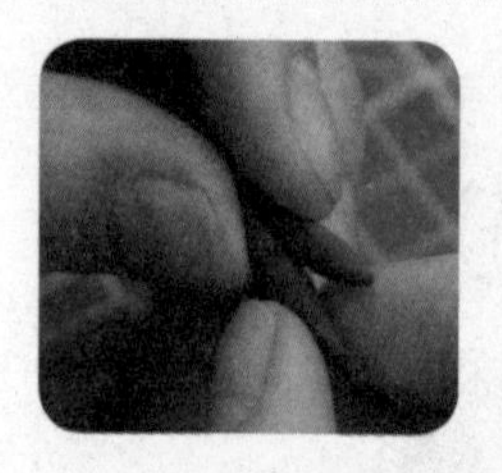

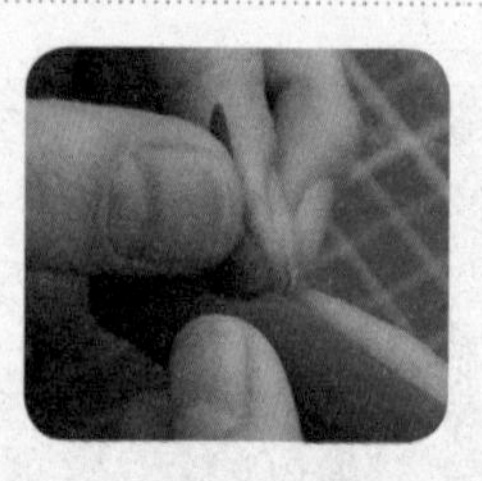

05 搓一块深褐色长条黏土，在中心处折叠、搓捻，做出一根树枝并粘在树桩上面。这样树枝底座就做好了。

展示一下

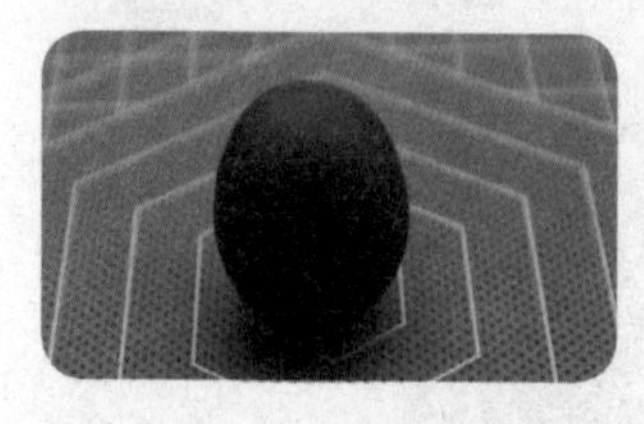

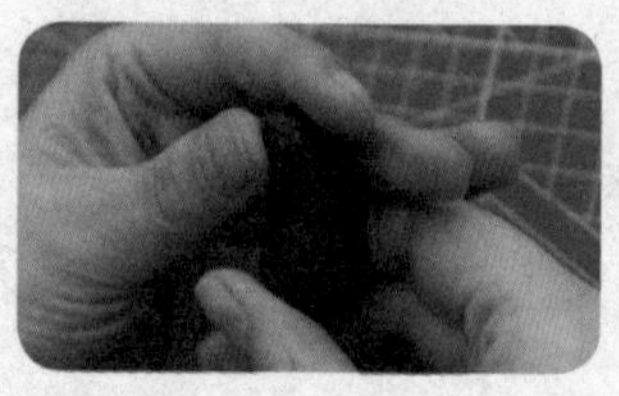

06 把一块黑色黏土揉成球体，作为巨嘴鸟的身子。

07 把球体黏土搓成椭圆形，使椭圆形黏土的上半部分弯曲。用手捏出巨嘴鸟的脖子及头部，再将椭圆形黏土的底部压平。

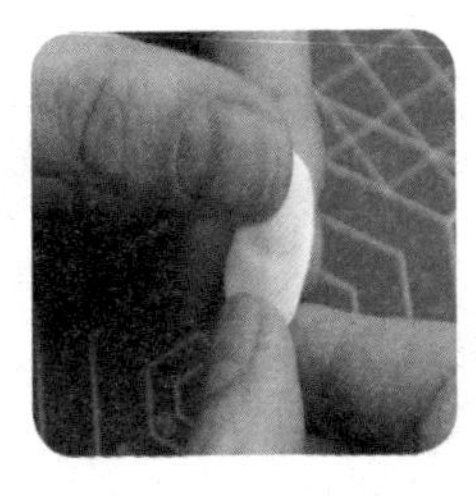

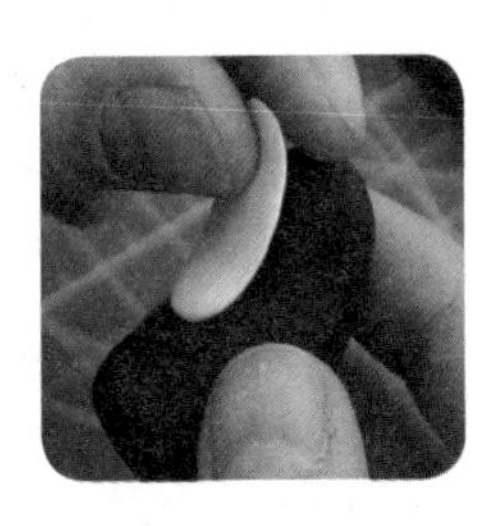

08 取一块白色黏土，揉成椭圆形后用手压扁，压扁后粘在巨嘴鸟身子的正前方。注意白色黏土的面积不要过大，从正面刚好能看到周围黑色黏土的轮廓即可。

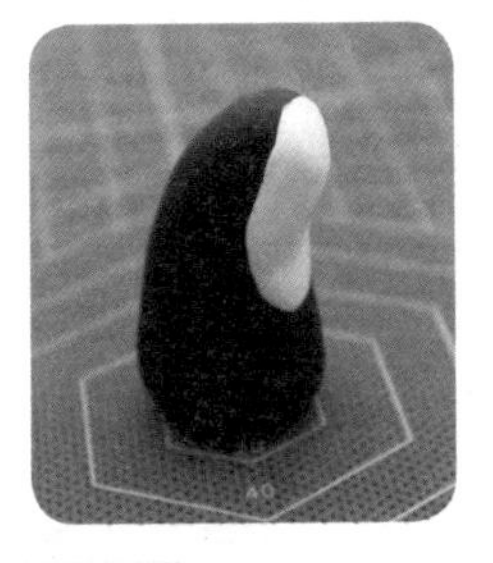

展示一下

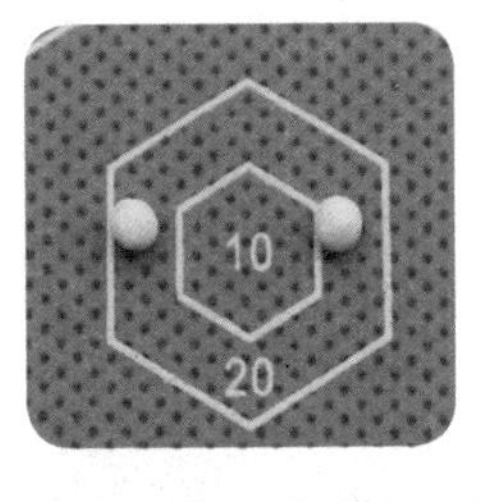
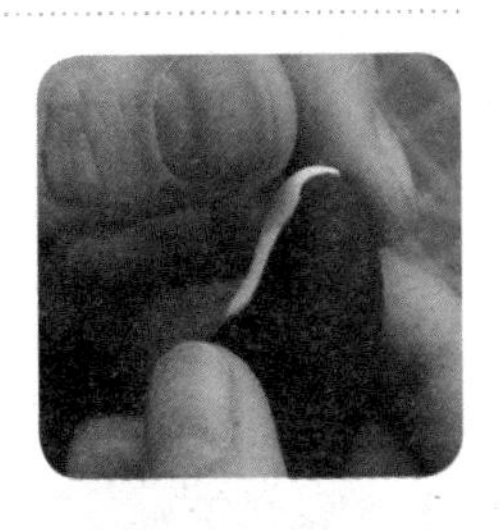

09 揉两个金黄色球体黏土，压扁后作为眼圈的花纹分别粘在巨嘴鸟头部的两侧。

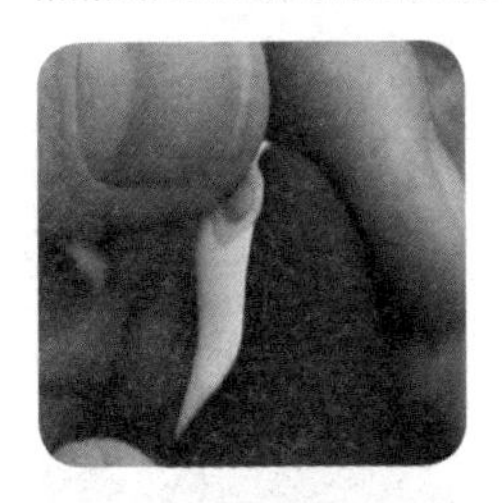

10 在已贴好的金黄色花纹上再加上用蓝色黏土做的眼睛，然后在眼睛上粘上用黑色黏土做的瞳孔。

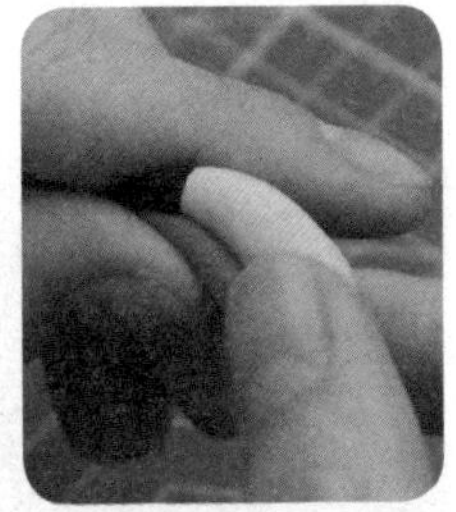

展示一下

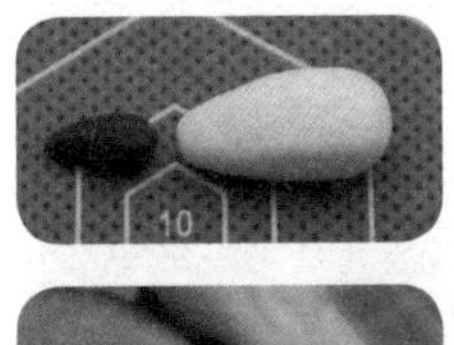
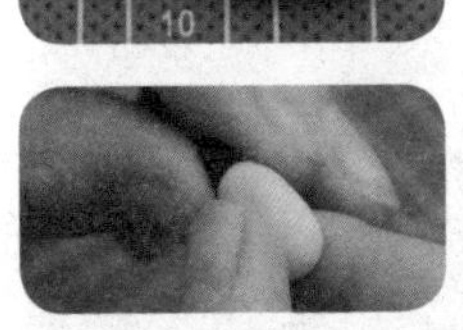
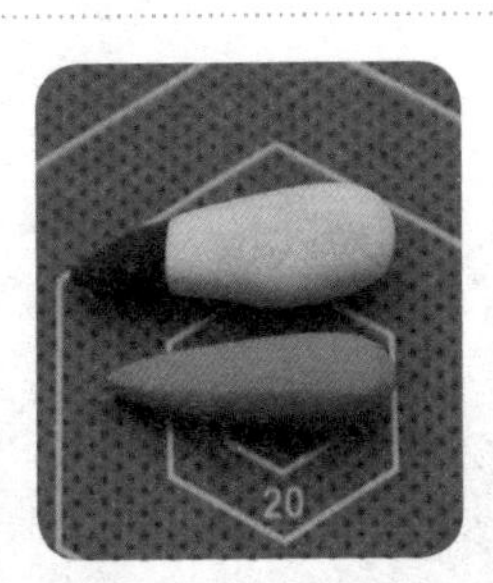

11 将一块较小的黑色水滴形黏土和一块金黄色椭圆形黏土组成一块长水滴形黏土，再做出一块比上述组合黏土稍短的橘色水滴形黏土。

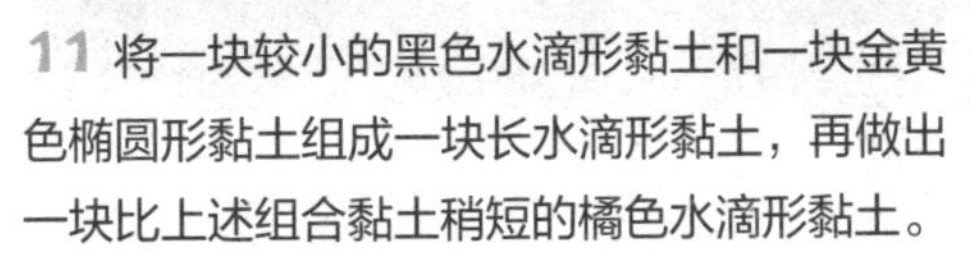

12 将做好的两个水滴形黏土粘在一起，调整出合适的弯度，巨嘴鸟的嘴就做好了。

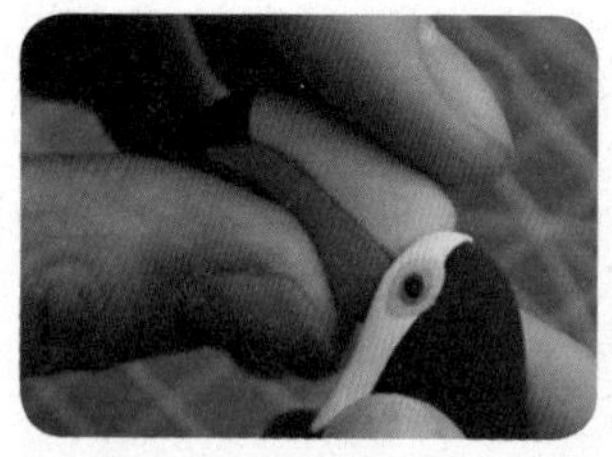

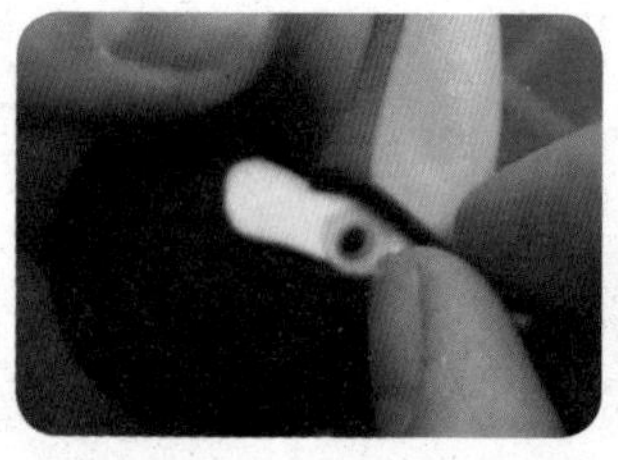

13 把做好的嘴粘在巨嘴鸟头部的对应位置，并给嘴与头部的衔接处的两侧分别粘上一块黑色长条黏土。

展示一下

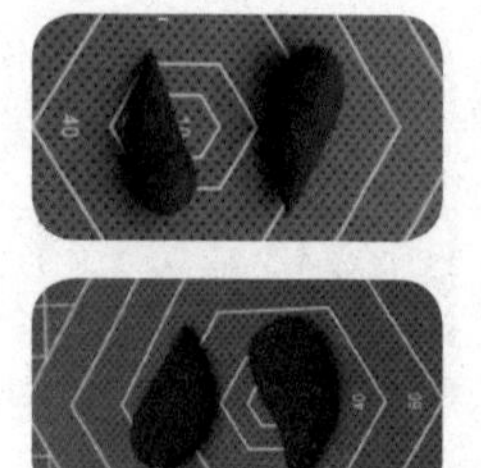

14 揉两块黑色水滴形黏土并压扁，作为巨嘴鸟的翅膀贴在身子的两侧。

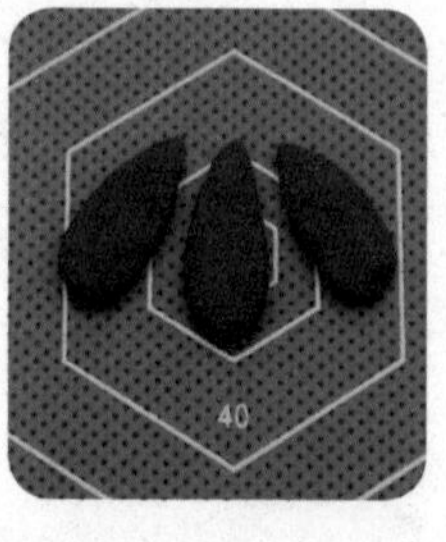

15 揉 3 块黑色水滴形黏土，把它们压扁后粘在一起，然后将尖的那一端粘在巨嘴鸟身子的底部。

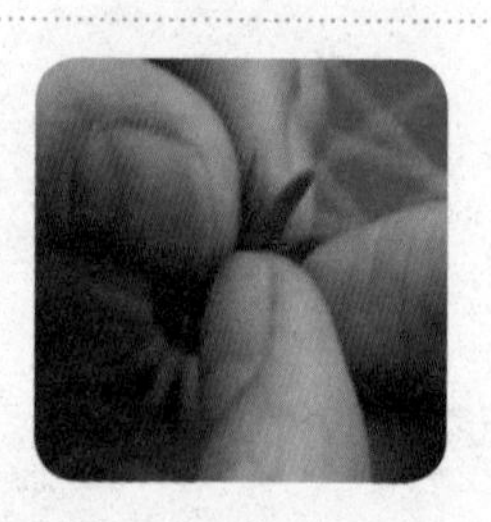

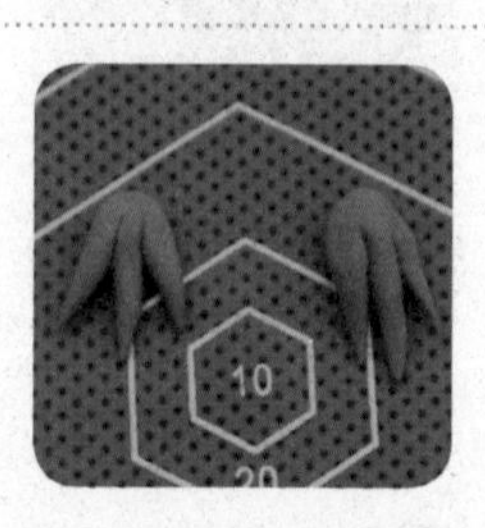

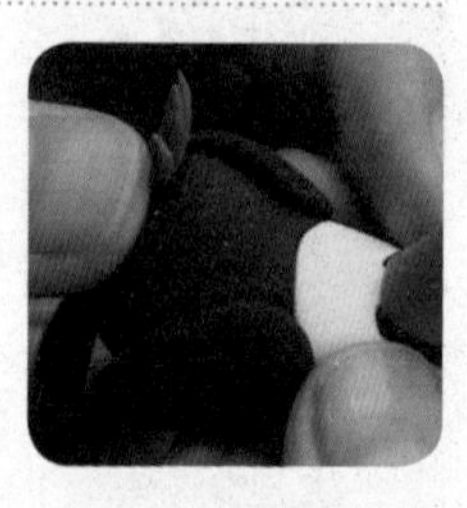

16 搓两块深灰色长条黏土，按照前文介绍的对折方法做出巨嘴鸟的一只爪子，用同样的方法做出巨嘴鸟的另一只爪子，做好后将爪子粘在巨嘴鸟身子的底部位置。

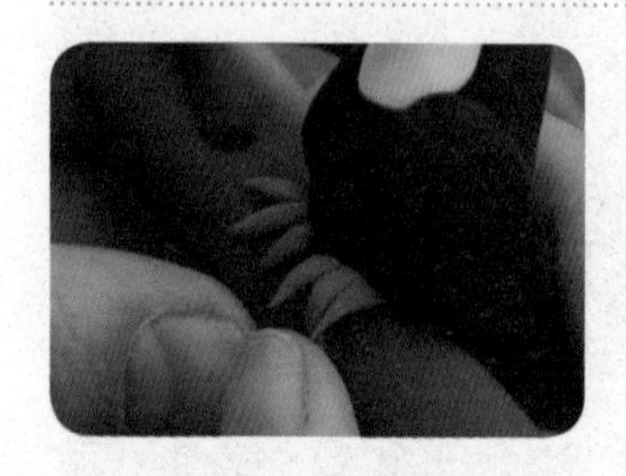

17 把巨嘴鸟粘在树桩底座上，并调整爪子的弯度。

完成

展示一下

第四章

其他类动物制作

准备好工具和黏土了吗？

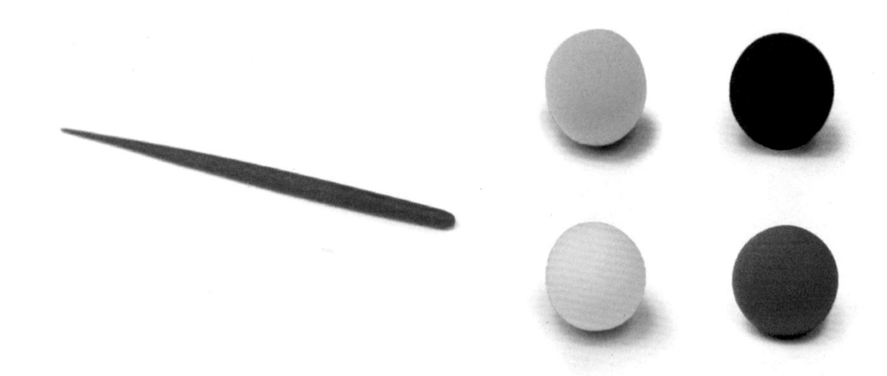

所需工具和黏土

小蛇

现在就大显身手吧！ 

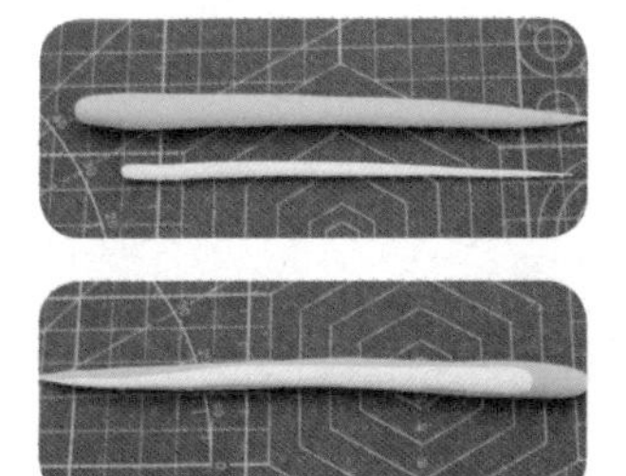

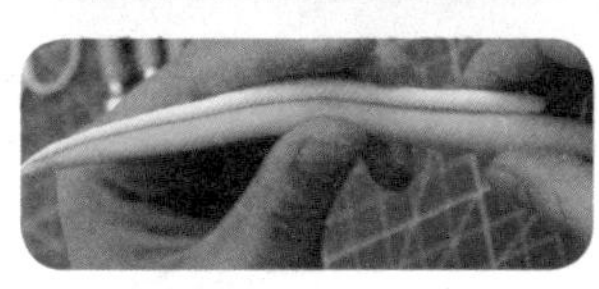

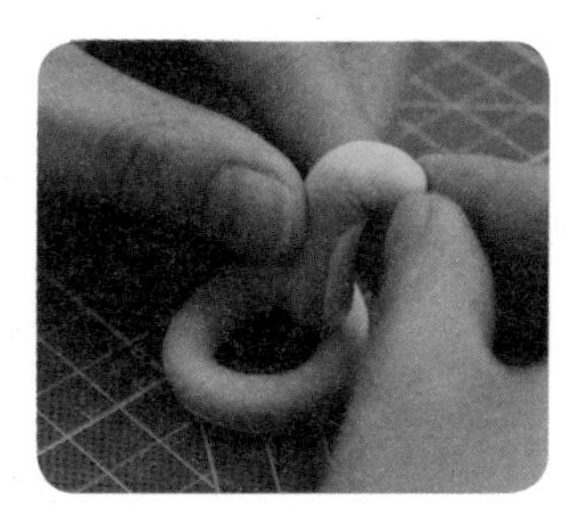

01 用嫩绿色黏土揉一个球体并搓成长条作为小蛇的身子，再搓一块较小的米黄色长条黏土，将两块长条黏土重叠在一起并粘牢。

02 适当调整小蛇的身子的姿势。

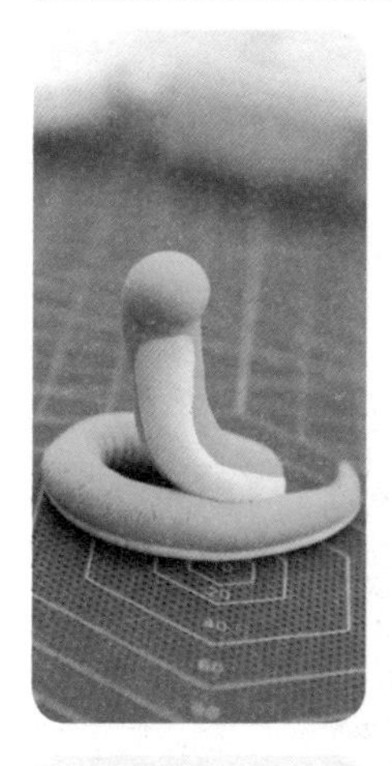

展示一下

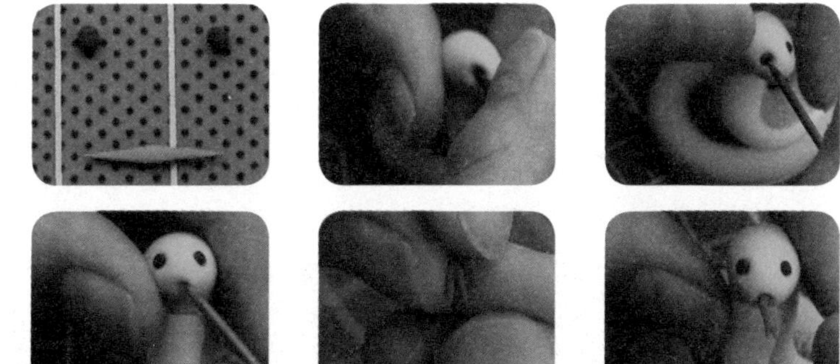

03 取一块黑色黏土和一块红色黏土，将它们揉成两个黑色小球体和一条红色长条，并且将红色长条黏土对折，分别作为小蛇的眼睛和舌头。使用锥形木棒戳出小蛇的眼窝并加上小蛇的眼睛，再使用锥形木棒戳出小蛇的嘴并加上舌头。

完成

展示一下

准备好工具和黏土了吗？ 

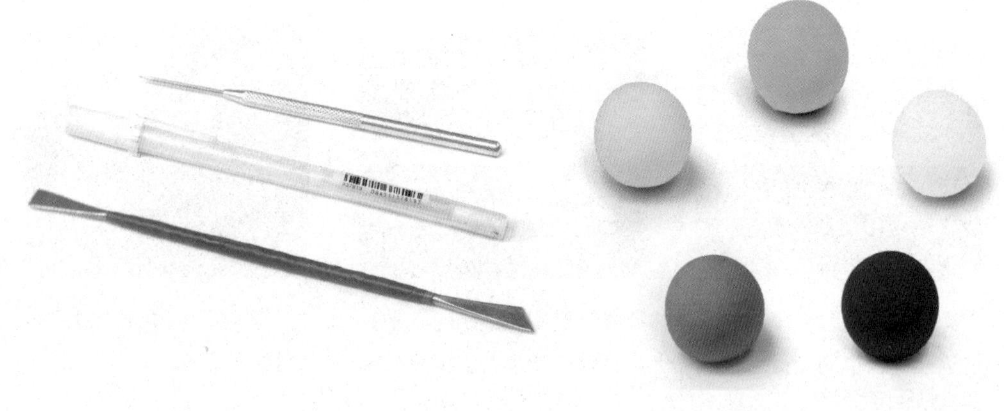

所需工具和黏土

现在就大显身手吧！

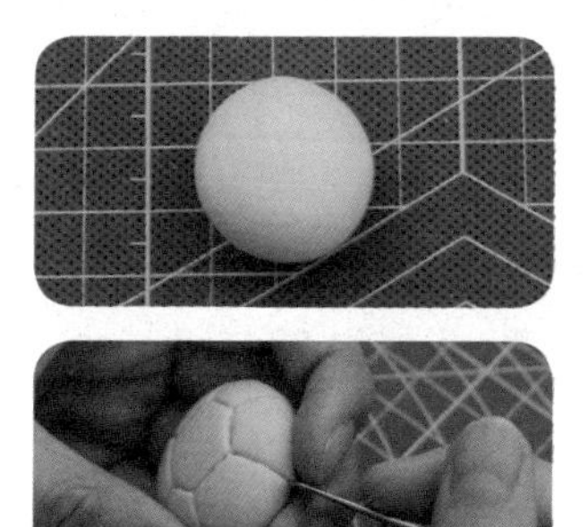

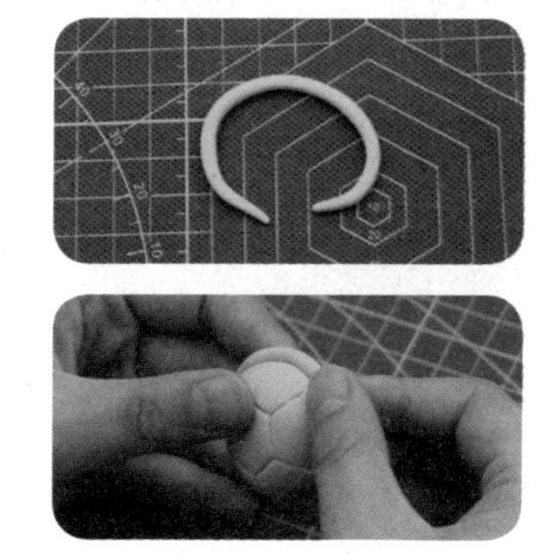

01 用浅青色黏土揉一个球体作为乌龟的龟壳，压扁后使用大铲型抹刀刻出乌龟背上的花纹。

02 搓一块浅青色长条黏土，把它围在龟壳的底部边缘并贴紧。

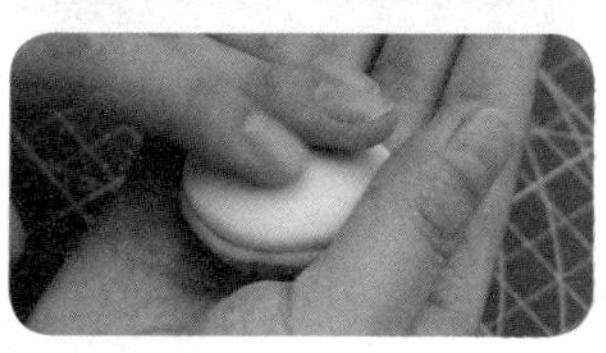

03 将白色黏土与较少的浅青色黏土混合在一起，揉成球体并压成与龟壳大小相同的扁片，然后把它和龟壳底部重合，这样乌龟的身子就制作好了。

展示一下

展示一下

04 揉一块米黄色球体黏土作为乌龟的头部，揉两个深褐色椭圆形黏土作为乌龟的眼睛并贴在乌龟的脸上。

05 搓一块深褐色长条黏土作为乌龟的嘴，并粘在乌龟的脸上。

06 将乌龟的头部与身子粘在一起。

展示一下

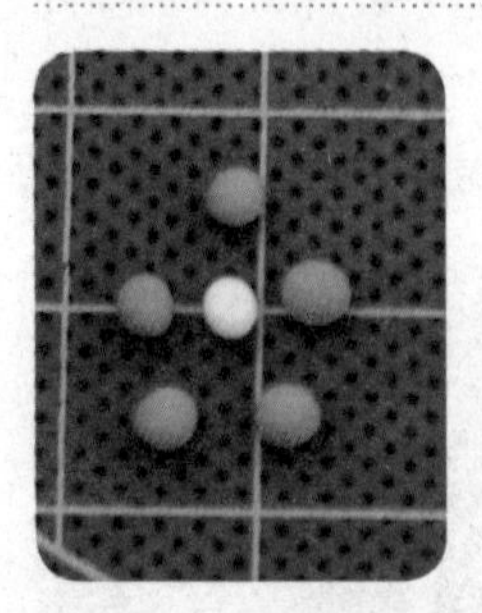

07 揉 5 块紫粉色小球体黏土和一块米黄色小球体黏土，以米黄色小球体黏土为中心将它们组成一朵小花，把小花稍微按扁后用造型针把它粘在乌龟头部的一侧。

展示一下

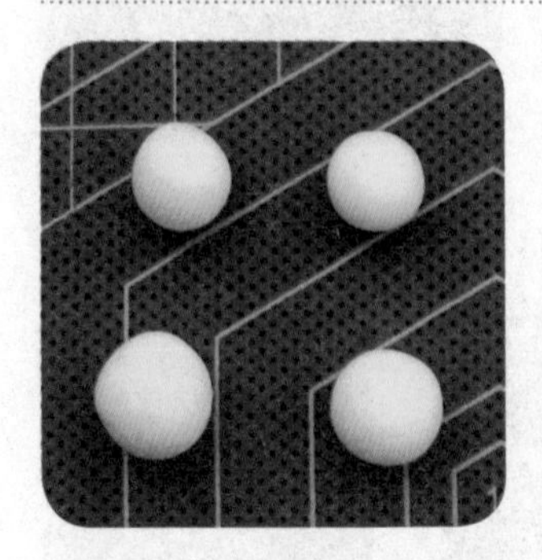

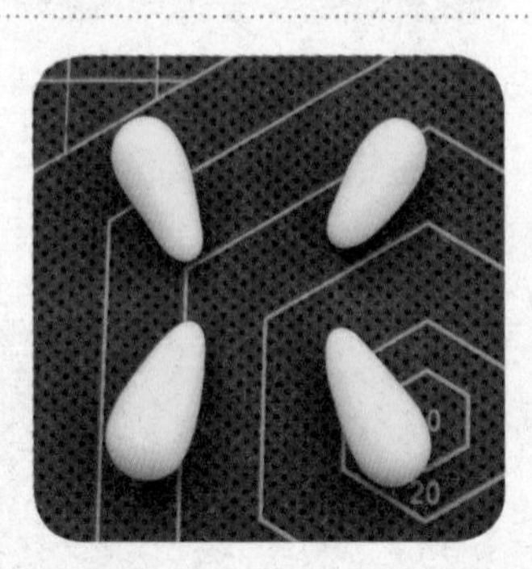

08 用米黄色黏土揉 4 个球体，再将其捏成水滴形，作为乌龟的四肢贴在乌龟身上对应的位置。

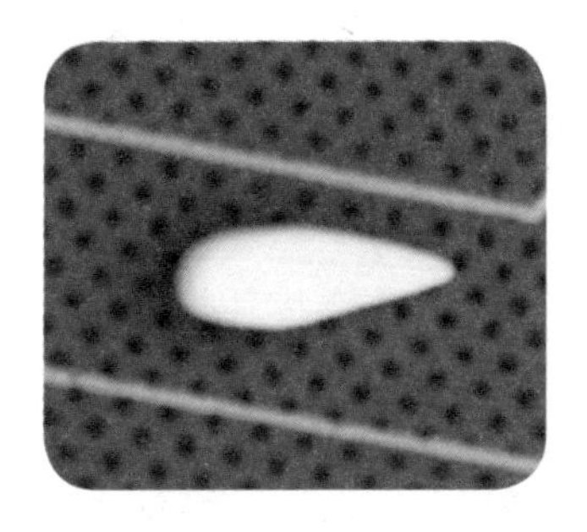

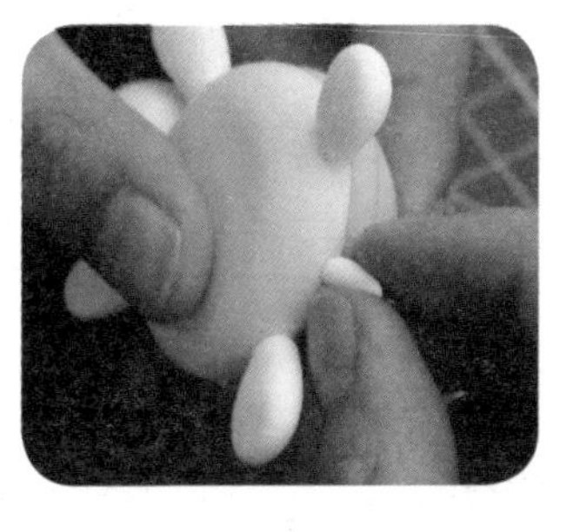

09 用米黄色黏土捏一个水滴形，作为乌龟的尾巴。

10 用高光笔给乌龟的眼睛点上高光。

完成

展示一下

准备好工具和黏土了吗？ 

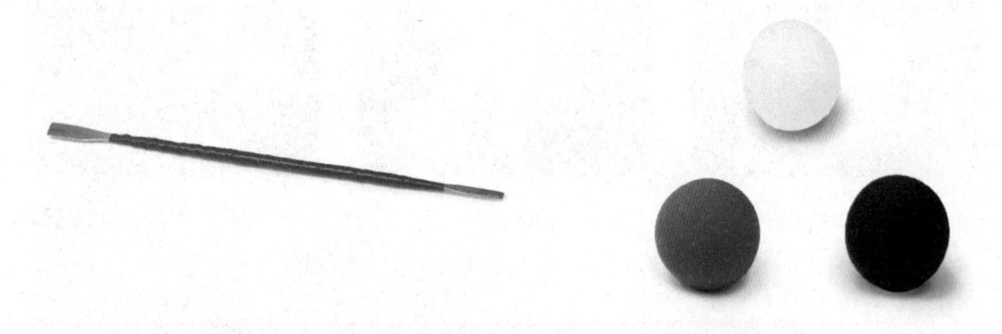

所需工具和黏土

瓢虫 

现在就大显身手吧！

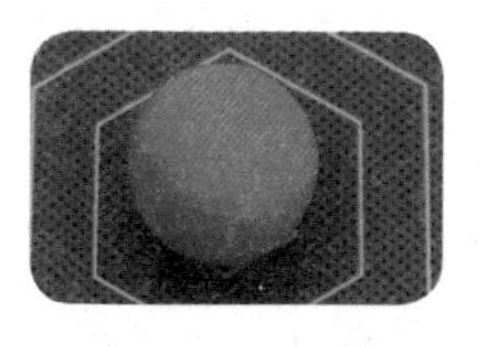

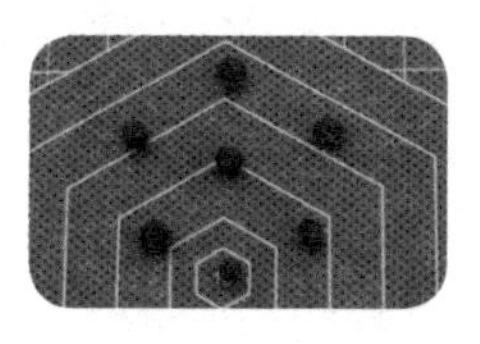

01 揉一块红色球体黏土并压扁，作为瓢虫的身子。

02 揉 7 块小的黑色球体黏土，压扁后贴在瓢虫的身子上。

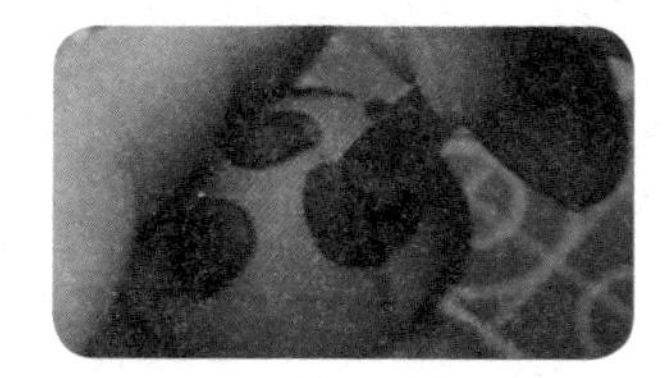

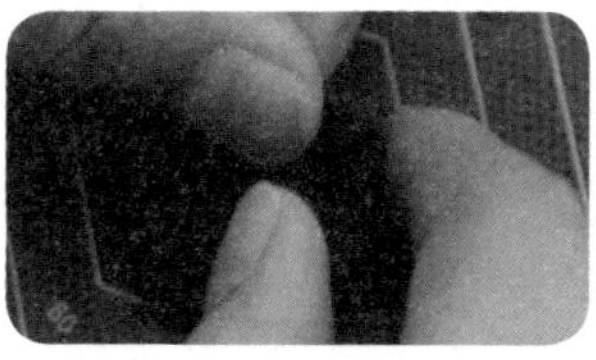

03 用小铲型抹刀在瓢虫的背上的中间位置竖直向下划。

04 取一块黑色黏土，揉成一个球体并压扁，贴在瓢虫身子的底部。

展示一下

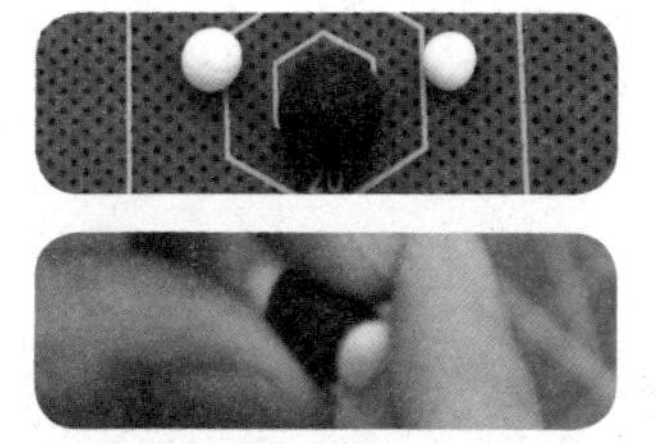

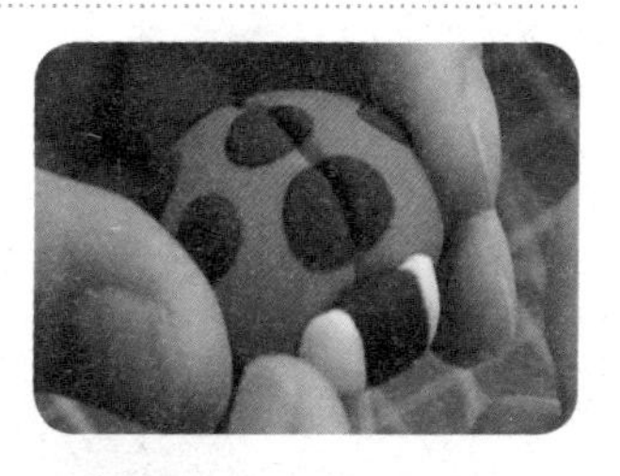

05 揉一块黑色球体黏土和两块小的白色球体黏土，按图中所示方式粘在一起，作为瓢虫的脖子。

06 把脖子加在瓢虫身子的前面。

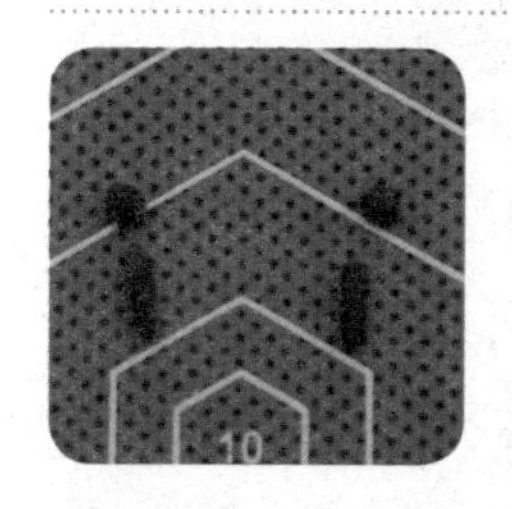

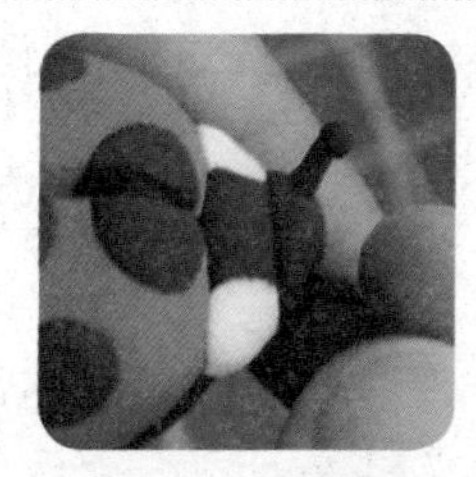

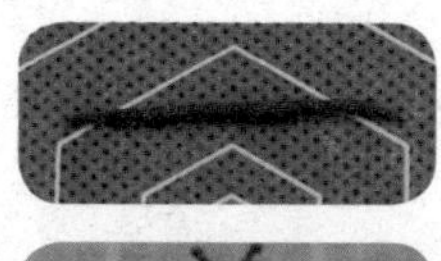

完成

07 用黑色黏土揉一个黑色球体，并压扁作为头部，粘在脖子上。再用黑色黏土揉两个球体和两个长条，把它们分别粘在一起后贴在头上。

08 搓一块黑色细长条黏土贴在瓢虫身子的中间。

准备好黏土了吗？ 

所需黏土

现在就大显身手吧！

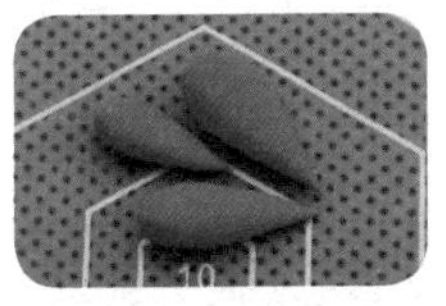

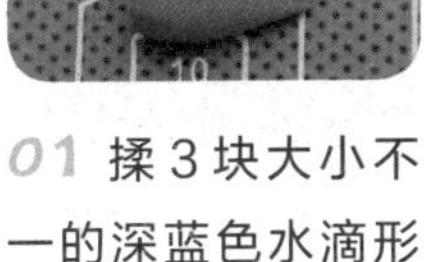

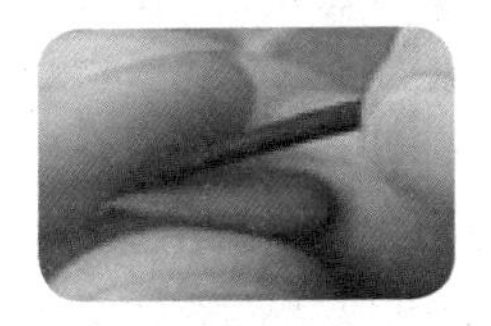

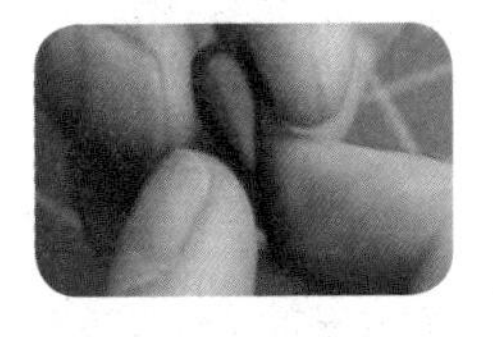

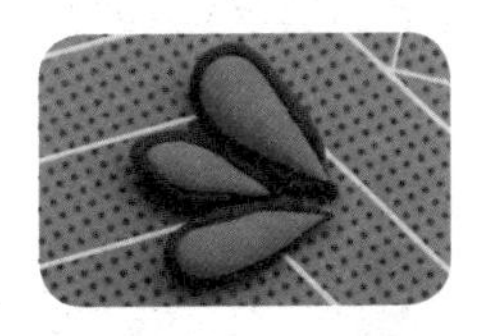

01 揉 3 块大小不一的深蓝色水滴形黏土。

02 搓一块黑色细长条黏土，绕着一块深蓝色水滴形黏土围一圈，然后用同样的方法处理另外两块水滴形黏土。

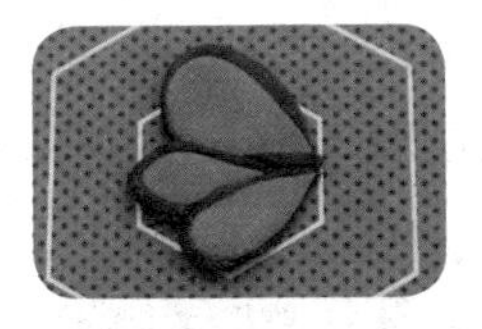

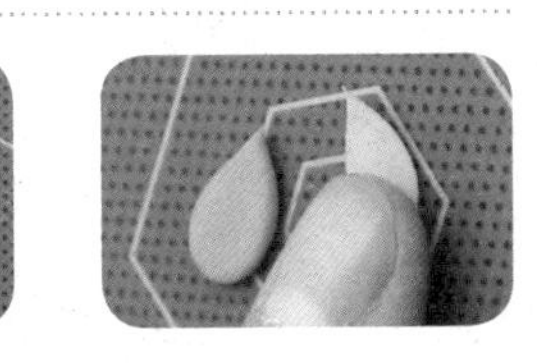

03 将这 3 块水滴形黏土压扁后粘在一起，作为蝴蝶的大翅膀。

04 在大翅膀的空隙处粘上白色黏土和蓝色黏土，用黑色长条黏土围出整个大翅膀的外轮廓。

05 揉一块蓝色水滴形黏土和一块浅青色水滴形黏土并压扁。

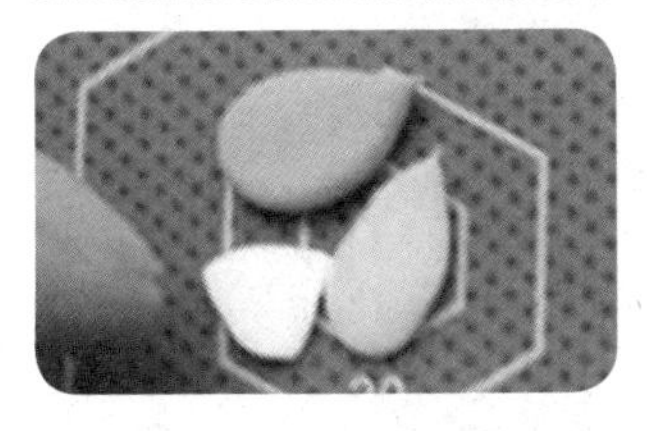

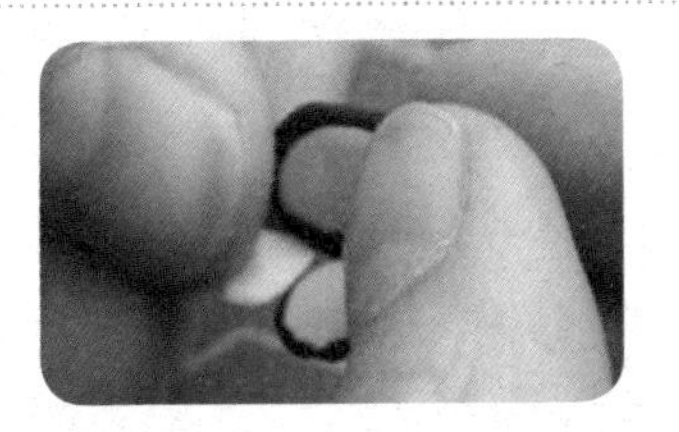

06 把一小块白色黏土做成三角形，与上一步中做好的两块水滴形黏土放在一起。

07 用黑色细长条黏土绕着蓝色水滴形黏土和浅青色水滴形黏土围一圈，并与白色三角形黏土拼在一起，作为蝴蝶的小翅膀。

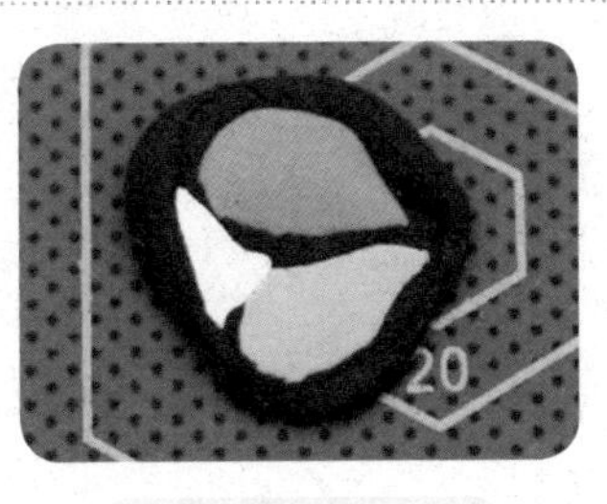

展示一下

08 用黑色细长条黏土围出整个小翅膀的外轮廓。

09 将做好的大翅膀和小翅膀粘在一起。用同样的方法做出另一边翅膀，配色可以略有不同。

展示一下

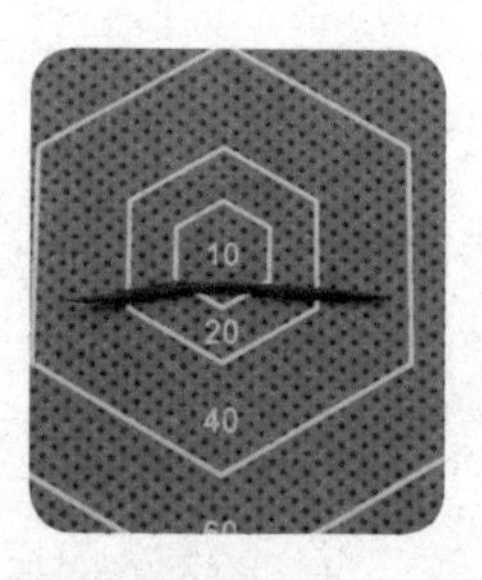

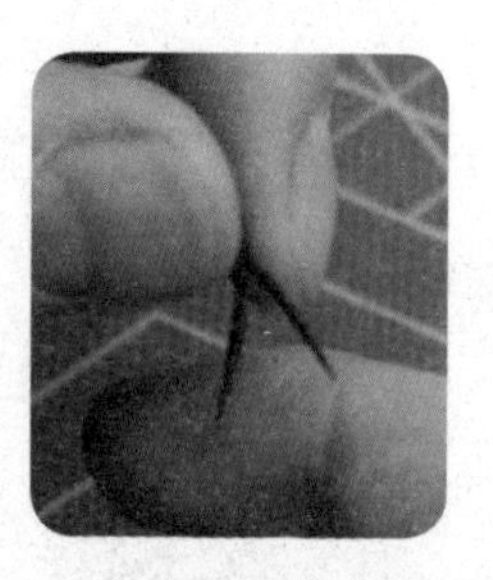

10 用黑色黏土揉一个稍短的椭圆形、一个稍长的椭圆形和一个更长一点的水滴形，并按照由短到长的顺序将三个形状的黏土粘好，分别作为蝴蝶的头部、胸部、腹部，此三部分共同组成蝴蝶的身子。搓一块黑色的细长条黏土，在稍微偏离中点的位置对齐，将此作为蝴蝶的触须并加到蝴蝶的头部上。

11 给蝴蝶加上做好的翅膀。

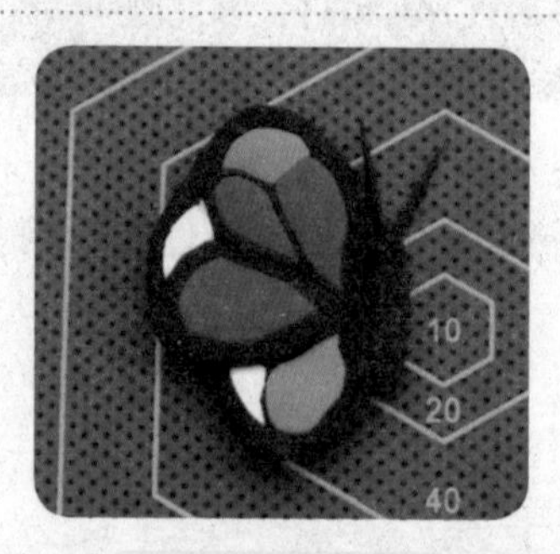

展示一下

12 在蝴蝶的另一边也添加上做好的翅膀。

完成

准备好工具和黏土了吗？

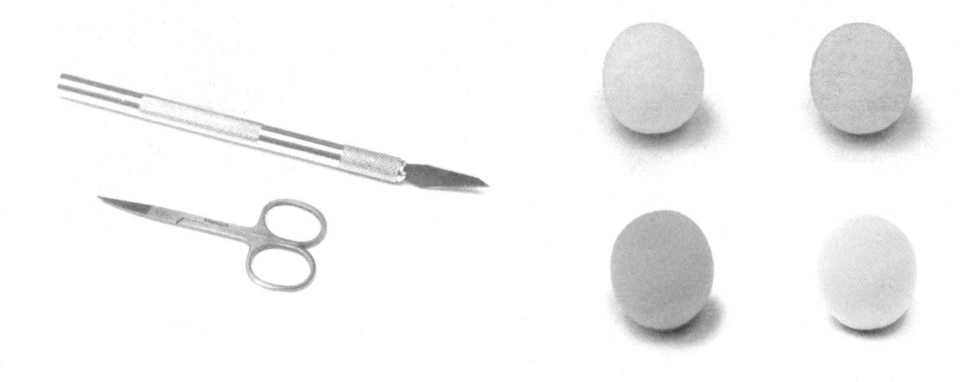

所需工具和黏土

蜗牛

现在就大显身手吧！

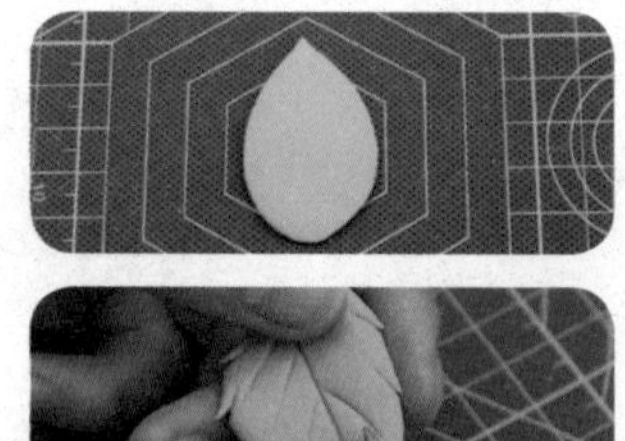

01 取一些草绿色黏土，揉成球体后再捏成水滴形，然后压扁成叶片的形状。用剪刀剪出叶片的锯齿边，再用刻刀划出叶脉的纹理，把它作为底座。

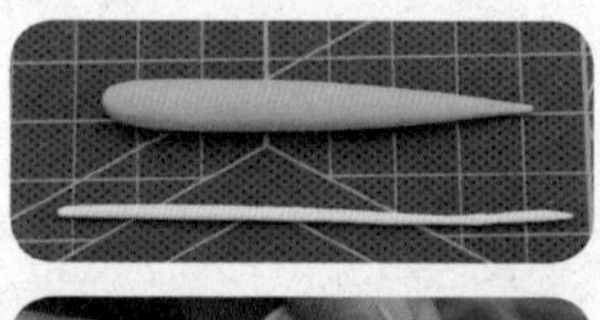

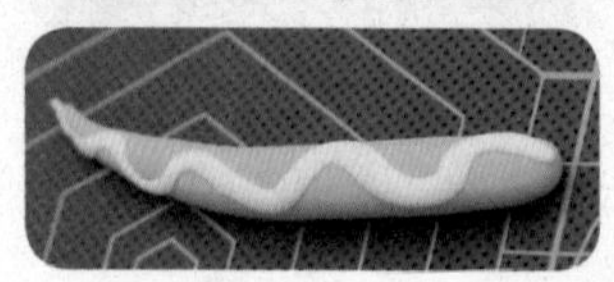

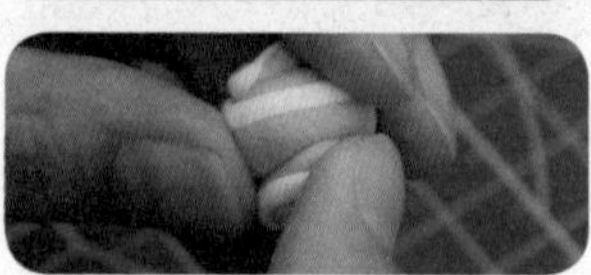

02 用橙色黏土揉一个球体并搓成长条，再搓一个米黄色细长条黏土。把米黄色细长条黏土以“S”形围绕在橙色长条黏土上面，并把它们以垂直螺旋的方式卷起来，作为蜗牛的壳。

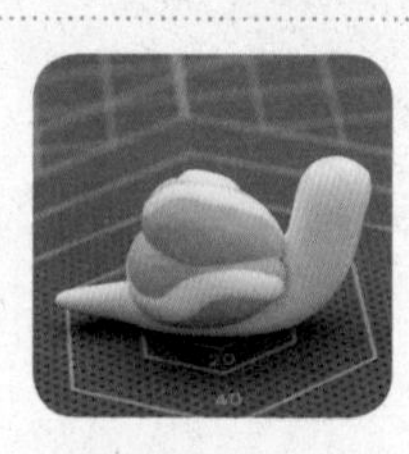

03 搓一块肉色长条黏土作为蜗牛的身子，并将之前做好的蜗牛壳粘在蜗牛的身子上面，调整蜗牛头部的造型。

04 把蜗牛放在之前做好的叶子底座上。

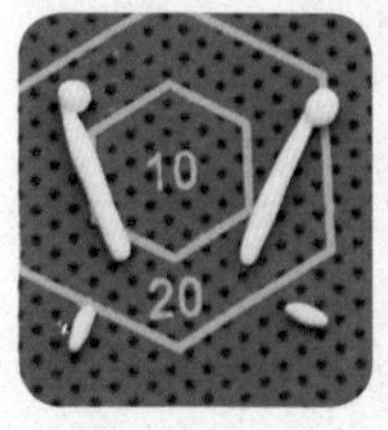

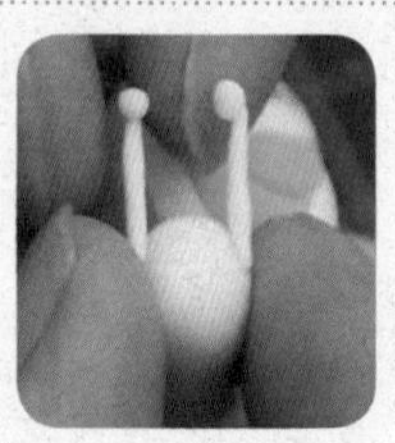

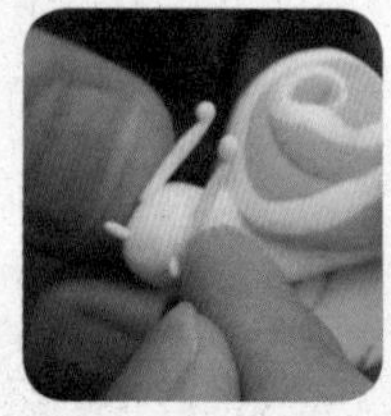

05 用肉色黏土做出蜗牛的两条触须和触角，将触须粘在蜗牛头顶的两侧，把触角粘在蜗牛嘴的两侧。

准备好工具和黏土了吗？

所需工具和黏土

毛毛虫

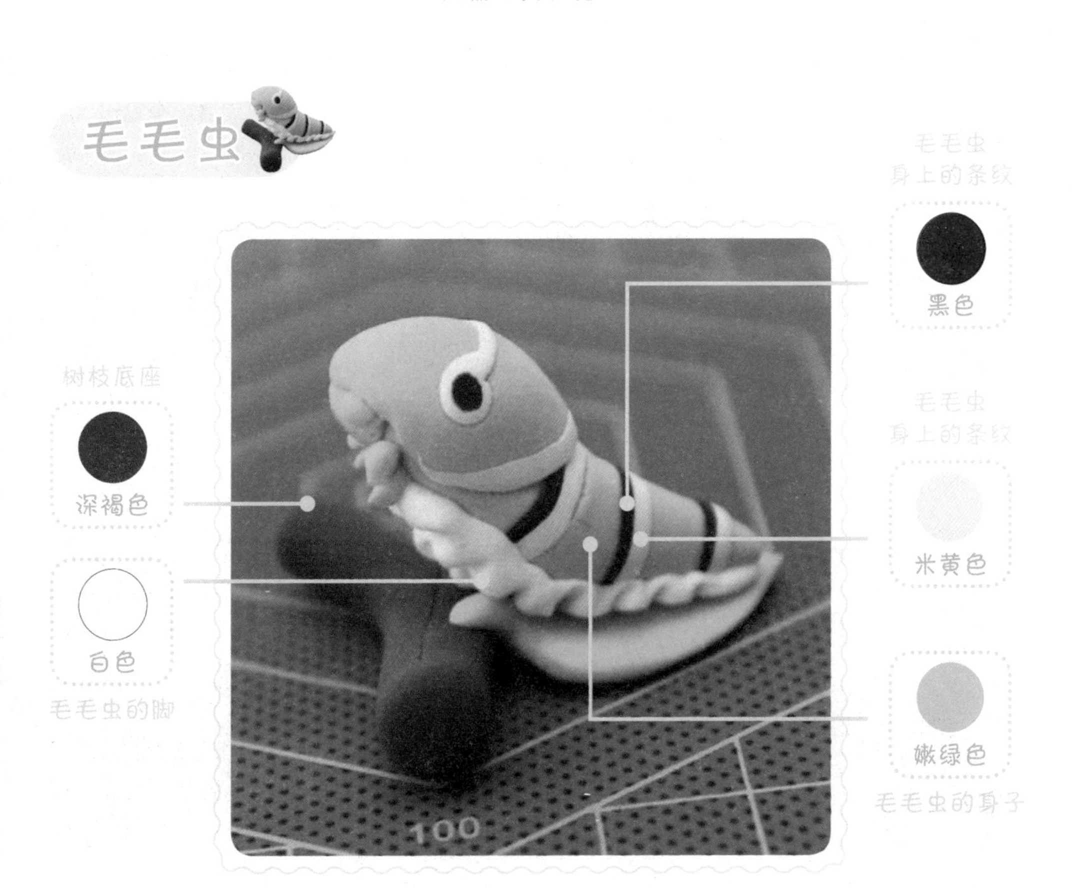

现在就大显身手吧！

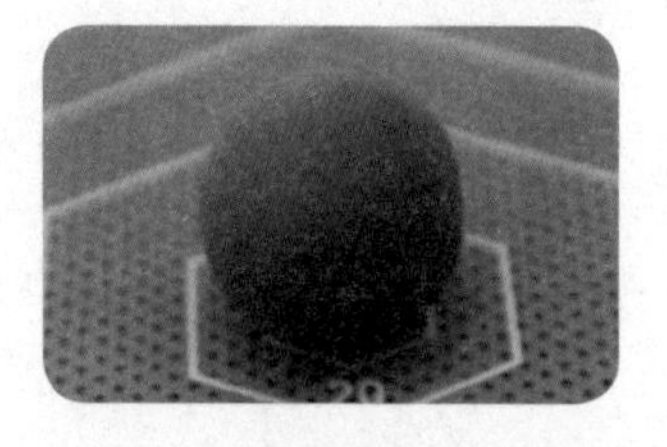

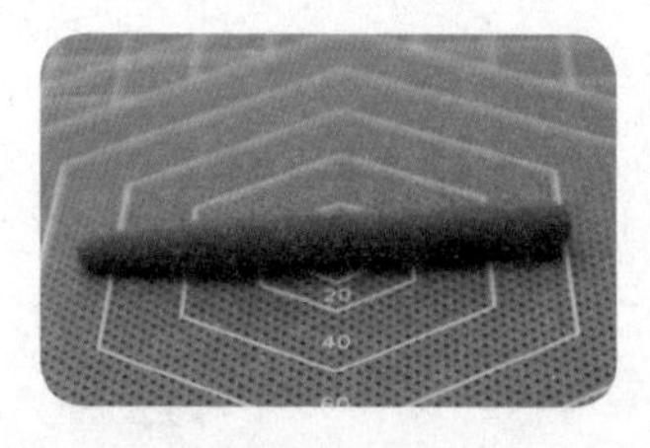

01 揉一块深褐色球体黏土，作为毛毛虫的头部。

02 用深褐色球体黏土搓一个较粗的长条，用对折的方法做出树枝。

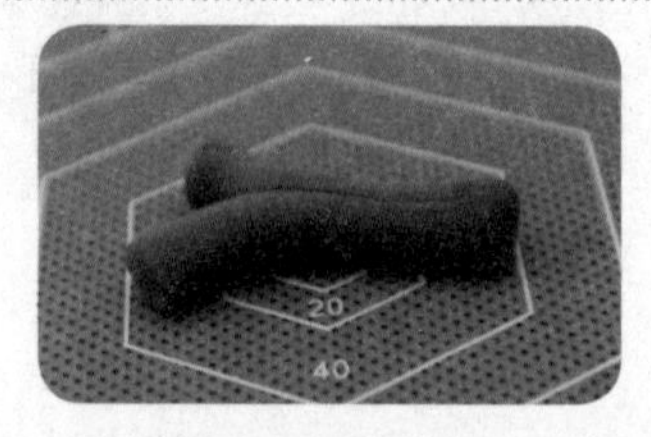

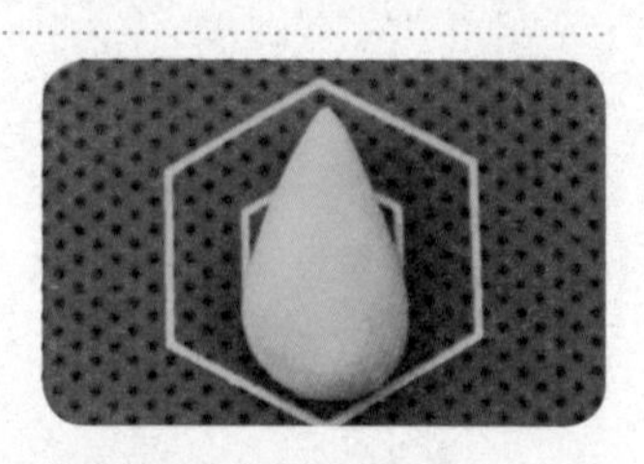

03 用手抹平树枝的横截面，并进行适当的调整和修改，确保树枝可以平放在桌面上，这样树枝底座就制作完成了。

04 取一块嫩绿色黏土，将其揉成一个水滴形。

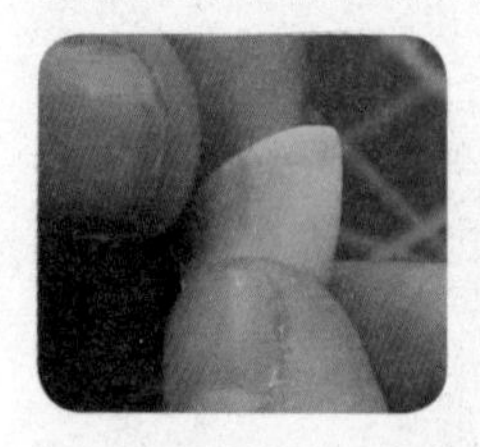

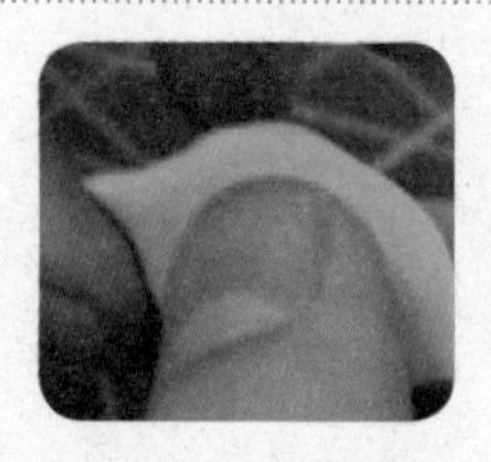

05 将嫩绿色水滴形黏土压扁，在其末端捏出叶柄后，把它和树枝底座粘一起。

展示一下

展示一下

06 揉一块嫩绿色水滴形黏土。

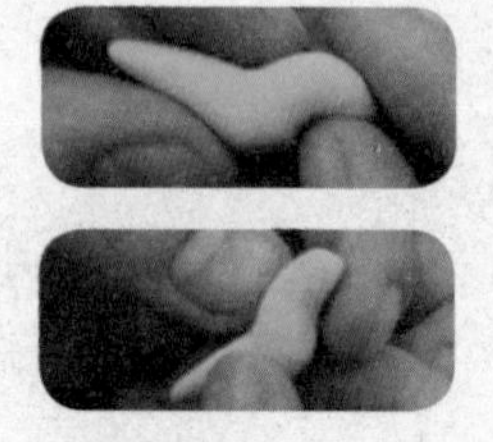

07 把嫩绿色水滴形黏土捏成“Z”形，并将此作为毛毛虫的身子。

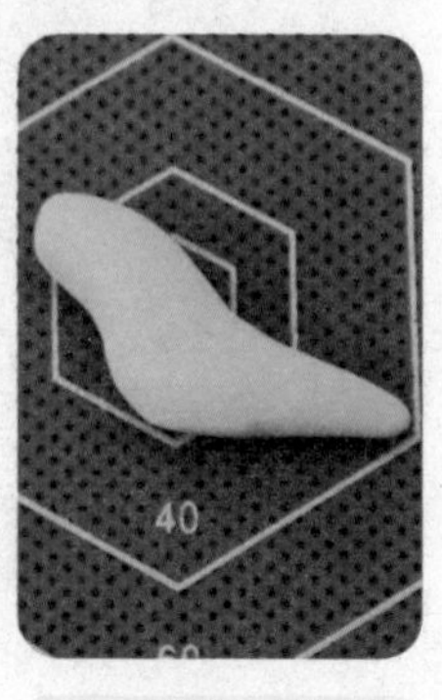

展示一下

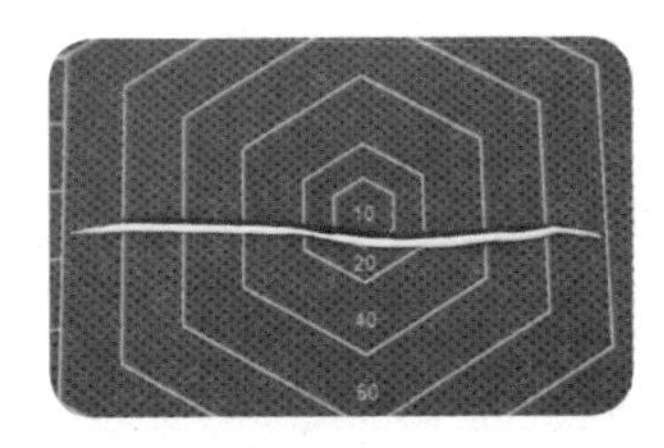

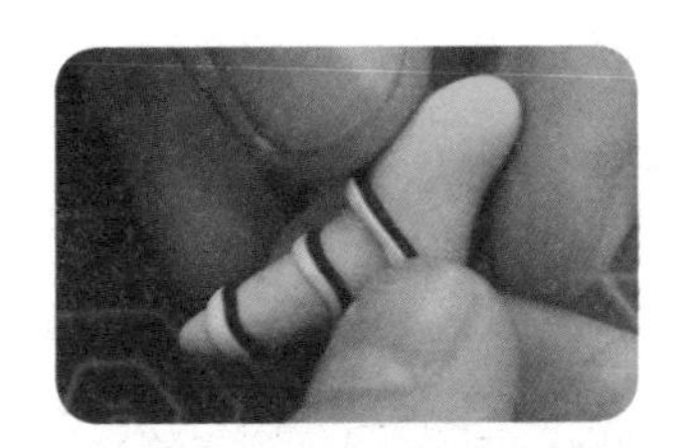

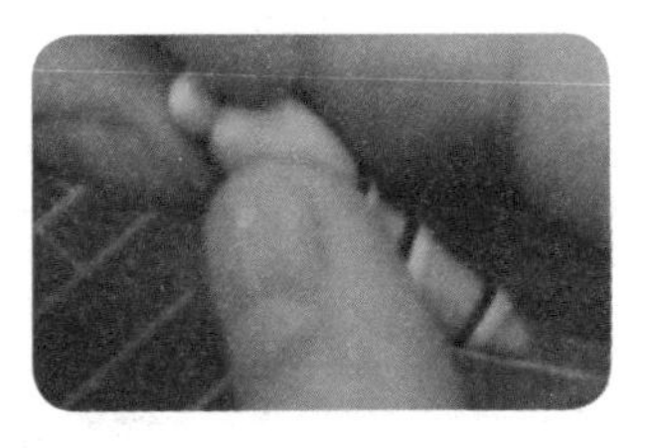

08 揉一块米黄色长条黏土和一块黑色长条黏土，把它们粘在一起。

09 将上一步中做好的长条黏土裁成 3 条并围在毛毛虫的身上，再给身子加上之前做好的头部。

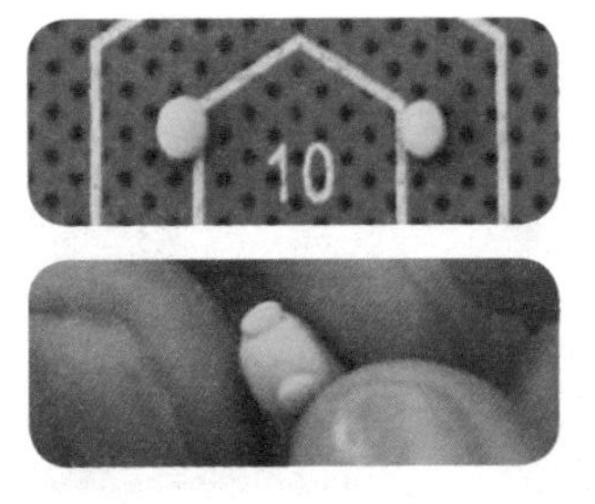

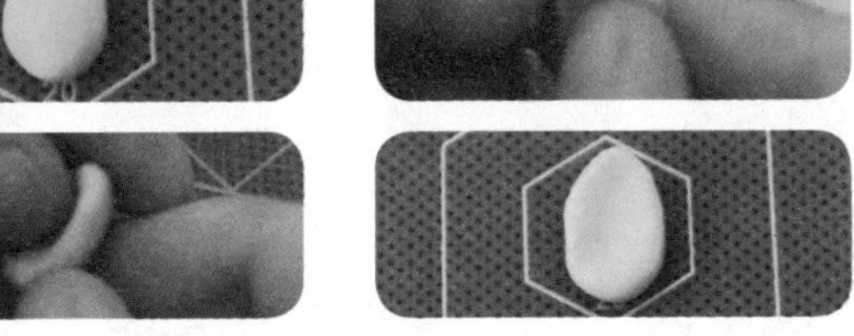

10 揉两块嫩绿色的小的球体黏土，粘在毛毛虫头部的两侧。

11 把一块嫩绿色黏土揉成水滴形，适当捏扁后向里弯出一点弧度。

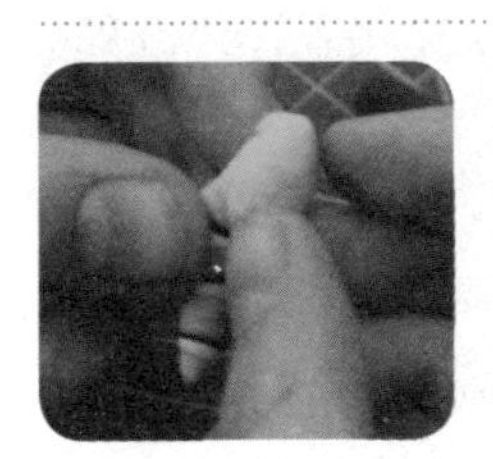

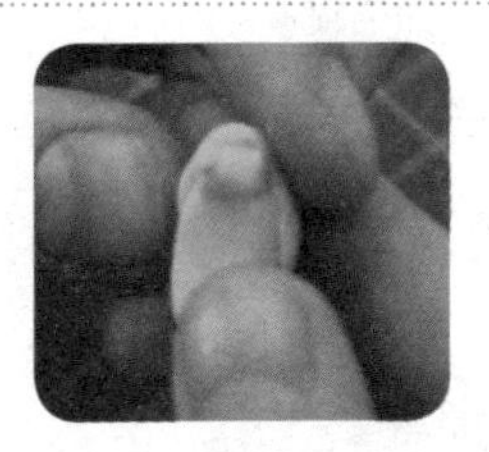

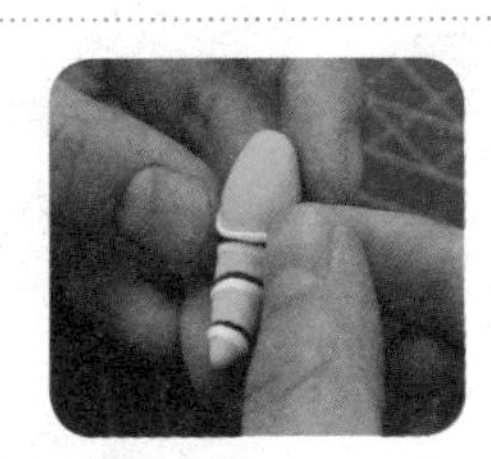

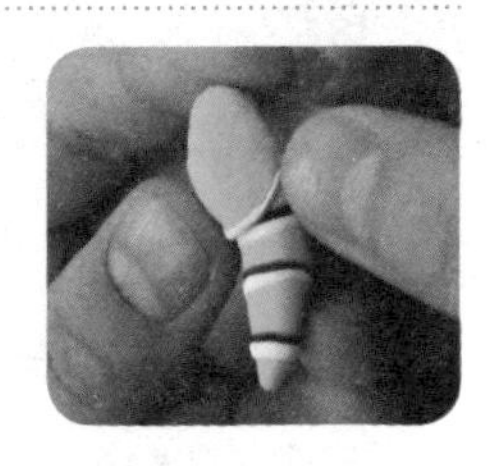

12 将上一步制作好的盖子盖在毛毛虫头顶的上方并捏整齐，毛毛虫的头部就制作好了。然后在盖子的底部边缘贴上一块小的米黄色长条黏土。

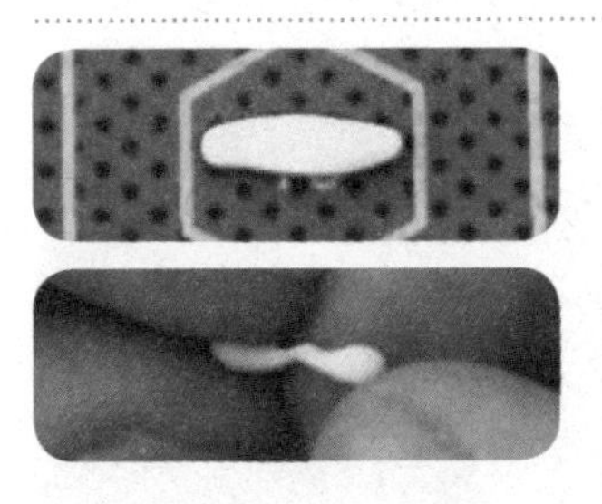

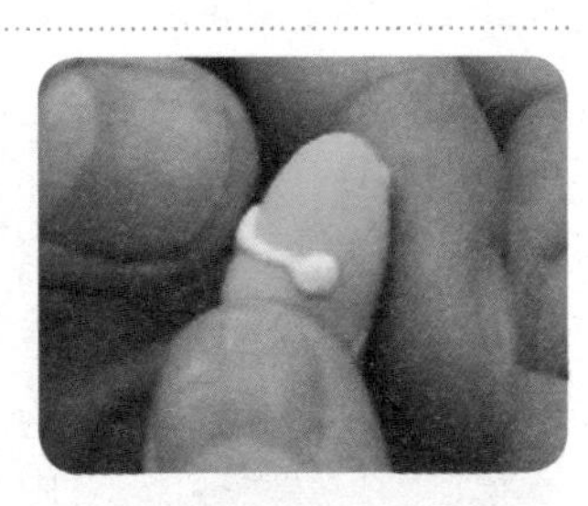

13 揉一块米黄色长条黏土，用手将中间部分搓细，把两头揉圆，作为毛毛虫背部的花纹。

14 将花纹粘在毛毛虫的后背的盖子上面。

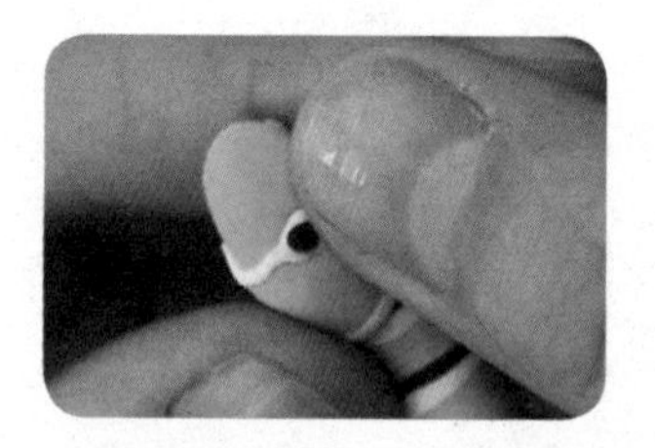

15 用两块黑色小球体黏土，将其作为毛毛虫的眼睛粘在头部。

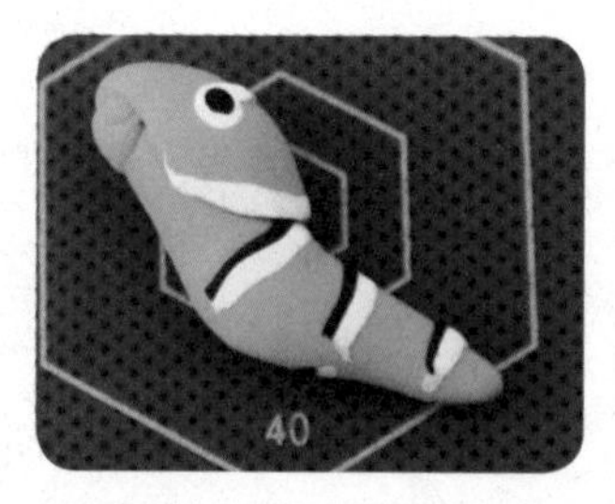

展示一下

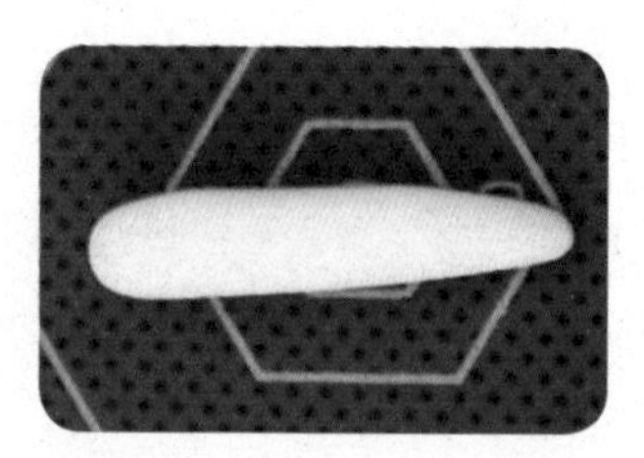

16 揉一块白色长条黏土作为毛毛虫的脚。

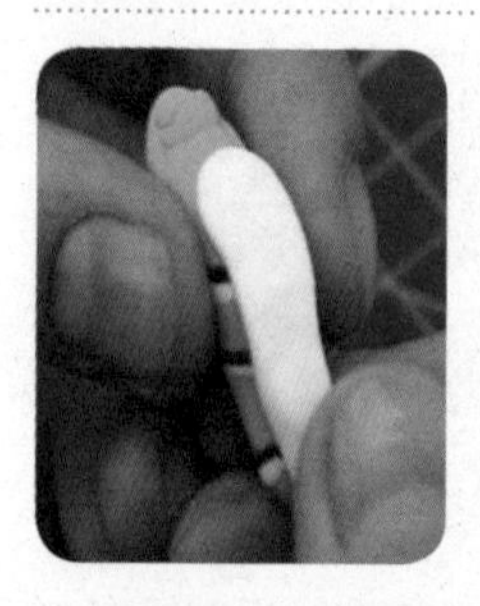

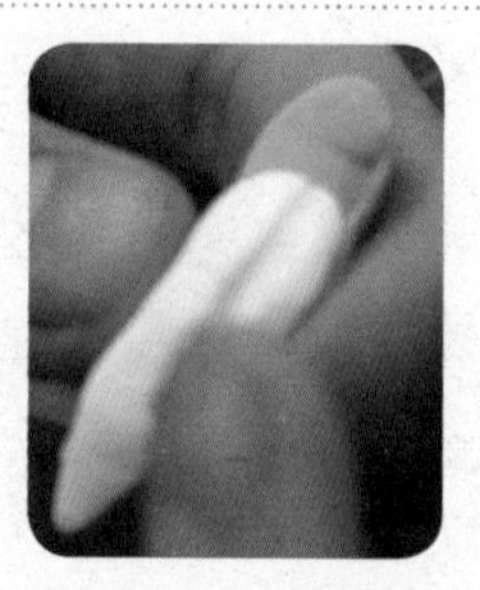

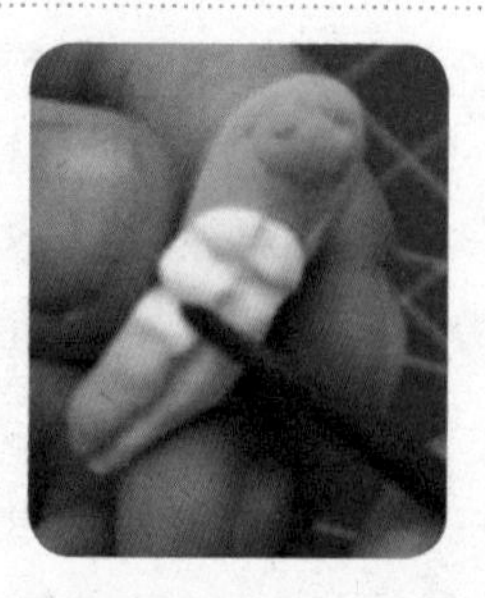

17 将白色长条黏土粘在毛毛虫身子的底部，并使用锥形木棒在脚上沿纵向刻一次，沿横向刻 8 次，做出毛毛虫的脚的效果。

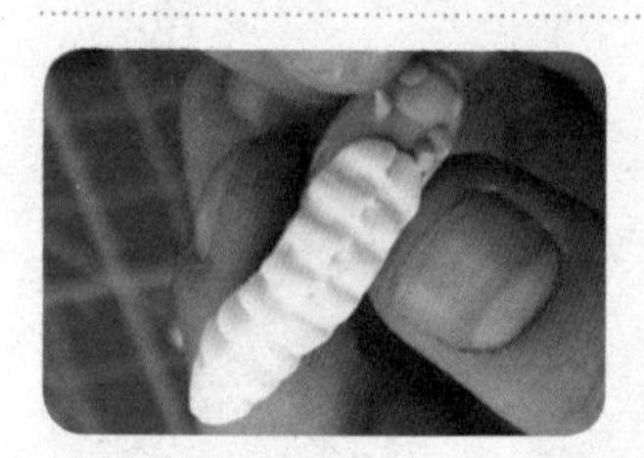

18 用嫩绿色黏土搓 4 个小细条作为毛毛虫的前爪，把它们粘在毛毛虫头部的下方。

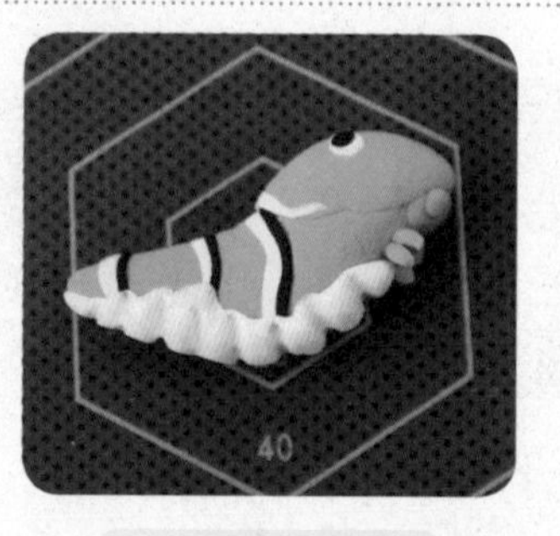

展示一下

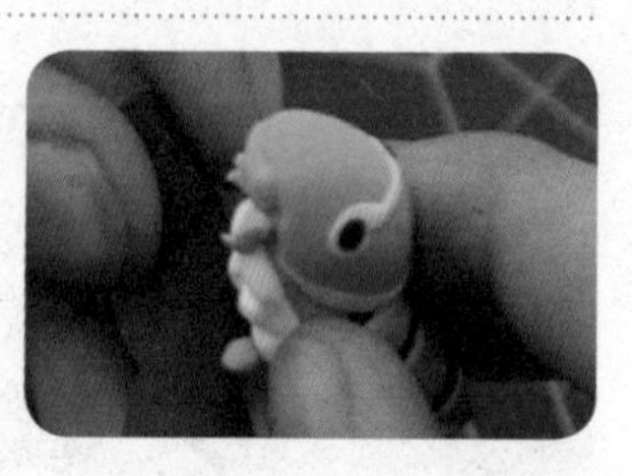

19 将毛毛虫粘在树枝底座上面。

完成

展示一下

准备好黏土了吗？

所需黏土

飞蛾

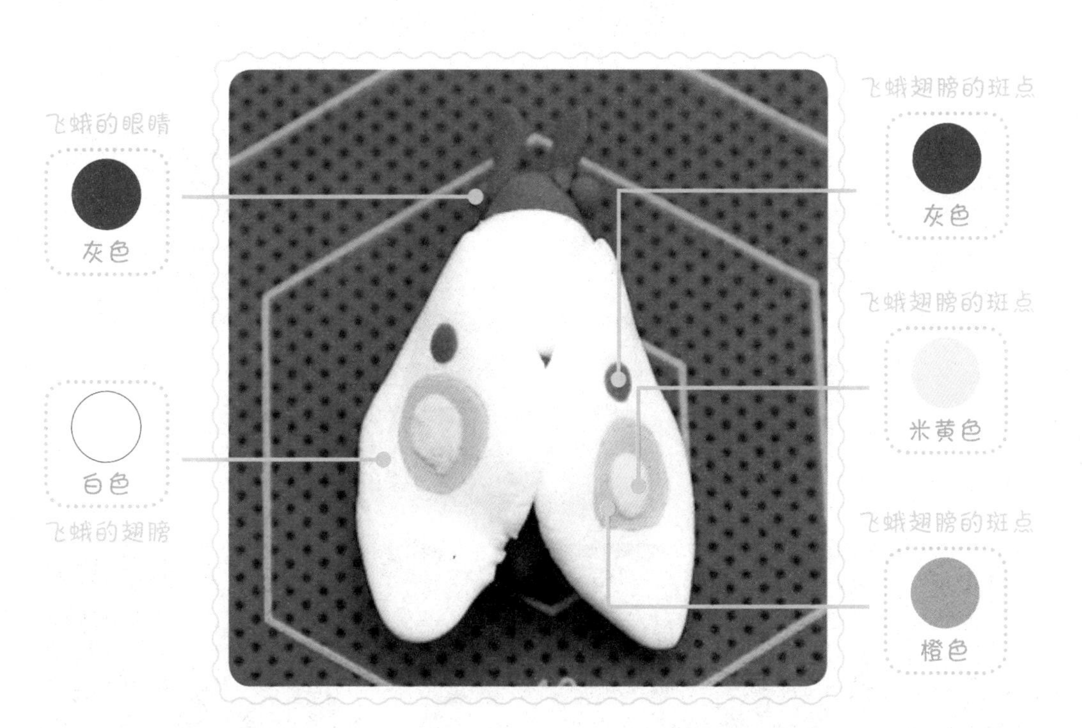

现在就大显身手吧！

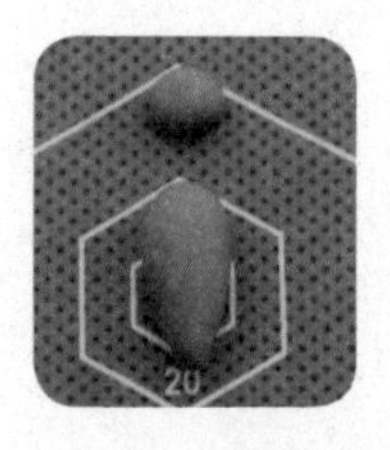

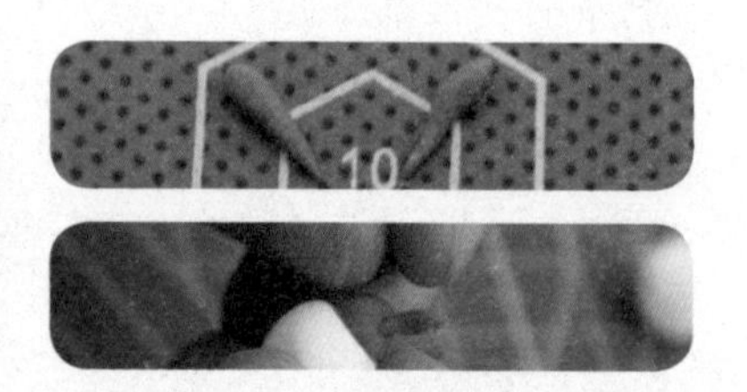

01 揉一块小的灰色球体黏土、一块稍大的白色球体黏土、一块灰色水滴形黏土，将这 3 块黏土按图示顺序粘在一起并适当调整，将其作为飞蛾的身子。

02 捏两块灰色水滴形黏土，粘在飞蛾头部的两侧。

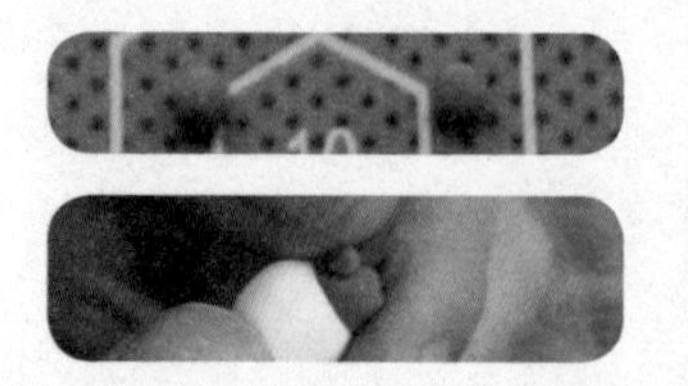

03 揉两块灰色小球体黏土作为眼睛，并把眼睛粘在飞蛾的面部。

展示一下

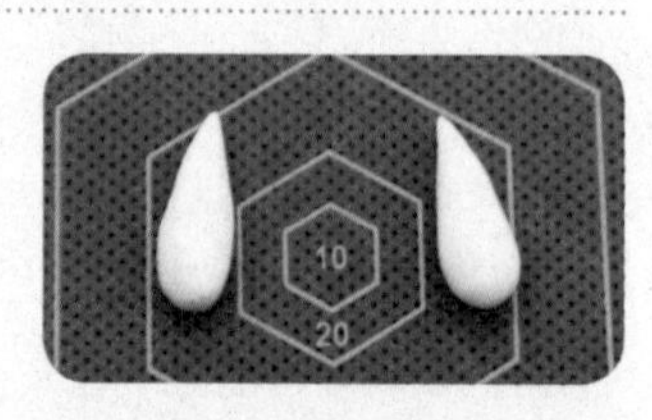

04 揉两块稍大的白色水滴形黏土作为飞蛾的翅膀。

05 用手将两只翅膀捏成三角形并压扁。

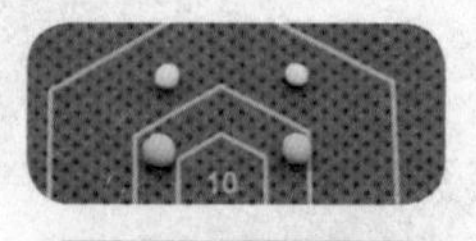

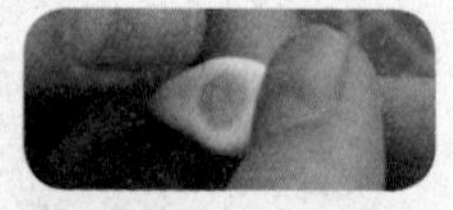

06 揉两块橙色球体黏土和两块稍小的米黄色球体黏土并压扁，给两只翅膀依次粘上橙色扁片和米黄色扁片，再在翅膀的适当位置加上用灰色黏土做的扁片。

展示一下

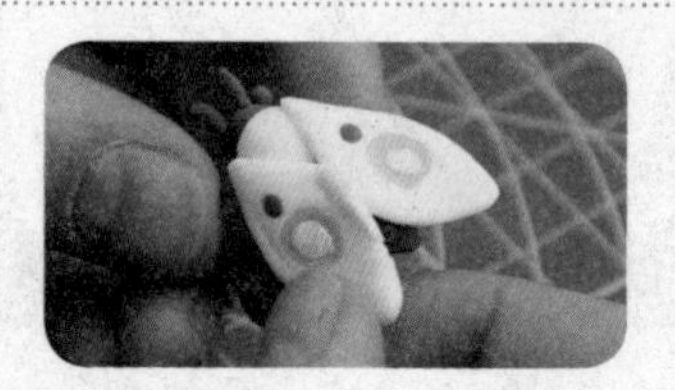

07 把做好的两只翅膀粘在飞蛾的身子上面。

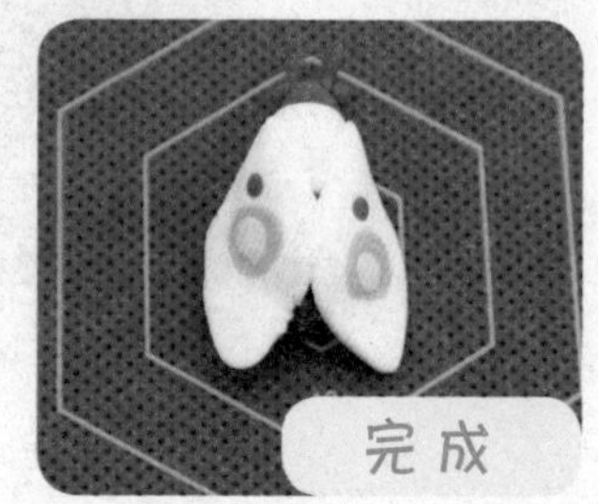

完成

准备好工具和黏土了吗？

所需工具和黏土

兰花螳螂

现在就大显身手吧！ 

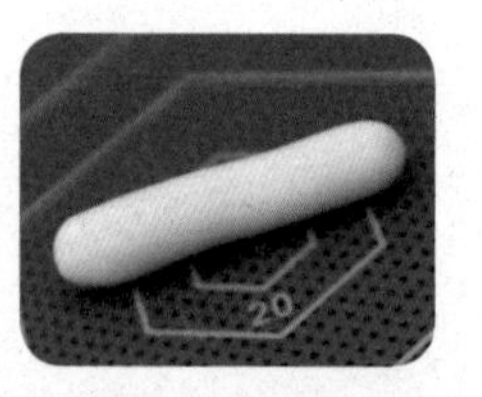

01 揉一块较大的白色球体黏土和一块较小的紫粉色球体黏土，将两种黏土混合在一起。

02 取一部分混合好的黏土揉成一个水滴形和一个长条，作为兰花螳螂的脖子和身子。

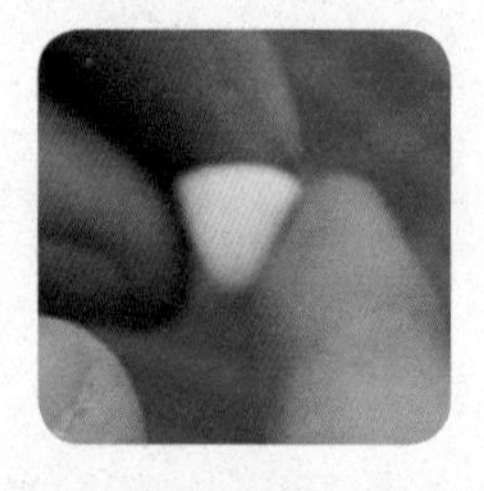

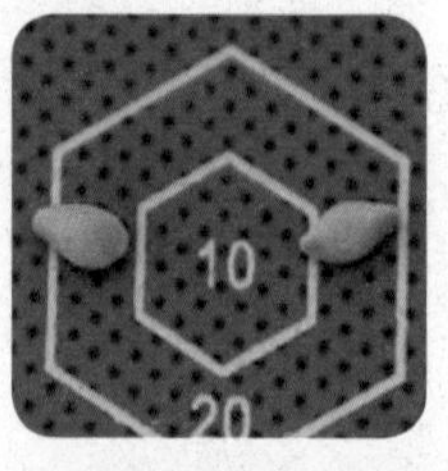

03 用混合好的黏土揉出一个水滴形，再加工成倒三角形，作为兰花螳螂的头部。

04 揉两块浅紫色菱形黏土作为兰花螳螂的眼睛。

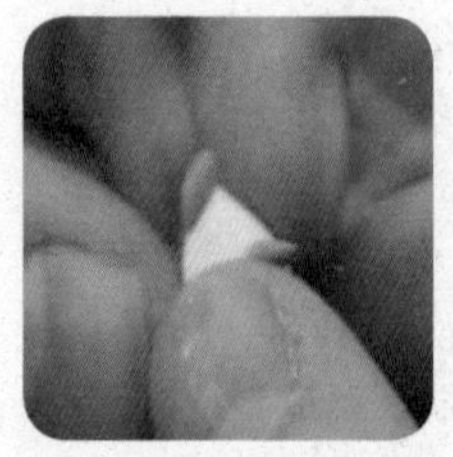

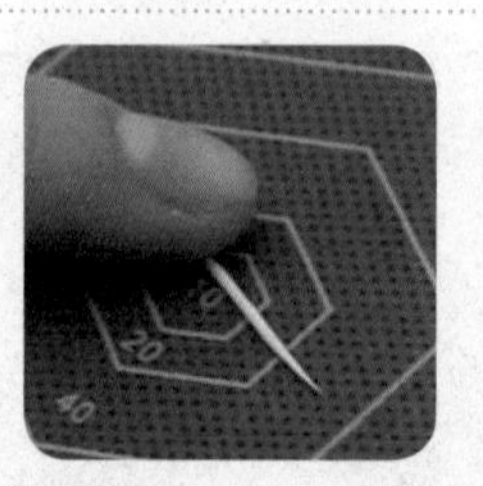

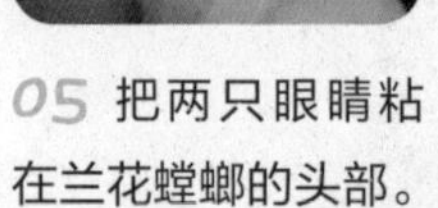

05 把两只眼睛粘在兰花螳螂的头部。

06 用混合黏土搓一个细长条，把细长条黏土分成两半，作为兰花螳螂的触须。

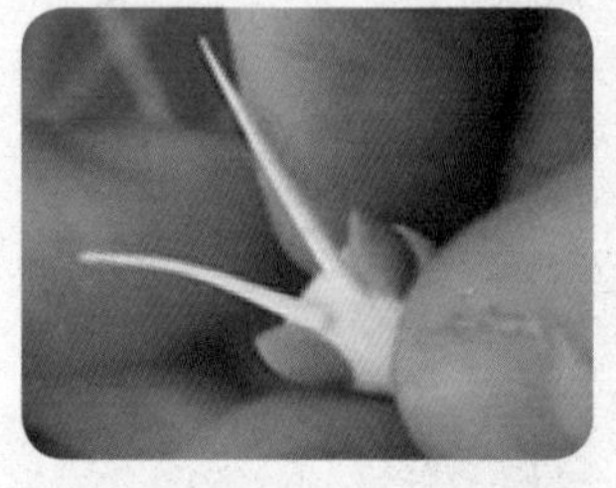

07 将触须粘在兰花螳螂的头部，注意触须细的那端朝外。

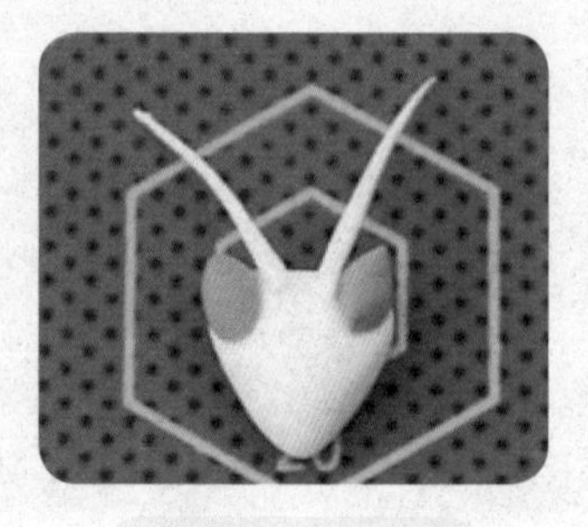

展示一下

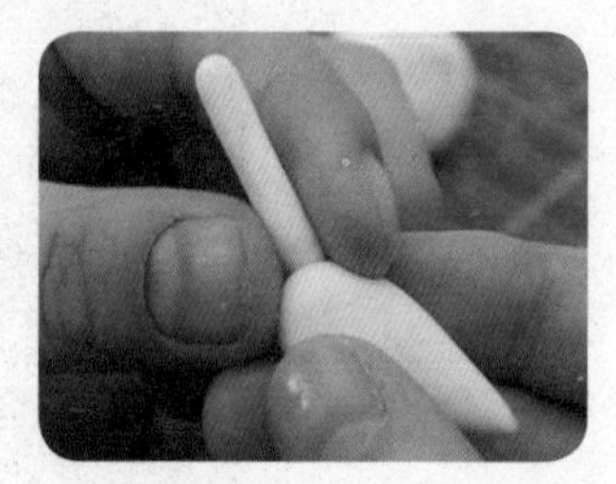

08 将兰花螳螂的脖子和身子粘在一起。

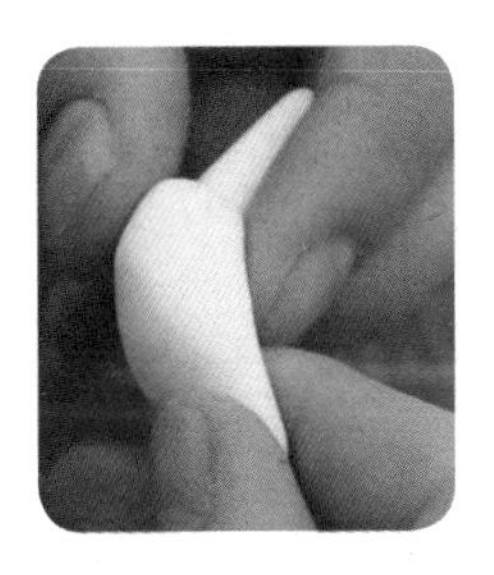

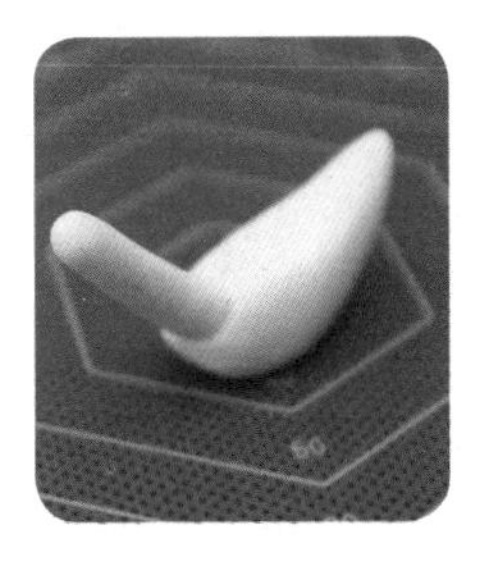

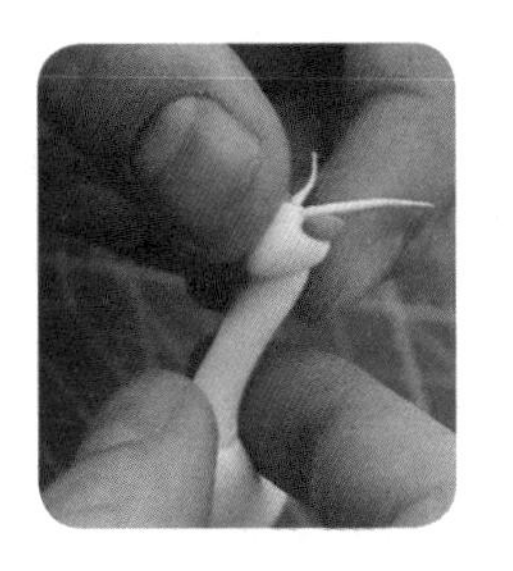

09 用手按平兰花螳螂的背部，并给身子弯出点弧度，使其可以站立。

10 将兰花螳螂的头部和脖子粘在一起。

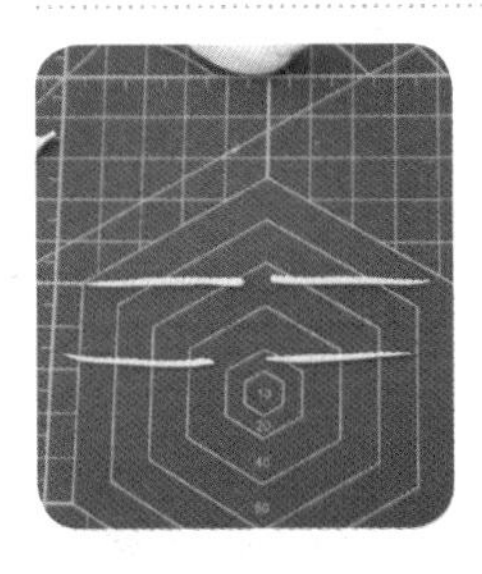

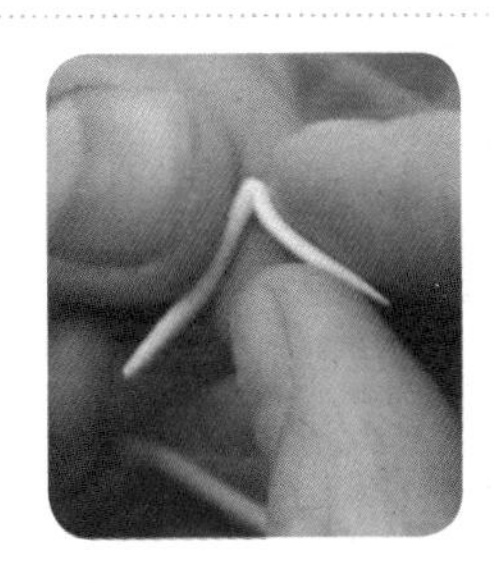

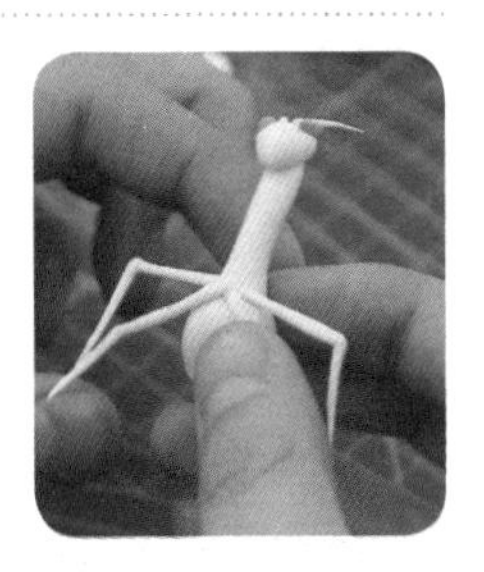

11 用混合黏土搓 4 个长度相等的长条作为兰花螳螂的腿，用手在每条腿大约中间的位置折出腿的关节，然后把 4 条腿粘在兰花螳螂身子的两侧。

展示一下

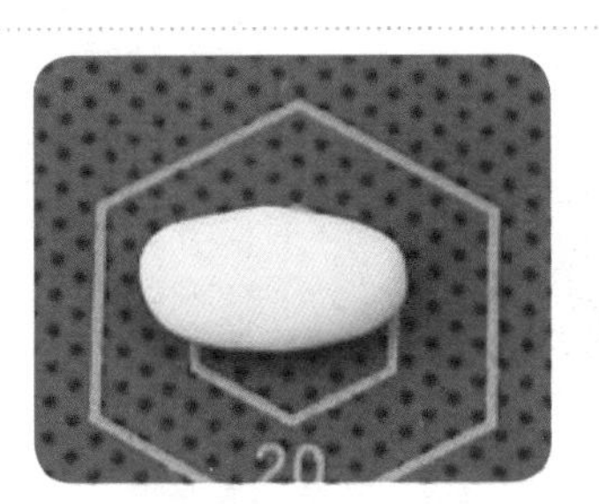

12 用混合黏土揉一个较小的椭圆形，压扁后捏成半圆形扁片。

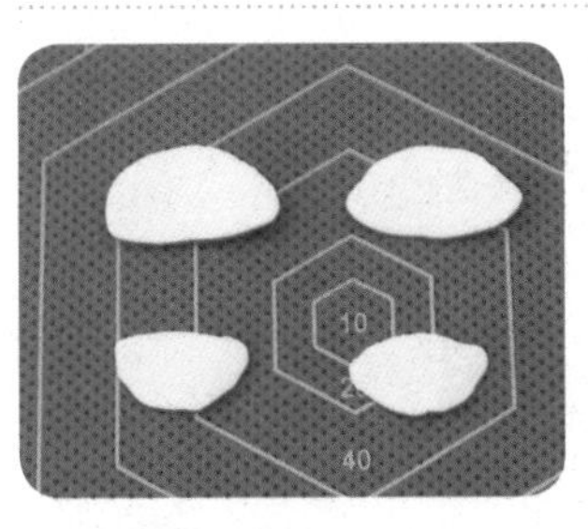

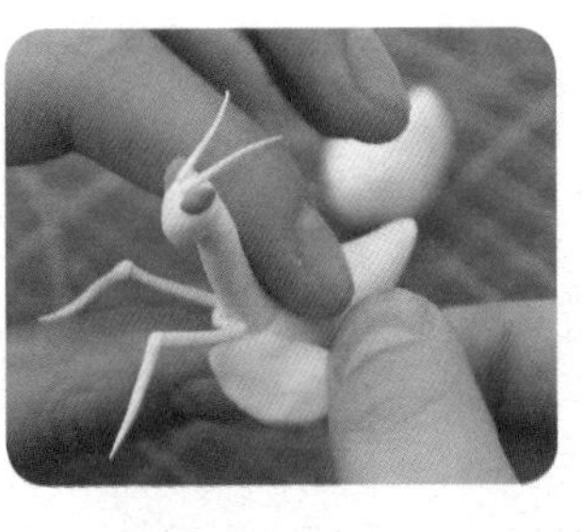

13 用同样的方法再做一大两小 3 个半圆形扁片，然后把它们粘在兰花螳螂的 4 条腿上。

展示一下

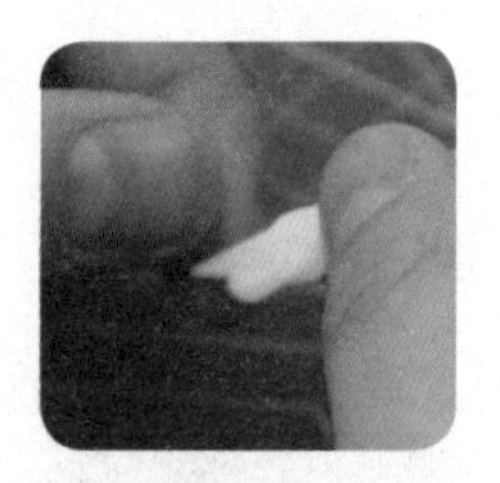

14 用混合黏土揉两个水滴形，用手把它们捏扁并做出兰花螳螂翅膀的样子，然后粘在兰花螳螂的背部上面。

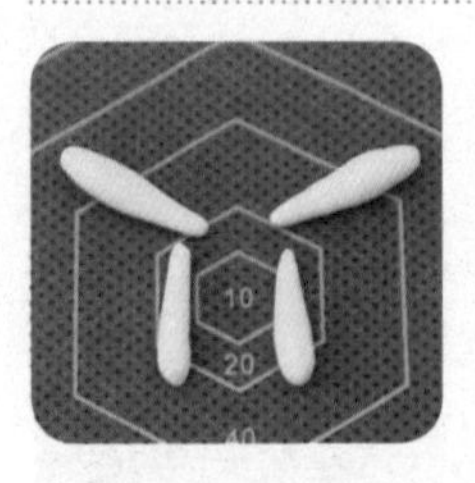

15 用混合黏土揉两个稍大的水滴形和两个稍小的水滴形，用手将两块稍大的水滴形黏土的一侧适当压扁后捏出弧度。

16 用剪刀沿着水滴形黏土的弧度剪开，这样兰花螳螂的爪子就制作好了。

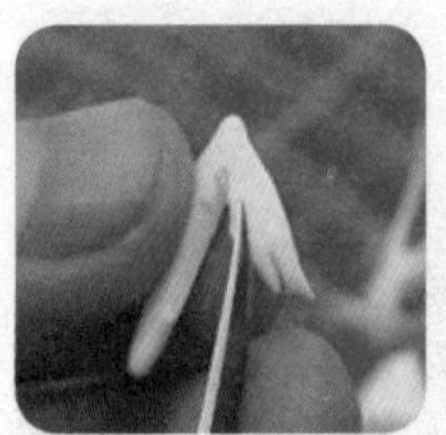
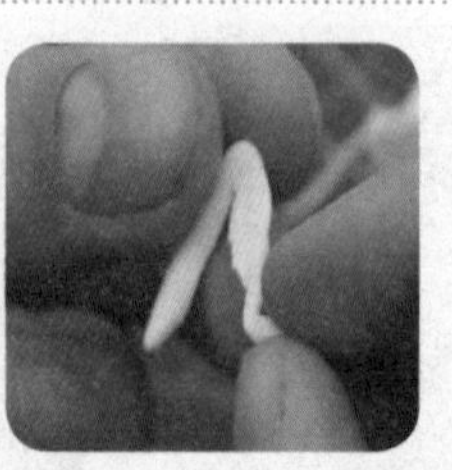

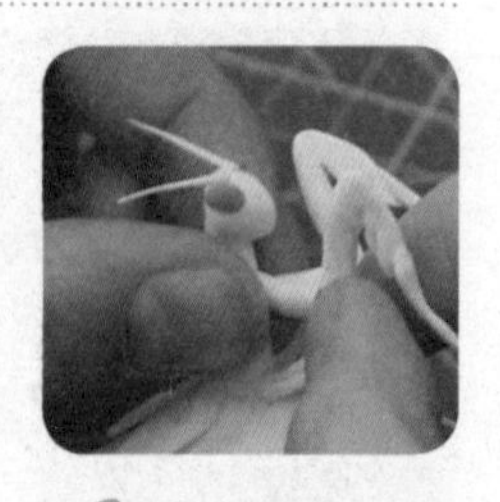

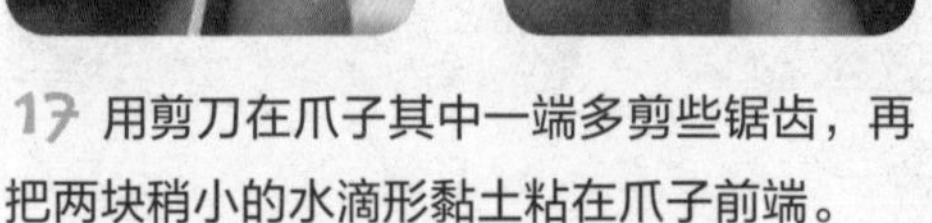

17 用剪刀在爪子其中一端多剪些锯齿，再把两块稍小的水滴形黏土粘在爪子前端。

展示一下

18 将爪子粘在兰花螳螂身子的两侧。

完成

展示一下

准备好工具和黏土了吗？

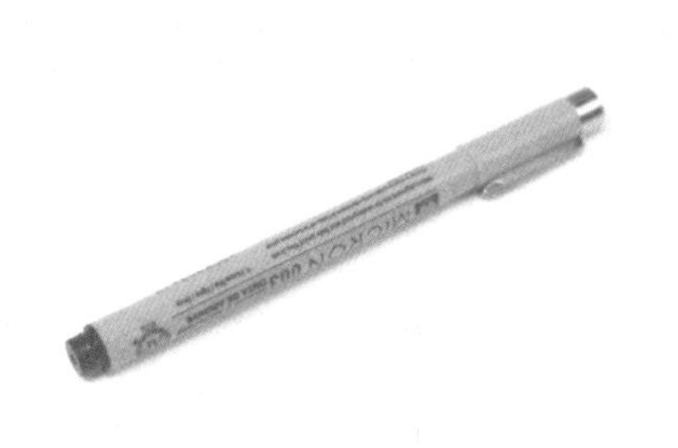

所需工具和黏土

蜻蜓

现在就大显身手吧！ 

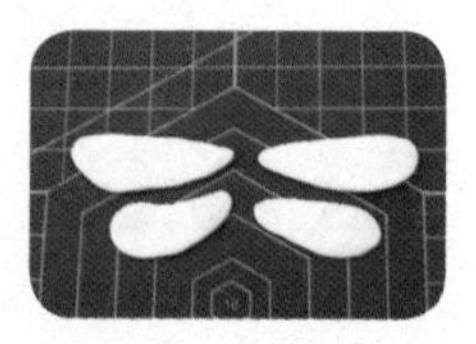

01 揉一块白色球体黏土，再把它揉成 4 个大小不同的水滴形。

02 将 4 块水滴形黏土全部抻长并压扁，作为蜻蜓的翅膀。

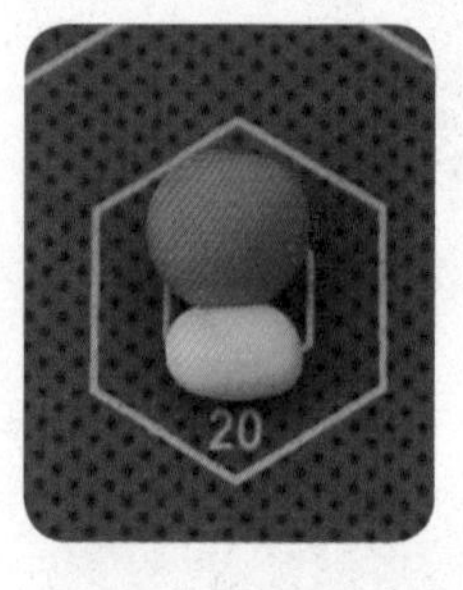

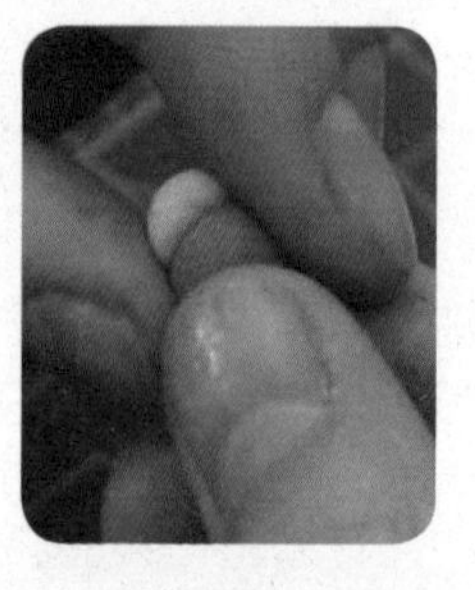

03 揉一块橘色球体黏土和一块黄色椭圆形黏土，把它们粘在一起，以此作为蜻蜓的头部，再用手加以调整。

04 揉两块草绿色小球体黏土，分别粘在蜻蜓头部的两侧，作为蜻蜓的眼睛。

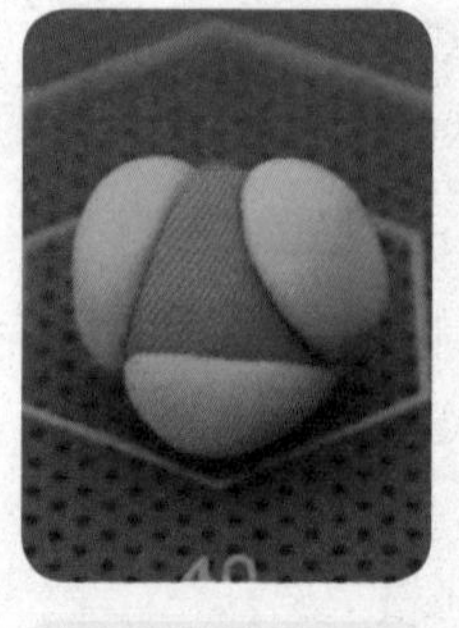

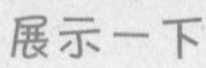

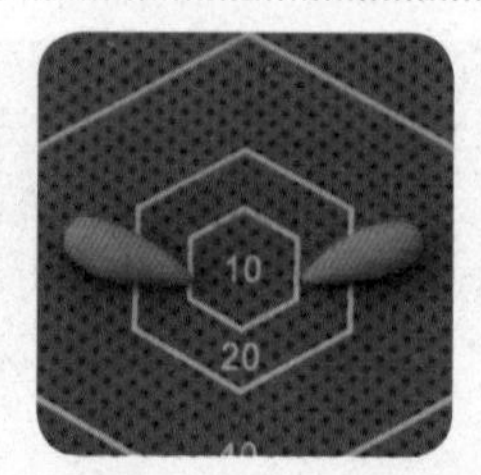

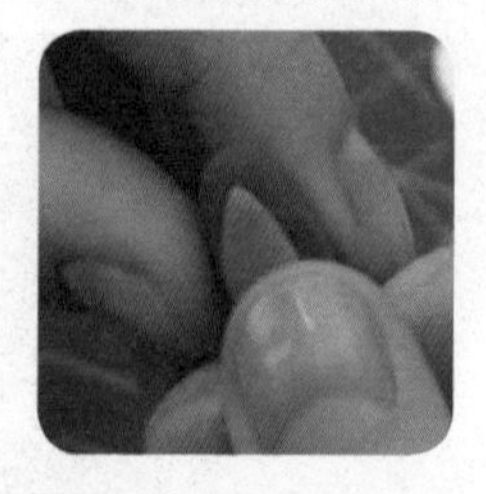

05 揉一块较大的棕色水滴形黏土和两块较小的橘色水滴形黏土，并分别将两块橘色水滴形黏土粘在棕色水滴形黏土的两侧，作为蜻蜓的身子。

展示一下

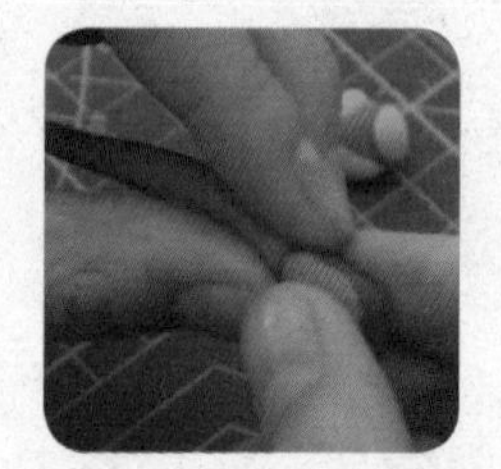

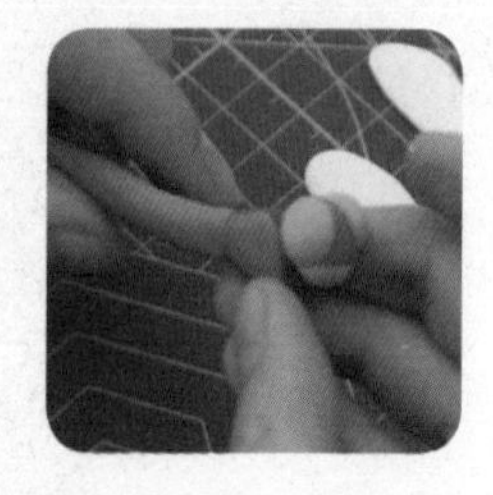

06 搓一块较长的橘色长条黏土，把它与蜻蜓的身子粘在一起，粘好后再与蜻蜓的头部粘在一起。

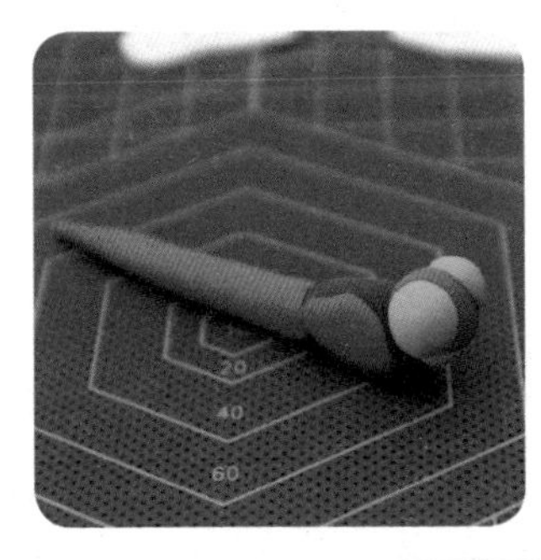

展示一下

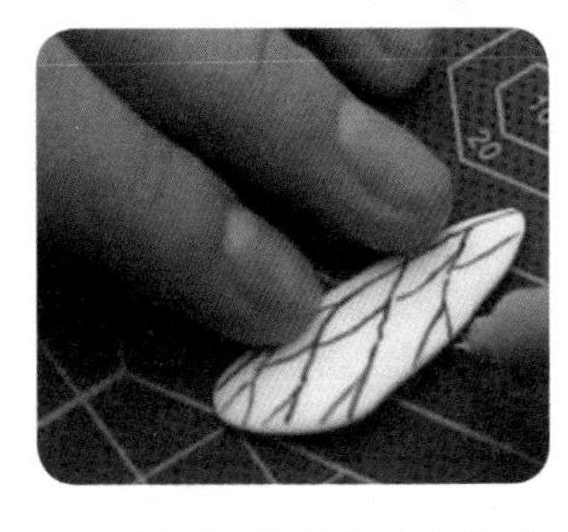

07 用黑色勾线笔在蜻蜓的翅膀上画出纹路。

08 将 4 只翅膀上的纹路都画好，然后分别将两只大翅膀和两只小翅膀粘在蜻蜓身子的两侧。

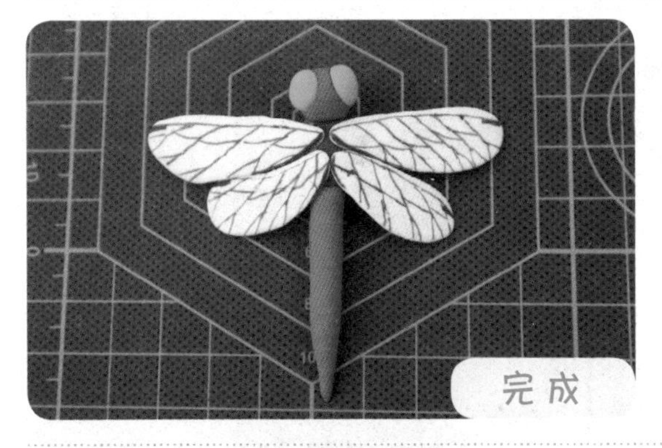

完成

展示一下

换个角度看看

准备好工具和黏土了吗？

所需工具和黏土

知了

现在就大显身手吧！

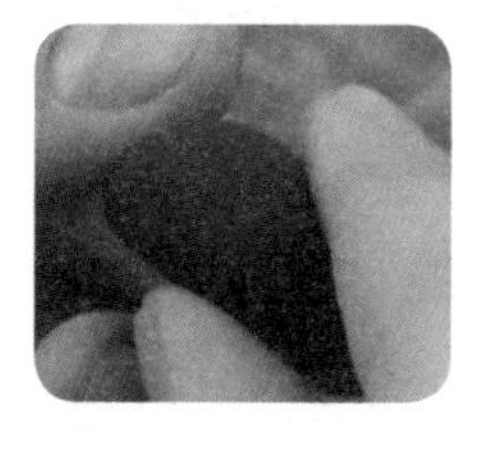

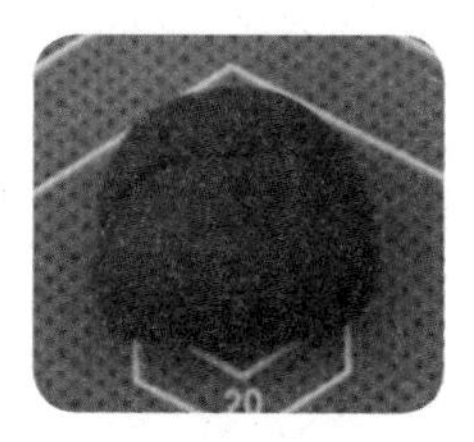

01 用黑色黏土揉一个三角形，作为知了的头部。再用黑色黏土做一个较大的三角形，把它和知了的头部粘在一起，做适当的调整。

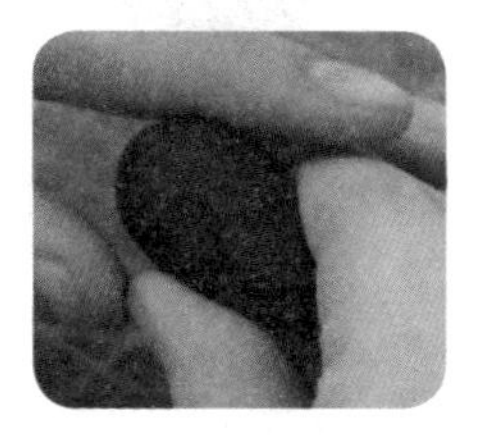

02 用黑色黏土揉一个较大的水滴形，作为知了的身子。

03 将知了的头部和身子粘在一起。

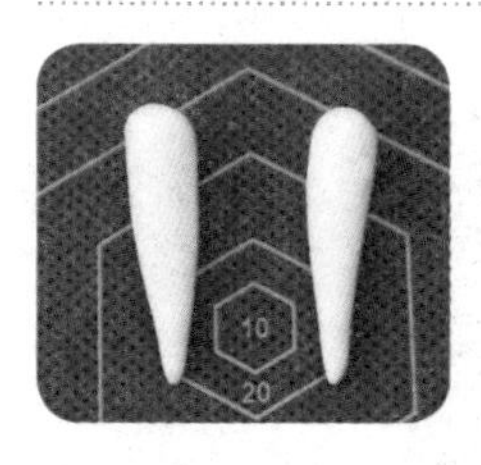

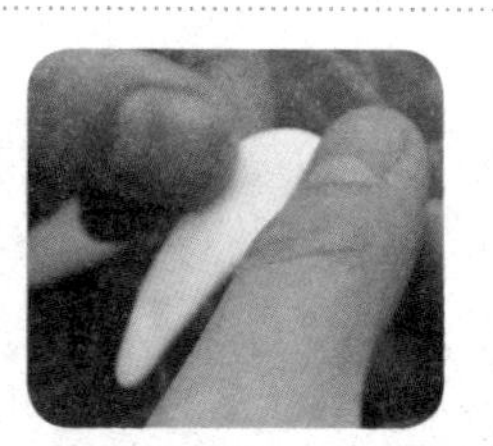

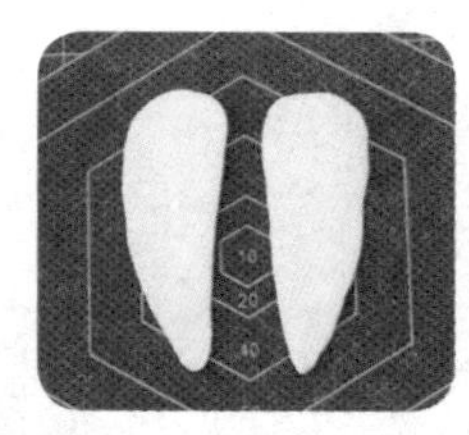

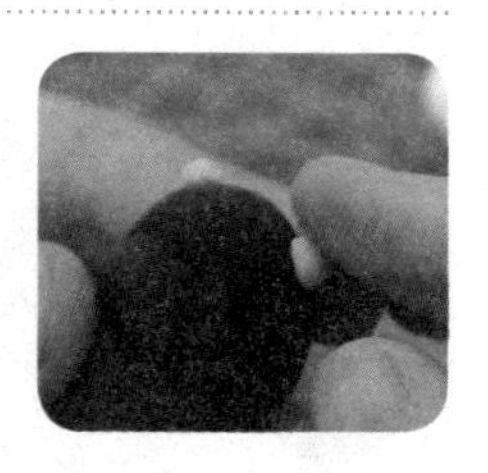

04 揉两块白色水滴形黏土并用手压扁，作为知了的翅膀。

05 揉两块金黄色球体黏土作为知了的眼睛，把眼睛粘在知了的面部。

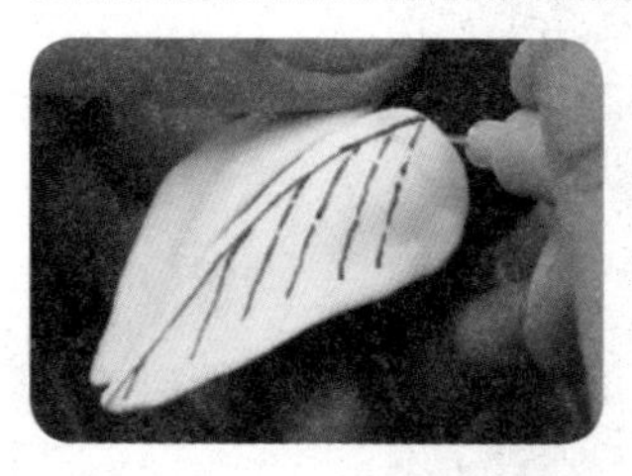

06 将知了的翅膀粘在身子上，用黑色勾线笔画出知了翅膀上的纹路。

准备好工具和黏土了吗？

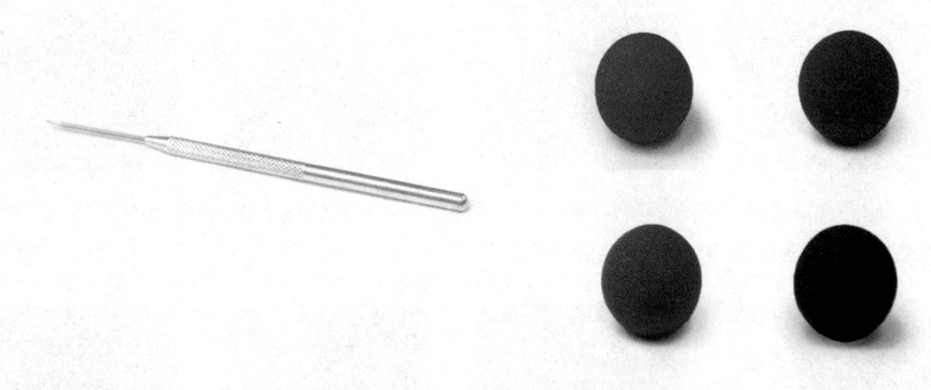

所需工具和黏土

蜘蛛

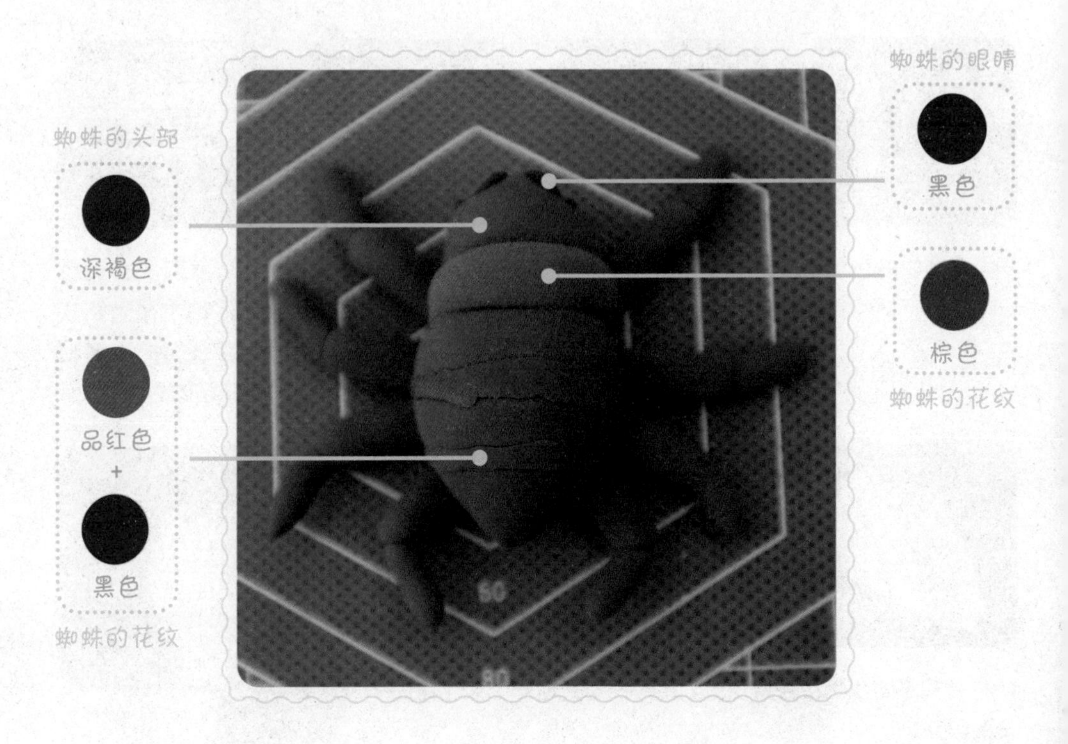

现在就大显身手吧！

01 用深褐色黏土揉一个球体和一个较大的水滴形，作为蜘蛛的头部和身子。

02 揉一块较大的品红色球体黏土和一块较小的黑色球体黏土，将两种黏土混合在一起。

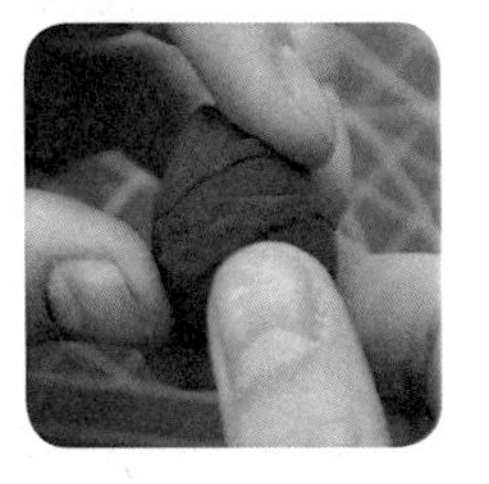
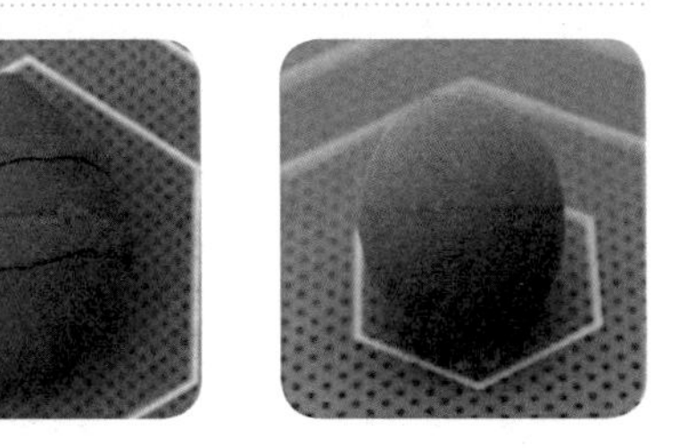

03 将混合好的黏土搓成两个长条并捏扁。

04 将两块长条黏土分别在蜘蛛的身子上围一圈。

05 揉一块棕色球体黏土作为蜘蛛的脖子。

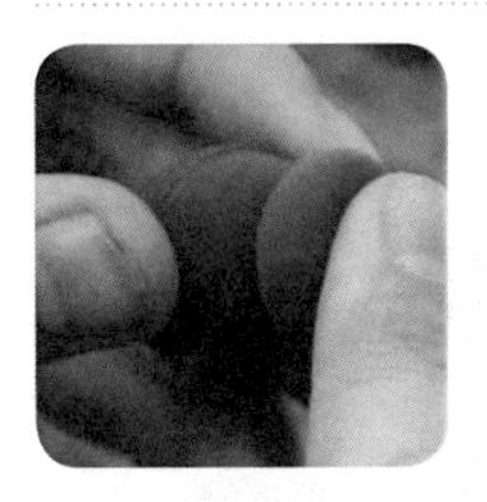

06 先将蜘蛛的身子与脖子粘在一起，然后将蜘蛛的头部和脖子粘在一起，再调整形状。

展示一下

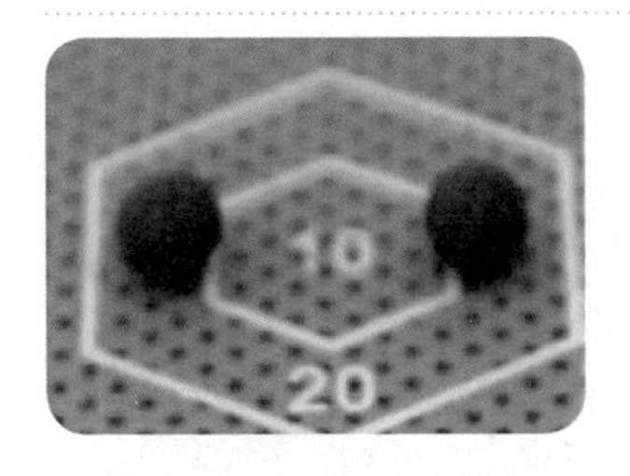
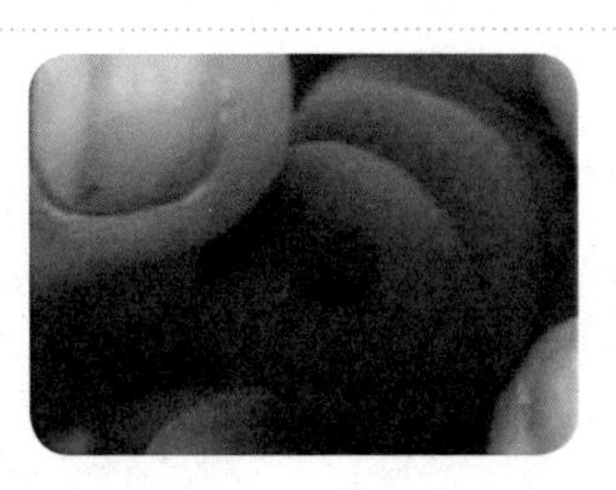
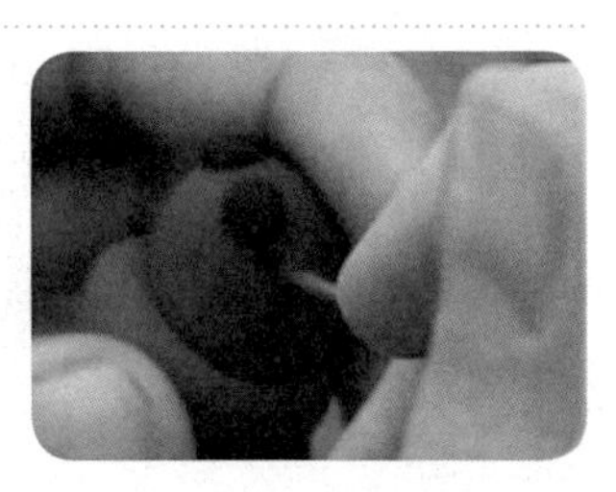

07 揉两块黑色小球体黏土作为蜘蛛的眼睛。

08 将蜘蛛的眼睛粘在蜘蛛的面部。

09 用造型针分别在两只眼睛的旁边戳一个小洞。

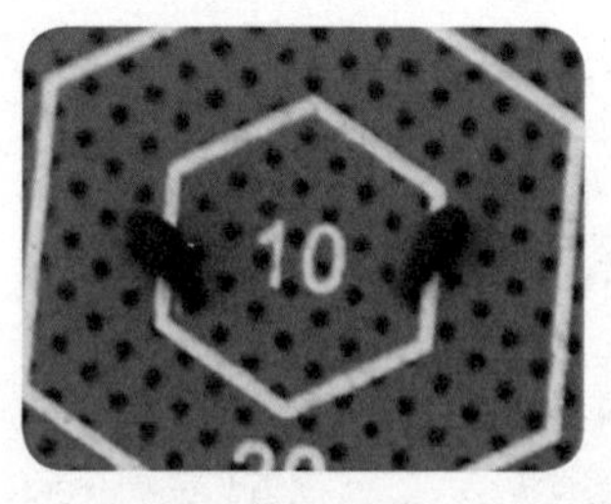

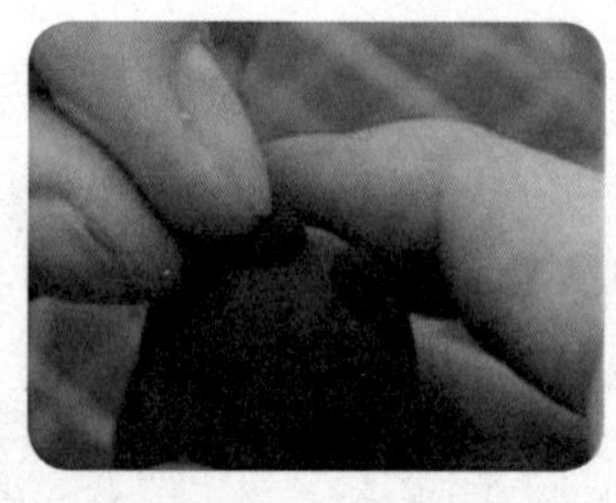

10 揉两块极小的黑色球体黏土，作为蜘蛛的复眼粘在上一步扎好的小洞里。

展示一下

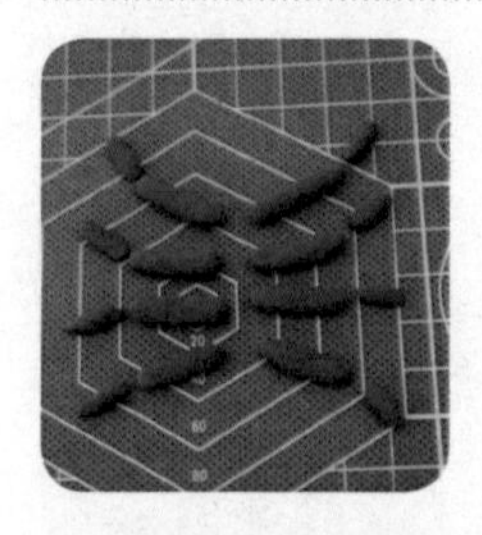

11 搓 8 块较长的深褐色长条黏土和 8 块较短的深褐色长条黏土，并且分别将较长的长条黏土和较短的长条黏土粘在一起，作为蜘蛛的腿。

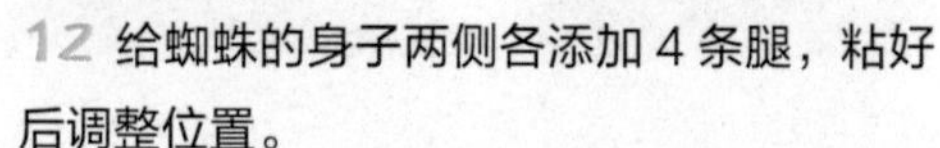

12 给蜘蛛的身子两侧各添加 4 条腿，粘好后调整位置。

完 成

展示一下

换个角度看看